[개정] 2002년 대한민국 학술원 우수학술도서

급식경영학

곽동경 | 류은순 | 이혜상 | 홍완수 | 장혜자 | 최정화 | 이나영

FOODSERVICE MANAGEMENT

신광출판사
SHINKWANG

머리말

급식경영학 교재가 2001년에 초판이 출간된 이후 이제 5판을 출간하게 되어 독자들에게 감사한 마음과 더불어 기쁜 마음을 갖게 됩니다. 2001년 출간당시 본서의 출간 의의를 급식산업 환경변화에 따라 급식경영전공자로서 현장에서 활용 가능한 이론을 구축한 전공서의 필요성을 절감하여 준비하게 되었습니다. 급식관련전문 분야에 진출을 준비하는 학생들을 위한 대학교재로, 급식관련 전문가들에게 이론서로서 도움이 되었으면 하는 바램으로 출간하였습니다. 그동안 지속적으로 주위의 많은 동료·선후배들이 이 책을 교재로 사용하면서 애정 어린 관심과 격려, 충고를 해 주었고, 저자들은 강의를 하면서 미진한 부분들을 보완하여 왔으며, 피드백을 주셨던 의견을 최대한 반영하여 5차 개정판에서는 좀 더 새로운 모습으로 구성하고자 노력하였습니다.

국내 급식산업(foodservice industry)은 '88 올림픽을 기점으로 지난 30여년간 급속한 발전을 하여 왔으며, 외식산업과 단체급식산업을 포괄하는 급식산업은 점차 그 범위가 확대되어 국·내외적으로 급식산업 뿐만 아니라 호텔, 관광, 레저산업 등의 환대산업(hospitality industry)으로 그 영역이 점차 확대되고 있습니다. 급식산업의 환경변화에 따라 급식업체는 시장상태에 민감한 영향을 받아왔으며, 특히 90년대 말 IMF를 겪으면서 침체 현상을 보여 왔으나, 잠시 경기회복과 더불어 점차 회복세를 보이기도 하였습니다. 최근 국내 외식산업의 양적·질적 성장과 정부차원의 '한식세계화'에 대한 관심 및 지원확대, 이에 따른 국가 브랜드 인지도 향상과 더불어 외식업체들의 해외 진출이 활발히 진행되고 있습니다. 2011년 동반성장위원회가 구내식당업을 중소기업 적합업종 우선 검토대상에 포함했으며, 2016년 상주 인원 1,000명 이상의 공공기관 구내식당에 한정하여 대기업의 공공기관 구내식당 입찰 참여 제한 조치가 폐지되었으며, 그 후 2019년 말까지 3년간 한시적으로 허용되어, 대기업계열인 아워홈, 삼성웰스토리, 현대그린푸드, 신세계푸드, CJ 프레시웨이 등이 상주 인원 1,000명 이상의 공공기관 구내식당 입찰에 참여할 수 있었습니다. 또한 2014년 5월부터 1회 급식 인원 100인 이상의 모든 산업체 집단급식소에 영양사와 조리사를 의무고용하게 되었습니다. 이와 같이 급식산업의 경영환경 변화에 따른 급식시장의 경쟁이 심화됨에 따라 업계에서는 경제, 환경, 사회 측면에서 기업이 지속적인 성과를 내고, 궁극적으로 경쟁우위를 확보하여 기업 가치를 증진시킬 수 있는 지속가능경영에 심혈을 기울이고 있습니다.

본 개정판의 개정방향은 크게 세 가지 면에 역점을 두었습니다.

첫째, 급식경영학의 목차에서 내용상 서로 중복되는 부분들을 통합하였으며 이론 중심으로 구성되었던 부분은 급식산업에 맞도록 간결하게 조정하는 과정을 거쳐 기존 9장에서 8장으로 수정하면서 책의 구성을 좀 더 밀도 있게 재조정하여 수업 일정에 맞추어 적절히 반영할 수 있도록 하였습니다. 1장에서는 급식산업과 급식경영의 기본개념을 통합하여 급식산업과 경영의 이해로 구성하였습니다. 2장에서는 경영이론의 발전과 종합적 품질경영의 혁신기법을 종합하였습니다. 또한 3장에서는 급식조직의 시스템적 접근에서 네 가지 급식의 유형은 삭제함으로서 단체급식 분야와의 내용 중복성을 조정하였습니다. 4장은 급식경영의 조직화, 5장은 동기부여와 리더십, 6장은 의사 소통과 의사결정, 7장은 인적자원관리, 8장은 급식서비스 마케팅으로 구성하였습니다.

둘째, 급식경영학의 학문성격을 살려 가능한 이론과 실무의 내용을 함께 다루고자 노력하였습니다. 특히 구성 내용에 적합한 급식사례를 소개하여 현장감 있는 내용으로 구성하였습니다. 각 단원별 사례연구를 소개하여 실제 이론적 내용이 현장에 접목되는 방법과 문제해결을 위해 어떤 노력이 이루어지고 있는지를 제시함으로서 학생들의 사고력과 문제해결 능력을 함양하고자 하였습니다.

셋째 교재로서 학생들의 관심도를 높이고자 각 장의 개념을 파악하고 학습할 수 있도록 만든 '들어가며' 코너를 새로운 내용으로 교체하고, 또한 '쉬어가기' 코너를 만들어 교재의 내용으로 구성하기에는 그 내용이 방대하여 지루함을 느낄 수 있지만 학생들의 이해의 폭을 넓히고 적용능력을 함양하는데 도움이 되는 정보를 담아냄으로써 급식경영학의 방대한 이론을 공부하는 중에 잠깐 호흡을 고르며 머리를 식힐 수 있도록 배려하였습니다.

본서가 개정되기까지 교육현장에서 교재로 사용하며 완성도를 높이기 위해 꾸준히 보완해 주신 공동 저자 여러분들께 감사드립니다. 또한 급식에 관련된 자료와 기사, 사진들을 사용할 수 있도록 허락해 주신 급식업체 관계자 여러분들께도 심심한 감사를 표합니다. 일관성 있는 표지디자인을 위해 초판부터 계속해서 애써준 동서대학교의 최철영 교수에게 깊은 감사를 드립니다. 저자들의 의견을 수용해 주시고, 이 책의 개정작업을 위해 애써주신 '신광출판사'의 이용하 사장님과 임직원 여러분들께 감사드립니다.

2020년 2월

대표저자 곽 동경

CONTENTS

CHAPTER 01

급식산업과 경영의 이해

CHAPTER 02

경영이론의 발전과정

CHAPTER 03

급식조직의 시스템적 접근

CONTENTS

CHAPTER 04

급식경영의 조직화

CHAPTER 05

동기부여와 리더십

CHAPTER 06

의사소통과 의사결정

CONTENTS

CHAPTER 07

인적자원관리

CHAPTER 08

급식 서비스 마케팅

CHAPTER 01

급식산업과 경영의 이해

들어가며

삼성웰스토리, 업계 최초 지속가능경영 보고서 발간… 4개 분야 경영활동 소개

삼성웰스토리의 '2018 지속가능경영 보고서'는 지속가능 경영활동을 식품안전, 고객가치, 환경, 사회적 가치 등 4개 분야로 나눠 정리했으며 손쉽게 내용을 찾아볼 수 있도록 각 분야를 색인 형태로 제본한 것이 특징이다.

먼저 환경 분야에서 삼성웰스토리는 온실가스 배출을 최소화하는 친환경 물류체계를 도입해 업계 최초로 우수녹색물류실천기업 인증을 받았다. 친환경 물류체계 구축의 일환으로 탄소배출 저감기술이 적용된 PCM 물류 차량 등을 도입해 작년 한 해에만 1691t CO2eq의 온실가스를 줄이는 성과를 거두었다(tCO2eq:온실가스를 이산화탄소 배출량으로 환산한 단위). 이와 함께 친환경 캠페인 브랜드인 '웰그리너'를 론칭해 잔반 줄이기 프로젝트, 친환경 소재의 일회용품 개발 등 구내식당에서 실천할 수 있는 다양한 친환경 활동도 선보였다.

식품안전 분야에서는 사내 위생안전 문화 브랜드인 W·AVE(웨이브)를 론칭해 식품품질과 위생안전을 최우선 가치로 하는 다양한 활동과 캠페인을 이어가고 있다. 사회적 가치 분야에서는 협력사와의 동반성장을 위한 스마트팩토리 구축 지원 사업을 지속해오고 있다.

삼성웰스토리는 이번 보고서의 전달력을 높이기 위해 고객/협력사/지역사회의 목소리가 담긴 이해관계자 인터뷰, 지속가능경영 활동을 쉽게 풀어낸 특별한 스토리 등 다양한 컨셉의 기획형 컨텐츠도 곳곳에 배치했다. 삼성웰스토리의 2018 지속가능경영 보고서는 국문과 영문으로 발간됐으며 기업 홈페이지에서 자세한 내용을 확인할 수 있다.

(출처 : 스포츠조선 2019.09.02.자 기사, 삼성웰스토리 '2018' 지속가능경영 보고서)

교육목표

급식산업의 개념적 이해와 급식산업의 분류를 이해하고, 시대적 환경 변화를 파악한다. 급식경영에 근간이 되는 경영의 개념적 이해와 기능을 습득하고, 급식기업과 조직 활동에 영향을 미치는 내· 외부환경을 파악하고자 한다. 현대에 부각되고 있는 지속가능경영 활동과 사회적 책임을 파악함으로써 경영환경 변화에 민첩하게 대응할 수 있는 경쟁력을 갖추도록 한다.

학습목표

- 급식산업의 개념을 이해한다.
- 경영의 개념을 이해한다.
- 급식관리자가 기본적으로 알아야 하는 경영과 경영의 기능에 대해 학습한다.
- 급식산업을 둘러싼 내부·외부 환경변화를 학습한다.
- 지속가능 경영 개념을 이해하고 학습한다.

1. 급식산업의 이해

1.1 급식산업의 정의

급식산업(foodservice industry)이라 함은 가정 외의 장소에서 학교, 사업체, 병원, 대학교, 행정부서, 사회복지시설 등의 조직구성원들에게 급식을 제공하는 **단체급식산업**과 상업성을 목적으로 운영되고 있는 레스토랑, 패스트푸드점, 호텔 레스토랑 등의 외식산업으로 정의되며(그림 1-1), 그 영역은 점차 광범위하게 확대되고 있다.

> **급식산업**
> 가정 외의 장소에서 상업성 및 비상업성 목적으로 고객에게 음식을 제공하는 외식, 단체급식을 포괄하는 업체들로 구성된 산업.

> **단체급식산업**
> 직영 및 위탁의 형태로 조직의 특정 구성원들에게 지속적으로 급식을 제공하는 업체들로 구성된 산업.

식품위생법 제2조에는 단체급식소(집단급식소)란 영리를 목적으로 하지 않고 계속적으로 특정 다수인에게 음식물을 공급하는 기숙사, 학교, 병원, 기타 후생기관의 급식시설을 가리키는 것으로 정의하고 있다. 단체급식은 대상자의 영양요구에 맞는 양질의 식사와 서비스를 제공함으로써 급식 만족도를 높이고 궁극적으로 고객의 정신적, 육체적 건강을 증진시킴으로써 생산성을 높이는 데 그 목적이 있다.

단체급식산업은 직영 및 위탁의 형태로 조직구성원들을 위해 운영되고 있는 학교급식, 사업체급식, 병원급식, 사회복지시설 급식, 군대급식, 교정시설 급식 등의 집합을 말한다. 외식산업은 영업을 목적으로 운영되고 있는 한식, 중식, 일식, 양식 등의 일반음식점과 패스트푸드점, 패밀리 레스토랑, 커피전문점 등의 체인 브랜드 업체를 포함하며, 그 외의 호텔 내 레스

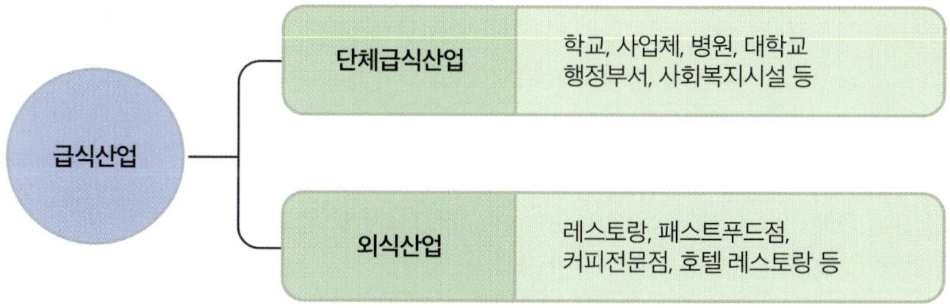

그림 1-1 **급식산업의 범위**

쉬어가기

미국 레스토랑 협회(NRA)에 의한 외식산업 분류

구분	세부 구분	업종
상업적 외식업 (Commercial Restaurant Service)	일반외식업체 (Eating places)	Fullservice restaurants(풀서비스 레스토랑)
		Quickservice restaurants(퀵서비스 레스토랑)
		Cafeterias, grill-buffets and buffets(카페테리아, 뷔페)
		Snack and nonalcoholic-beverage bars(간식판매점)
		Social caterers(출장음식)
		Bars and taverns(바, 선술집)
	위탁급식 (Managed services)	Manufacturing and industrial plants(제조업체 및 산업체)
		Commercial and office building(상업성 오피스빌딩)
		Hospitals and nursing homes(병원, 요양원)
		Colleges and universities(대학)
		Primary and secondary schools(학교)
		In-transit restaurant services(airlines)(기내식)
		Recreation and sports centers(오락 및 스포츠센터)
	숙박업음식점 (Lodging places)	Hotel restaurants(호텔 레스토랑)
		Other accommodation restaurants(기타 숙박업소 레스토랑)
	기타 (Others)	Retail-host restaurants(편의점)
		Recreation and sports(일반오락 및 스포츠시설)
		Mobile caterers(이동식 식당)
		Vending and nonstore retailers(자판기, 포장마차)
비상업적 외식업 (NonCommercial Restaurant Service)		Employee restaurant services(직원식당 급식)
		Public and parochial elementary, secondary schools(공립 및 사립학교 급식)
		Colleges and universities(대학 급식)
		Transportations(교통시설 급식)
		Hospitals(병원)
		Nursing homes, homes for the aged, blind, orphans, and the mentally and physically disabled(양로원, 고아원, 기타 장기 투숙 급식)
		Clubs, sporting and recreational camps(클럽, 스포츠, 오락 캠프)
		Community centers(지역센터 급식)
군대 급식 (Military Restaurant Services)		Officers'and NCO clubs(open mess)(장교식당 및 장교클럽)
		Military exchanges(일반군인 급식)

(출처 : National Restaurant Association(2013). www.restaurant.org.)

토랑, 제과점, 아이스크림점 등 가정 외 장소에서 생산, 판매 및 서비스 활동을 하는 다양한 형태의 외식업소의 집합체를 칭한다.

1.2 급식산업의 분류

1) 외식산업

우리나라의 **외식산업**은 '88올림픽을 기점으로 90년대 들어와 급속한 성장을 계속해 '86년 10조원 규모에서 '97년에는 30조 규모의 외식시장으로 절정에 이르렀으나, IMF시대를 맞이하면서 침체현상을 보여 왔으며, '99년도에 들어 경기회복과 더불어 점차 회복세를 보이기도 하였으나 2000년대 들어와 다시 장기간 불황에 허덕이는 등 특히 경제·사회적인 외식 외부환경 변화에 민감하게 영향을 받고 있으며, 국내 외식산업의 양적·질적 성장과 정부차원의 '한식세계화'에 대한 관심 및 지원 확대, 그리고 K-Pop의 인기로 국가 브랜드 인지도 향상과 더불어 외식업체들의 해외 진출이 활발히 진행되고 있다.

외식산업
일반인들을 대상으로 상업성의 목적으로 음식을 제공하는 업체들로 구성된 산업.

우리나라의 외식산업 분류는 관련 기관과 단체에 따라 다양한 분류체계를 지니고 있어 통일성이 없고 혼돈되어 사용되고 있다. 대표적으로 통계청에서 분류하는 한국표준산업분류, 식품위생법에 의한 분류, 관광진흥법에 의한 분류, 외식산업진흥법에 의한 분류로 현행법 중 4개 법규에서 분류하고 있다. 미국 레스토랑협회(NRA)에서는 외식산업에 대한 분류를 크게 영리를 목적으로 한 상업적 외식업(commercial restaurant)과 공공의 목적을 갖고 특정지역과 단체를 위한 비상업적 외식업(institutional restaurant services), 그리고 군인을 위한 외식업(military restaurant services)으로 구분하고 있다.

2) 단체급식산업

단체급식 시장은 1988년에 서울 캐터링 서비스 주식회사가 위탁급식경영을 시작한 이래 중소기업 뿐 아니라 대기업들도 위탁급식업에 대거 참여하게 되었다. 90년 초기를 기점으로 아워홈, 삼성에버랜드(현 웰스토리),

CJ 푸드 시스템(현 CJ 프레시웨이), 신세계 푸드 등 대기업들이 시장에 진입하면서 외국 급식선진기업과의 제휴, 기술도입 등을 통하여 우리 실정에 맞는 선보이고, 한국 급식문화를 선보이고 이를 서비스 산업으로 발전시켜오고 있다.

2000년대 국제통화기금(International Monetary Fund : IMF)의 영향으로 단체급식과 외식산업 모두 영향을 받았다. 단체급식은 IMF를 기점으로 경제적 상황이 좋지 않았던 직장인들을 외식이 아닌 회사 구내식당으로 발길을 돌리게 하는 계기가 되었으며, IMF 이전보다 평균 15~20%의 식당의 수가 증가한 것으로 나타났다. 기업들은 경기침체로 그 동안 직원의 복지차원에서 운영하던 직영식당을 경비절감을 위해 위탁운영체계로 바꾸면서 단체급식 시장 규모가 성장하였다. 대기업들이 계열사의 위탁운영을 기반으로 단체급식 사업을 본격적으로 시작하면서 급식산업이 양적·질적으로 발전하게 되었다. 2006년 CJ 푸드 시스템이 운영하는 수도권의 학교급식 사업장에서 대형 식중독 사고가 발생하였으며, 이 사건으로 학교급식법 개정안인 통과되어 학교장이 학교급식을 직접 관리 운영하여 '직영급식 의무화'가 명시되었다. 그리고 원산지나 등급 표시, 품질이 우수하고 안전한 식재료 사용의 의무화와 모든 학교급식시설에 영양(교)사나 국가가 인정하는 조리사를 배치하게 되었다.

2011년 동반성장위원회가 '구내 식당업'을 중소기업 적합업종 우선 검토대상에 포함했으며, 2012년 3월 기획재정부는 자산 5조원 이상의 상호출자제한집단 소속 대기업을 공공기관 구내식당 운영에 참여 제한을 권장하였으나 2016년 상주 인원 1,000명 이상의 공공기관 구내식당에 한정하여 대기업의 공공기관 구내식당 입찰 참여 제한 조치가 폐지되었다. 2019년 말까지 3년간 한시적으로 허용되어, 대기업계열인 아워홈, 삼성웰스토리, 현대그린푸드, 신세계푸드, CJ 프레시웨이 등이 상주 인원 1,000명 이상의 공공기관 구내식당 입찰에 참여할 수 있었다. 또한, 2014년 5월부터 1회 급식 인원 100인 이상의 모든 산업체 집단급식소에 영양사와 조리사를 의무고용하게 되었다.

시대별 단체급식과 외식산업의 주요 이슈들은 표 1-1에 제시하였다.

표 1-1 단체급식과 외식산업의 시대별 주요 이슈

	단체급식	외식산업
1900~1970년대	• UNICEF 등의 농산물 원조로 빵 무상급식 실시(1953) • 밀가루 빵 급식 시작(1963) • 식중독 발생으로 빵급식 폐지(1977)	• 최초의 전문음식점 명월관(1903) • 롯데리아를 시작으로 국내 프랜차이즈 도입(1979)
1980년대	• 교내에 급식시설을 갖추고 우리 식문화에 맞는 식사제공을 위한 학교급식법, 동법시행령 및 시행규칙 제정(1981) • 서울캐터링서비스주식회사가 위탁급식경영 시작(1988)	• 대규모 무역흑자를 달성하며 초고속 성장 구가하면서 해외 외식브랜드 대거 도입 • 버거킹, KFC(1984), 피자헛(1985) • 88 서울올림픽 기점으로 외식산업 급성장함
1990년대	• IMF의 영향이후 경비절감을 위해 직원식당의 위탁화 • 대기업들이 계열사의 위탁운영을 기반으로 급식산업이 양적·질적으로 발전 • 학교급식 HACCP 일반모델 수립(1999)	• 무역장벽철폐, 규제완화로 외식시업의 글로벌화, 프랜차이즈 산업이 급성장 • IMF의 영향으로 경기침체로 외식경기 최악의 상황(1997) • T.G.I. 프라이데이즈(1992), 스타벅스 1호점(1999)
2000년대	• 식품위생법 개정으로 기업체 영양사 의무고용 자율화(2000. 7) • 학교급식 위생관리 지침서 발간(2002) • 초·중등교육법, 학교급식법개정 으로 영양교사 제도 도입(2003.7) • 학교급식 위생관리 지침서 2차 개정(2004) • 유아교육법 시행규칙에 1회 급식유아가 100인 이상인 유치원의 영양사 배치 법제화(2005.2) • CJ 푸드 시스템 대형 식중독 사고 발생(2006.6) • 학교급식법 전부개정, 직영급식 원칙, 영양·위생·안전기준 강화(2006) • 「어린이 식생활안전관리 특별법」시행 (2009)	• 광우병과 조류인플루엔자의 발병으로 외식업체 불황(2003) • 음식점 식육 원산지 표시제도 의무화(2007) • 세계 곡물가 파동으로 식재원가 상승(2008) • '한식 세계화추진단' 공식 출범(2010)
2010년-현재	• 위탁급식업계, 식자재 유통 및 외식업 진출 활발 • 학교급식 위생관리 지침서 3차 개정(2010) • 어린이 급식관리 지원센터 개소(2011) • 대기업 계열 급식업체들을 공공기관 급식사업자 배제 권고(2012.3) • 임상영양사자격 법제화(2012.3) • 한국식품안전관리인증원 출범(2014.1) • 1회 급식인원 100인 이상의 모든 산업체 집단급식소에 영양사와 조리사 의무고용(2014.5)	• '한식재단' 출범(2010) • 영양 표시제도 실시(2010) • 농수산물 원산지 표시제 확대(2011) • K-Pop의 인기와 한식 세계화, 국내 외식브랜드들의 해외 진출 • 외식산업진흥법 시행(2011) • 대기업 빵집 철수 사업(2012) • 국내 주요 관광지 음식점에 대한 위생 등급제 시행(2013) • 음식점 원산지 표시 및 금연 확대 시행(2013)
	• 주 52시간 노동시간 단축 - 300인 이상 기업 및 공공기관 중 특례 제외 업종(2019.7.1.)	

쉬어가기

아워홈, 병원 푸드코트 사업 강화

아워홈은 자사 푸드코트 브랜드인 '푸드엠파이어'를 서울시 마곡동의 이대서울병원과 대구 계명대학교 동산병원, 신촌 세브란스점, 창원 파티마병원점에 이어 총 4개의 병원 식당을 운영한다. 새 푸드엠파이어 매장은 기존 병원식당에서 선호도가 높은 '한식'을 중심으로 브랜드를 구성했다. 다양한 메뉴 제공을 위해 외부 브랜드도 함께 운영한다. 병원 고객 특성을 고려한 저염·저글루텐 메뉴를 구성해 선택의 폭을 다양화했다.

인적자원 의존도가 높은 컨세션 사업은 인건비 영향을 직접적으로 받는다. 또 여러 브랜드가 공존해 매일 수요가 변화하고 피크타임에 손님이 기하급수적으로 몰린다. 따라서 우수한 서비스 품질을 유지하기 위해서는 세심한 운영 노하우가 필수다. 고객 편의 증대 및 회사 운영 효율을 제고해 컨세션 사업 경쟁력을 확보하기 위해 중앙집중형 컨세션 운영 시스템인 'COMS(Concession Operating Management Solution)'을 개발했다. 글로벌 패스트푸드 프랜차이즈를 제외하고 국내 컨세션 사업에서 COMS와 같은 중앙집중형 관리시스템을 적용한 것은 아워홈이 최초다.

'주문과정' 개선을 위해 무인 키오스크(무인 주문기) 운영을 차별화했다. 컨세션 매장에 무인 키오스크를 추가 배치해 병목을 줄이고 메뉴에 '여유, 보통, 혼잡' 디스플레이 표시 기능을 추가해 주문 집중을 완화시켰다. 또한 'AI 스마트오더'를 도입해 매장 내에서 QR 코드 스캔만으로 자리에서 메뉴 주문이 가능하도록 구현하고 카카오톡으로 주문 완료 및 요리 완성 알림도 제공하는 등 소비자 편의성을 강화했다. '주방업무' 운영 효율 증진을 위해 'KMS(Kitchen Management System) 시스템'을 도입했다. 주문서 출력-정렬-메뉴 체크-호출로 이어지던 기존 주문관리 프로세스를 메뉴 체크-호출 2단계로 단순화했으며 메뉴 품절처리도 기존에는 주방과 홀 간 무전을 통해 등록하던 절차를 주방에서 버튼 하나로 가능하게 구현했다.

더불어 외식 업장 운영 빅데이터를 기반으로 CK(Central Kitchen) 품목 활용도를 높였다. 전처리 식재를 업장에서 공급받는 비용과 식재를 업장에서 직접 전처리 하는 비용을 시스템으로 비교 분석해 합리적인 발주가 가능하다. 메뉴를 입력하면 식재 구성 및 용량 데이터를 자동으로 제공해 불필요한 식재 손실을 최소화할 수 있다.

(출처: 조선비즈 2019.4.11. 기사, 스마트경제 2019.05.09. 기사 재구성)

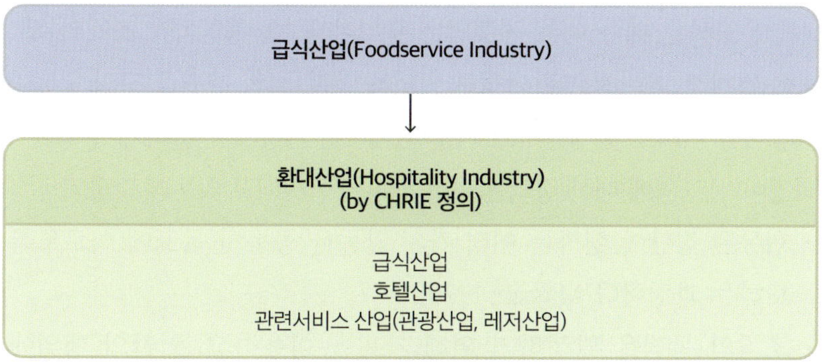

그림 1-2 **급식산업 영역 확대**
자료 : CHRIE, 1992

1.3 급식산업의 범위 확대

급식산업은 단지 단체급식산업과 외식산업에 국한하지 않고 외국의 경우 보다 포괄적인 **환대산업**(hospitality industry), 즉 손님에게 정성으로 봉사하는 서비스 산업으로 그 영역이 점차 확산되고 있다(Chon, 1997). 미국의 호텔·레스토랑·단체급식 교육 협의회(Council on Hotel, Restaurant, Institutional Education : CHRIE)의 정의에 의하면 환대산업은 급식, 호텔, 관광 및 레저산업을 포괄하는 관련 서비스산업으로 규정하고 있다(그림 1-2). 환대산업은 영국의 경우 호텔과 케이터링 산업(catering industry)을 지칭하며, 미국의 경우 숙박(lodging)과 급식산업을 포괄하고 있으나, 환대산업의 경계는 명확하지 않으며, 관광산업, 레저산업과 밀접히 연관되어 있다.

환대산업
호텔·레스토랑·단체급식을 포괄하여 고객에게 정성으로 서비스를 제공하는 사업체로 구성된 산업.

2. 경영의 이해

2.1 경영의 정의

경영(management)이란 기업 뿐 아니라 정부, 군대, 학교, 병원 등 모든 조직체를 운영하는 데 쓰이는 공통되는 용어이다. 즉, 경영이란 조직의 목적을 효율적, 경제적, 과학적으로 달성하기 위해 인적, 물적 자원을 구입 및 투입하여 제품이나 서비스를 생산하고 이를 판매하는 기능을 원활하게 수행하기 위한 과정이다. 경영에 대한 정의는 여러 가지로 설명되고 있는데 다음과 같다.

- 협동된 집단이 행하는 여러 가지 활동을 공동의 목표에 이르도록 유도하는 과정이다(Massie, 1979).
- 조직의 목적을 달성하기 위해 자원을 이용하고, 인간의 행위에 영향을 주며, 변화에 적응하는 사회적 기술적 과정이다(Haimann & Scott, 1974).
- 사람과 다른 자원을 효율적으로 이용해서 바람직한 결과를 성취하는 과정이다(Bedeian, 1986).
- 설정된 조직의 목표를 달성하기 위해 사람들의 노력과 다른 자원을 이용해서 계획하고 조직하고, 지휘하고 통제하는 과정이다(Stoner & Freeman, 1989).

이러한 정의들의 공통된 측면을 종합하면 '경영이란 변화하는 환경 속에서 제한된 자원을 효율적, 효과적으로 활용하면서 조직의 목적을 달성하기 위하여 사람과 일을 조정해 나가는 과정'으로 정의할 수 있다.

효율성
일을 올바르게 하는 것.

효과성
올바른 일을 하는 것

여기에서 효율성, 효과성은 경영활동 기준에 영향을 줄 수 있다. **효율성**(efficiency)은 일을 올바르게 하는 것(doing things right)으로 목표를 달성하는 데 투여된 자원과 실제로 얻어진 결과를 비교하는 것이다. 즉, 어떤 결과를 최소한의 자원을 이용하여 최대한의 결과를 얻은 경우 효율성 있게 일을 하였다고 할 수 있다. **효과성**(effectiveness)은 올바른 일을 하는 것(doing the right things)으로 조직의 목표를 얼마나 성공적으로 달성하였는가를 나타내는 것이다. 즉, 조직의 목표를 달성하기 위한 최선의 방법을 선택한 경우 효과성 있게 일을 하였다고 할 수 있다. 예를 들어, 급식소에서 1,000개의 달걀을 프라이하는 데는 프라이팬을 사용해야 한다. 이때 가정용 프라이팬을 사용해도 무방하나 작은 프라이팬은 사용하지 않을 것이다. 작은 프라이팬을 사용하는 경우, 달걀을 프라이하는 데 시간이

오래 걸리며 연료비도 많이 나오게 될 것이다. 그러므로 단체급식용 번철(griddle)을 이용해서 달걀을 프라이 하면 훨씬 효율성 있게 일을 할 수 있으며 또한 작은 프라이팬보다 단체급식용 번철을 선택한 것은 효과적이라 할 수 있겠다.

경영은 그 정의에 의해 특성을 분석해 보면 다음과 같다.

첫째, 경영은 목표 지향적이다. 유능한 관리자는 조직의 목표가 무엇이며 설정한 목표를 달성하기 위해서는 어떠한 노력이 필요한지를 알아야 한다. 급식관리자는 급식운영의 궁극적인 목표가 품질, 서비스 향상을 통한 고객만족과 이익창출임을 인식하고, 이의 달성을 위한 지속적인 노력을 하며 목적에 대한 성취도를 측정해야 한다.

둘째, 경영은 인적 자원을 중요시 한다. 즉, 경영은 사람에 근거를 두고 있다. 사람을 통해, 그리고 사람과 더불어 일을 해야 한다. 특히 급식소는 노동집약적이며 많은 활동이 사람을 통해 이루어진다. 그러므로 급식관리자는 상위자, 동료, 종업원의 기대에 따르는 다양한 활동을 해야 할 뿐 아니라 고객에 대한 관리도 병행해야 한다.

셋째, 경영은 공동의 목표 달성을 위한 통합된 노력이다. 급식소는 구매, 생산, 배식, 위생에 이르기까지 사람이 관여하는 복잡한 서비스 체계이다. 그러므로 각 영역에 속한 종업원들 간의 협력과 공동의 노력 및 집합적인 행동이 더 많이 요구된다.

넷째, 경영은 능동적이다. 조직은 자원과 환경에 계속적이며 능동적으로 반응하고 변화해야 한다. 조직이 계속 운영되려면 경영자는 환경의 변화에 반응해야 하며 또한 변화에 영향을 주어야 한다. 사회적, 경제적 변화에 따라 소비자들의 서비스의 요구 수준도 변하므로 급식 관리자의 경우 양질의 음식과 더불어 고객의 서비스 요구에 적극적으로 대처해야 하는 능동적인 자세가 필요하다.

2.2 경영의 기능

경영관리는 경영활동에 필요한 사항을 계획하고 이를 실행하며, 실행의 결과와 계획을 비교함으로써 이를 통제하는 것으로, 간단하게 계획(plan)과 실행(do) 및 통제(see)의 과정이라 할 수 있다. 여러 학자들은 어떤 기능이 경영활동의 기본적인 관리기능의 인지에 대해 학자들마다 그 견해가 다양하나 목적 성취를 위한 기본적인 방향은 모두 같다. 관리기능은 기본적으로 계획(planning), 조직(organizing), 충원(staffing), 지휘(leading), 통제(controlling)의 기능으로 나누며(그림 1-3) 이에 대한 활동내용은 다음과 같다.

- 계획(planning) : 조직의 목표를 세우고, 그 목표를 달성하기 위한 가장 좋은 방법을 찾는 행위를 말한다.
- 조직(organizing) : 수립된 계획을 성공적으로 달성하기 위하여 어떠한 형태로 조직을 구성할 것인가를 결정하고, 인적 및 물적 자원을 배분하는 행위를 말한다.
- 충원(staffing) : 조직구조 내의 직무에 필요한 조직 구성원을 효과적으로 선발하여 평가하고, 육성하며, 직무에 인원을 배치하는 것을 말한다.
- 지휘(leading) : 조직의 목표를 달성하기 위하여 요구되는 업무를 잘 수행할 수 있도록 종업원들을 독려하고 감독하는 행위를 말한다.
- 통제(controlling) : 경영활동이 미리 수립된 계획과 표준에 일치하도록 평가, 검토하여 이를 시정하는 것을 말한다.

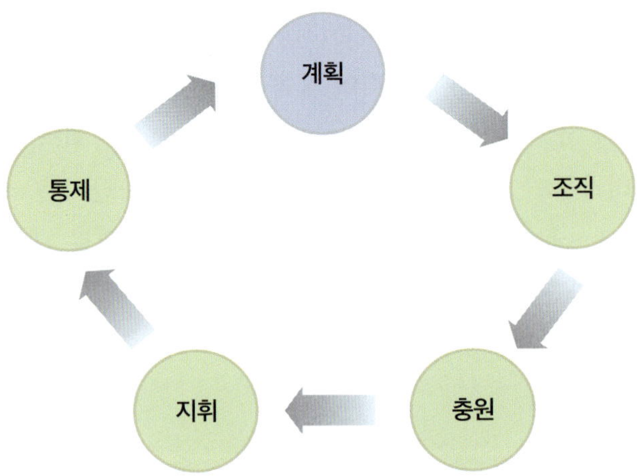

그림 1-3 관리과정의 순환

3. 급식산업의 경영환경

모든 기업은 내부환경(internal environment)과 외부환경(external environment) 내에서 운영하게 된다. 급식업체의 내부환경이란 조직 내에서 조직의 목표달성을 위해 필요한 기능들로 구성되며, 경영자 및 종사원들이 그들의 직무를 어떻게 수행하는가에 달려 있다. 내부환경의 세 가지 기능으로는 고객과 접점에서 이루어지는 급식소 정면(front of the house)인 식당 내에서 수행되는 기능과 고객과 접점에서 이루어지지 않는 급식소 후면(back of the house)인 주방에서 수행되는 기능, 그리고 경영기능들이 포함된다.

외부환경 요소들은 또한 경영자와 종사원들의 직무수행에 영향을 미치

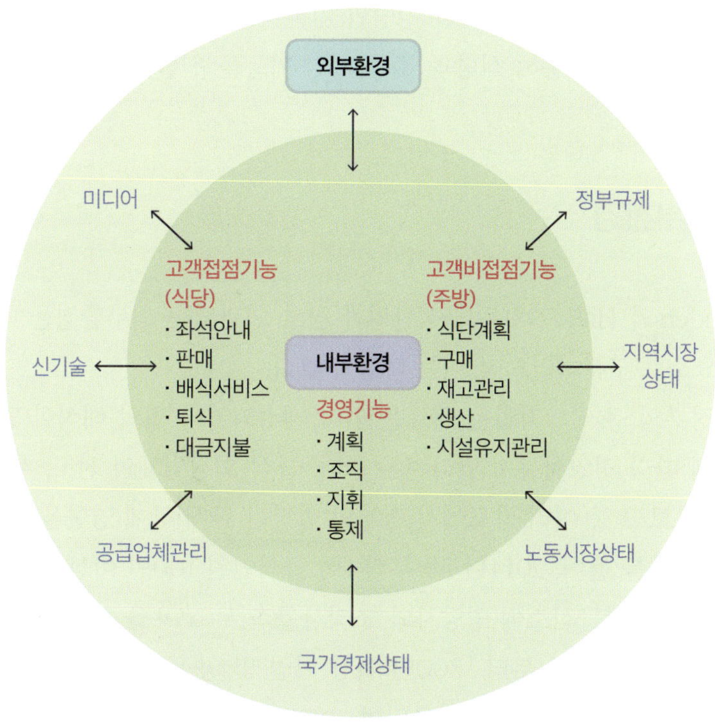

그림 1-4 **급식 내부·외부 환경 인자의 관계**
자료 : Sanders·Hill, 1998

게 되는데, 이러한 외부환경 요소로는 정부의 규제, 지역시장 상태, 노동력 시장 상태, 국가 경제 상태, 공급업체와의 관계, 신기술, 미디어 등이 포함된다.

급식업체 관리자는 급식업체의 내부·외부환경 요소들을 인지하고, 이러한 역동적인 환경변화에 민감히 대처할 수 있는 경영능력을 갖추어야 하겠다. 그림 1-4에는 내부·외부환경과의 관계를 도식화하였다.

3.1 내부환경

급식업체의 내부환경 내에서 고객과 직접 접촉되는 식당(front of the house)에서는 좌석안내(seating), 판매(sales), 배식 서비스, 퇴식, 지불 등의 기능이 수행된다. 고객과 접촉되지 않는 주방(back of the house) 내에서 이루어지는 기본기능으로는 식단계획, 구매, 재고관리, 음식생산, 시설 유지관리 등이 포함된다. 또한 경영의 기본기능인 계획, 조직, 지휘, 통제 등의 기능 수행을 통해 식당과 주방 내의 기능을 원활히 수행할 수 있게 된다.

3.2 외부환경

Sanders와 Hill(1998)은 급식산업과 상호 연관되는 외부환경을 다음 7가지 요소로 구분하였으며, 이는 다음과 같다.

① 정부의 규제 : 기업은 새로운 법이 제정되거나 법의 해석이 달라짐에 따라 경영활동이 달라져야 한다. 급식·외식업체의 신고, 자격, 검사, 보고 등 여러 각도에서 정부의 법적인 규제 하에 영향을 받게 된다. 예를 들어, 2014년 5월부터 1회 급식인원 100인 이상의 모든 산업체 집단급식소에 영양사와 조리사를 의무 고용을 하도록 하였다. 2019년 7월 1일부터 「300인 이상 기업 및 공공기관 중 특례제외업종 사업장」으로 확대·적용되며, 2020년 1월 1일부터는 「50인 이상 299인 이하 사업장」까지 주 52시간 근무제 시행대상에 포함될 예정

이다.

② 지역시장 상태 : 지역사회는 좁게는 기업의 인근 주민들을 말하지만, 우리나라 같은 경우에는 대기업의 영향력이 국가전체에까지 미치기도 하며 최근 중요성이 증가하고 있다. 최근에는 환경, 자원, 투자와 같은 기업의 사회적 책임과 관련된 문제들이 지역사회의 중요한 문제로 제기되고 있으며, 지역시장에 많은 영향을 미친다. 급식업체 운영자는 지역시장의 변화에 민감하게 대처해 나가야 한다. 잠재시장의 경쟁상태, 주위 도로환경 변화, 교통 패턴의 변화 등은 급식·외식업체에 직·간접적 영향을 미치게 된다.

③ 노동력 시장 상태 : 급식·외식 종사원의 모집, 고용 절차 등은 지역 노동력 시장 상태에 의해 영향을 받게 된다.

④ 국가 경제 상태 : 국가의 일반적 경제체제, 정부의 경제계획, 재정·금융정책의 운영성격, 경제의 호황 또는 불황이냐 하는 경기흐름 상태, 대외교역조건 등이 경제적 환경을 이루는 기본적인 요소이다. 기업은 경제적 기능인 생산을 보다 효율적으로 수행하여야 하므로, 경제적 환경은 다른 경영환경과는 달리 기업 활동에 직접적이고 즉각적으로 영향을 미치는 환경요인이다. 국가 경제 상태는 모든 개개인에게 영향을 미치므로 경영자는 예의 주시하여 급식·외식업체에 미치는 영향뿐만 아니라 외부환경에 미치는 영향을 예측할 수 있어야 한다.

⑤ 공급업체와의 관계 : 구매는 내부 환경 기능의 일부로 간주되지만 동시에 외부환경과의 중요한 상호작용에 관여하며, 공급자는 식단개발 및 마케팅 환경을 감시하는 주요한 정보원으로 역할을 담당한다. 급식소에서 좋은 품질의 음식을 제공하기 위해서는 식자재의 품질이 우선되어야 하기에 믿을 수 있는 공급업체 선정과 공급업체와의 관계 유지가 매우 중요하다.

⑥ 신기술(technology) : 주방기기의 새로운 개발경향은 에너지 절약형, 비용 절약형, 노동력 절감형 등으로 발전되고 있으며, 정보 시스템 소프트웨어뿐만 아니라 하드웨어 등의 신기술로 인해 급식

쉬어가기

구내식당이 내 건강관리를?

삼성웰스토리, 삼성전자와 손잡고 식단·운동앱 '웰스토리플러스' 선봬
트랜스지방·나트륨 등 성분표시
삼성헬스와 연동 체중 관리까지

웰스토리플러스 앱 기능 중 일주일단위 식단 및 운동 정보를 보여주는 '위클리리포트'

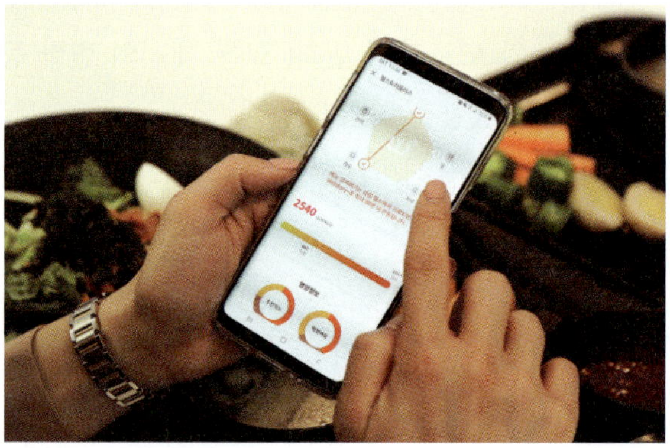

삼성전자 직원이 웰스토리플러스 앱으로 영양정보를 확인

급식업계에 따르면 삼성웰스토리는 이달 초 삼성전자와 손잡고 식단부터 운동습관까지 관리해주는 헬스케어 앱 '웰스토리플러스'를 선보였다. 2013년 운영했던 식단관리 앱 '웰스토리 2.0'이 일기장처럼 직접 기록을 남기는 형태였다면 웰스토리플러스는 사원증 태깅만으로 식단의 영양정보를 앱으로 전송해준다. 일종의 '자동 건강관리 생활기록부'인 셈이다. 기존 앱이 탄수화물·단백질·지방 등 3대 영양소만 안내해주던 데서 더 나아가 트랜스지방, 나트륨 등 세세한 영양성분도 표시해준다. 삼성전자의 AI 플랫폼 '빅스비'의 사진인식기능을 통해 외부에서 먹은 음식 정보를 자동으로 전송하기도 한다. 이를 통해 한 주간 섭취한 영양소를 표준 데이터와 비교·분석할 수 있다.

'삼성헬스' 앱과 갤럭시의 워치에 기록된 운동정보가 연동돼 웰스토리플러스에서 한눈에 확인할 수도 있다. 삼성헬스와 연동되는 블루투스 체중계를 활용하면 체중을 별도로 입력하지 않아도 현재 체중으로 자동 업데이트된다. 이번 서비스는 삼성웰스토리를 이용하는 700여개 사업장에 오는 10월까지 도입될 예정이다.

(출처 : 서울경제 2019.4.24. 기사)

산업의 발전이 가속화되고 있다. 식품·영양정보, 건강 도시락 판매, 건강관리 어플리케이션 등이 활발하게 개발되어 보급되고 있다. CJ 프레시웨이에서는 단체급식장에서는 처음으로 RF-ID(Radio Frequency Identification, 무선 인식)와 IOT(Internet Of Things, 사물 인터넷) 단말기 기반의 무인 시스템을 도입해 별도의 결제과정을 없앴다.

⑦ 미디어 : TV, 라디오, 신문, 인터넷 및 눈 등의 미디어는 외부환경의 정보원으로 뿐만 아니라 대상 고객에게 광고, 판매 촉진 등의 마케팅 활동을 할 수 있는 수단으로 발전하게 되었다.

4. 지속가능경영과 사회적 책임

4.1. 지속가능경영

지속가능경영
지속가능한 발전과 기업의 사회적 책임의 두 개의 개념이 결합된 것.

지속가능경영(Sustainable Management)은 '지속가능한 발전(Sustainable Development : SD)'과 '기업의 사회적 책임(Corporate Social Responsibility : CSR)'의 두 개념이 결합된 것이다. 세계환경개발위원회(WCED: 1983년 UN총회 결의에 따라 장기적인 지구환경 보전전략 수립을 목적으로 구성된 위원회)는 1987년 우리들의 미래(Our Common Future)라는 보고서에서 지속가능한 발전(sustainable development)을 미래세대의 필요를 충족시킬 수 있는 능력을 저해하지 않으면서 현 세대의 요구를 충족시키는 발전으로 정의하였다. 이러한 개념이 발전하여 조직의 경제적, 사회적, 환경적 책임을 바탕으로 기업의 지속가능한 발전을 추구하는 새로운 경영 패러다임인 지속가능경영이 등장하였다. 지속가능경영은 지속가능한 발전에서 추구하는 중요한 세 가지 축(triple bottom lines)인 경제, 사회, 환경 측면에서 기업이 지속적인 성과를 내고 궁극적으로 경쟁우위를 확보하여 기업에 가치를 증진시키는 것을 말한다. 즉, 환경자원을 보전하고 인류의 보편적 가치를 추구할 수 있는 사회적 책임을 다하며 경제적 수익을 내는 기업이 지속적으로 발전 가능하다는 것을 말한다.

경제적 지속가능성(경제적 수익성)은 기업은 생산 활동을 통해 지속적인 이윤을 창출함으로써 경제적 책임을 다하는 것을 말한다. 고객에게는 지불한 대가 이상의 효용을, 투자자에게는 기대 수준 이상의 투자 수익을, 종업원에게는 자아 성장과 보상 등을, 지역 사회와 국가에는 고용 창출 및 납세를 통한 재정 확보 등을 제공해 주어야 한다. 사회적 지속가능성(사회적 책임성)은 기업의 사회공헌활동, 준법경영, 인권경영, 안전보건활동 등을 포함한다. 과거의 외적인 성장 위주의 경영에서 내적인 성장, 특히, 질적인 성장 위주의 경영을 요구하고 있으며, 사회중시의 거시경영이 필요하다. 환경적 지속가능성(환경적 건전성)은 환경에 대한 부정적인 영향을 줄이며 경제적 성과를 제고하는 것을 말한다. 기업이 제품 생산 시 청정생산, 친환경 공급망 관리와 제품 책임주의, 기후변화에의 대응, 한경 리스크관리 등을 포함한다.

급식산업에서도 지속가능성에 기초하여 재무성과, 사회 안전 및 통합과 환경보전이 균형을 이루는 발전을 실현하기 위한 노력을 기울이고 있다. 미국의 Green Seal은 급식산업에서 지속가능한 실천을 인증하는 평가지표를 개발하였고, 환경, 폐기물/에너지/물 관리, 훈련과 의사소통, 지속적인 개선, 인증 및 라벨링으로 구분하여 지표를 제시하고 있다.

4.2. 사회적 책임

사회적 책임
법적으로나 경제적으로 요구되는 것을 넘어, 옳은 것을 하고 사회에 유익하게 활동하려는 기업의 의도.

기업의 기업의 **사회적 책임**(corporate social responsibility)은 법적으로나 경제적으로 요구되는 것을 넘어, 옳은 것을 하고 사회에 유익하게 활동하려는 기업의 의도를 말한다. 기업의 사회적 책임을 제도화하기 위해서는 최고경영자의 경영철학을 바탕으로 구성원의 태도변화를 유도하고, 사회적 책임을 전담하는 담당부서의 설치 등과 같은 조직화가 이루어져야

알아두기

'지속가능성 지수'

대한민국 지속가능성 지수
(KS: Korean Sustainability Index)

기업의 지속가능성을 측정하기 위해 한국표준협회(Korean Standards Association)와 한국개발연구원(KDI) 국제정책대학원의 정권 교수가 참여하여 개발하였다. 기업이 지속가능성 트렌드에 대하여 얼마나 전략적으로 대응하는지와, 사회와 환경에 미치는 기업 경영활동을 얼마나 적극적으로 관리, 개선하는 지를 분야별 전문가와 기업 이해관계자가 직접 조사하는 모델이다.

지속가능성 트렌드 항목들은 지속가능경영의 해외 전문가 및 전문기관이 선정한 지속가능성 트렌드 리스트를 바탕으로 개발되었으며, 지속가능성 영향의 항목들은 사회적 책임 국제표준 ISO 26000(국제표준화기구가 선정한 기업의 사회책임활동 인증의 표준)을 기반으로 개발되었다는 특징을 가지고 있다.

7가지 측정요인인 조직 거버넌스(이사회의 책임성 강화, 기업 경영의 투명성 등), 인권(차별과 취약그룹 보호, 시민의 정치적 권리 보장 등), 노동관행(공정한 고용 및 고용관계보장 등), 환경(환경오염 방지 등), 공공운영관행(부패방지에 대한 노력 등), 소비자 이슈(공정마케팅 등), 지역사회 참여와 발전(지역사회발전 참여 등)과 그에 속한 항목들을 측정하여 도출한다.

다우존스지속가능경영지수
(Dow Jones Sustainability Indices)

시가총액 기준 전 세계 상위 2500개 기업을 대상으로 기업 경제적 성과, 환경, 사회적 성과 등을 종합적으로 고려해 경영 지속가능성을 분석하는 평가 지수이다. 대상 기업에 따라 월드 지수, 아시아·태평양 지수, 코리아 지수 등으로 구분된다. 미국 스탠더드앤드푸어스 다우존스(S&P Dow Jones)와 스위스 투자평가사 로베코샘(RobecoSAM)이 1999년 공동 개발했으며 매년 발표하고 있다. 전 세계 주요 투자기관들이 이 지수를 고려해 기업에 대한 사회적 투자를 진행할 만큼 권위를 가지고 있다.

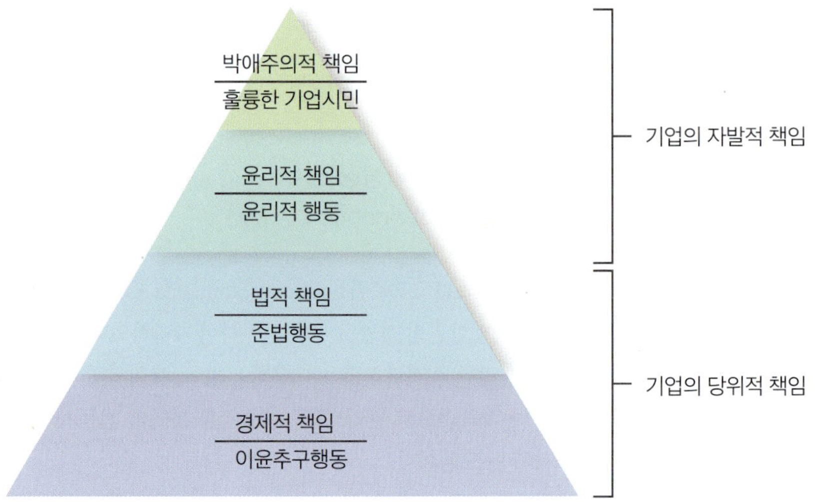

그림 1-5 기업의 사회적 책임 피라미드
자료 : Carroll, 1991

한다. 또한 사회감사 등을 통해 기업이 실천한 사회적 활동을 평가하는 객관적 제도가 필요하다.

기업이 **사회적 책임** 활동한다는 것을 단순히 불우이웃돕기나 장학재단을 설립하여 운영하는 것만이 아니라 고객을 포함한 이해 관계자의 기대치가 무엇인지 귀를 기울여야 한다. 기업의 사회적 책임은 기업 활동이 경제적, 법적, 윤리적 책임뿐만 아니라 기업의 재량권에 의한 사회적 기대를 충족시키는 수준 등 네 단계의 피라미드 모형을 나타내고 있다(그림 1-5).

쉬어가기

"기업에서 얻은 이익은 그 기업을 키워준 사회에 환원해야 한다."
"기업의 기능이 단순히 돈을 버는데서만 머문다면 수전노와 다를 바가 없다."
"양질, 염가의 제품생산, 이것은 기업 성취의 ABC이다.
그러나 이것은 기업의 사회에 대한 책임인 것이다"

(고 유일한 박사)

유한킴벌리는 제지를 전문으로 하는 미국의 킴벌리클라크를 모회사로 두고, 국내의 제지, 펄프 사업을 했다. 즉, 나무를 베어서 제품을 만들고, 그 제품 또한 환경오염의 주범이 될 수 있는 기업이다. 그런데 유한킴벌리는 환경을 파괴하는 자신들의 사회적 책임을 '푸르게' 캠페인으로 행동에 옮긴 것이다. 유한킴벌리는 1980년대부터 시민, 지역사회와 함께 할 수 있는 운동이 있어야겠다고 생각했고 그것을 회사에서 하기로 했다. 그것이 바로 국토에 나무를 심고 하천을 정비하고 유한킴벌리가 벌목을 심하게 한다는 오해도 불식시킬 목적으로 시작한 운동이 '우리강산 푸르게 푸르게'였다. 이 시대에는 국가 소유 땅에 나무를 심으면 벌금이 부과될 정도로 나무심기운동에 대한 사회적 이해가 적어 어려운 결정이었고 회사 내에서도 많은 반대가 있었다.

착하면서 강한 기업인 유한킴벌리는 1984년 나무심기 운동인 '우리 강산 푸르게 푸르게(Keep Korea Green)'와 함께 학교 숲 운동, 동북아 사막화 방지활동, 숲가꾸기 등 슬로건에 맞는 캠페인을 지속적으로 추진하면서 우리나라의 CSR(Corporate Social Responsibility)을 선도하여 온 것이다. 캠페인은 기업 이미지와 선호도 제고는 물론, 제품 신뢰와 시장점유율 확대까지 이어졌다.

(출처 : 유한양행, 유한킴벌리)

연습문제

1. 상업성의 외식산업과 비영리성의 단체급식을 분류하여 설명하고 각 구성 급식유형을 열거하시오.
2. 급식산업(foodservice industry)과 환대산업(hospitality industry)의 차이점을 설명하시오.
3. 급식산업의 내부·외부 환경 변화에 따른 급식환경 상황을 비교 설명하시오.
4. 급식업체에서 활용 가능한 지속가능 경영의 사례들에 대하여 논의하시오.

참고문헌

1. 강정대 (1996) : 현대경영학, 박영사, 서울
2. 박운성 (1997) : 현대경영학원론, 박영사, 서울
3. 삼성웰스토리(2019). 2018 지속가능경영 보고서 www.welstory.com
4. 서인덕, 김윤상 (2013) : 경영학의 이해, 문영사, 서울
5. 식품외식경제, http://foodbank.co.kr
6. 신유근 (2011) : 경영학원론, 3판. 다산출판사, 서울
7. 어윤소, 안웅, 정한경, 한문성, 최우석 (2010) : 현대 경영학 원론, 형설출판사, 서울
8. 유한양행, www.yuhan.co.kr
9. 유한킴벌리, www.yuhan-kimberly.co.k
10. 이덕훈, 강신성, 진형웅, 장수덕(2012) : 최신경영의 이해, 도서출판 두남, 서울
11. 이중우, 김만술, 김원석, 박영렬, 목남희, 장윤희, 윤홍근 (2013) : 경영학 원론, 성진미디어, 서울
12. 임창희 (2011) : 경영학원론, 2판, 학현사, 경기
13. 한국생산성본부, http://smcenter.or.kr
14. Bedeian AG (1986) : Management, New York, NY : Dryden Press
15. Boone LE, Kurtz DL (1992) : Management 4th ed. NY :McGraw-Hill, Inc.
16. Buchholz RA (1990) : Essentials of Public Pilicy for Management, 2d ed., Upper Saddle River, NJ : Prentice Hall
17. Caroll AB (1991) : The pyramid of corporate social responsibility: Toward the moral management of organizational stakeholders. Business Horizons. 34(4), 39-48
18. Carroll AB (1989) : Ethics and Stakeholder Management, 3rd ed., London : International Thomson Publishing
19. Donnelly JH, Gibso JL, Ivancevich JM (1998) : Fundamentals of Management, 10th ed. Texas : Business Pub. Inc. Plano
20. Gregoire MB (2013) : Foodservice Organizations 8th ed. Upper Saddle River, NJ : Person
21. Green Restaurant Association(2014). Certification standards of 2014.
22. Green Sea(2014). A certification guidebook for GS-55, Green Seal's environmental standard for restaurants and food services.
23. Robbin SP, Coulter M (2012) : Management, 11th ed.. Upper Saddle River, NJ : Person

CHAPTER
02

경영이론의 발전과정

들어가며

프레드릭 테일러

1850년 산업혁명이 일어난 후 가내 수공업이 공장제 공업으로 전환되어 새로운 기술이 개발되었지만 종업원들의 생산성은 상대적으로 낮은 상태이었다. 이와 같이 낮은 생산성을 향상시키기 위한 방법이 모색되었다. 1860년대 이후 대규모 공장제도가 확립되었으나 여전히 노동력 부족과 임금 압박의 문제가 비능률을 야기하였으므로 이를 해결하고자 능률증진운동을 전개하였다. 이 운동은 경영관리의 과학화라는 방향으로 전개되었고 미국 경영학에서 사상 최초의 업적을 남긴 사람이 바로 프레드릭 테일러(Frederick Winslow Taylor)이다.

테일러는 미국 필라델피아의 부유한 변호사 집안에서 출생하였으며 하버드 대학교 법학대학에 진학했으나 얼마 후 안질로 중퇴하였다. 그 후 테일러는 필라델피아의 한 수력 공사에 들어가 다른 도움이 전혀 없이 4년간 견습공으로 지냈으며 그 후 미드베일 철강회사로 이직해서 일반 노동자로 일했다. 그는 낭비, 게으름, 무관심, 그리고 일을 대충 처리하는 태도를 특히 싫어했다. 오히려 그는 스스로 손을 움직이며 실험하는 습관을 길렀다. 그는 무슨 일이든 진지하게 대했는데 심지어 달리기를 할 때조차도 가장 피로를 느끼지 않는 방법을 생각할 정도였다. 그는 과거의 경영법은 일종의 게으름뱅이를 장려하는 방법이어서 노동자들의 근무 태만을 야기한다고 여겼으며 경험을 대체하는 연구를 중점적으로 진행하여 노동시간 연구를 비롯한 근무 태만을 관리하였다.

교육목표

경영학의 발전에 관한 역사적 기원과 발전 경위를 고찰하므로써 경영학에 대해 포괄적이고 균형 잡힌 이해를 할 수 있다. 이를 통해 경영자들이 경영이론의 복잡한 접근방법을 깨닫고 그들이 조직의 목적에 가장 최선이 되는 것을 이들 이론으로부터 끌어내어 활용하도록 하는 데 목적이 있다.

학습목표

- 각 경영이론의 발전과정을 살펴봄으로써 각 경영이론의 전개에 영향을 미친 환경적인 요인에 대해 학습한다.
- 과학적 관리이론을 통해 과업관리, 시간과 동작연구 등의 개념을 이해하여 종업원의 능률을 증진시키는 작업방식의 적용과 문제점에 대해 학습한다.
- 급식소 내 작업상의 문제와 인간의 문제인 경영현상들을 수학적인 모델에 기초를 둔 과학적인 접근방법인 계량경영이론의 기본 개념에 대해 학습한다.
- 조직을 여러 가지 상호 관련이 있는 하부조직으로 구성된 하나의 유기체적인 관계로 보는 시스템이론의 기본 개념에 대해 학습한다.
- 경영은 환경 변화에 의해 하는 상황적인 것이므로 경영자는 상황의 변화에 따라 적합한 관리 기술의 개발함에 대해 학습한다.
- 오늘날 경영 접근방법의 글로벌화 경향과 경영혁신 방법을 이해함으로써 현대 조직에서 경영자의 직무수행 방식의 변화에 대해 학습한다.

경영이론은 오랜 기간 시대적 환경의 변화 속에서 그 시대의 문제점들을 해결하고 노력하는 과정에서 새로운 접근방법을 발견하여 새로운 이론을 정립했다. 그러나 이러한 기존의 이론은 변화하는 시대에 따라 그 당시의 사고방식이나 지식을 수정하게 되고 또 다른 해결방법을 찾음으로써 진보하고 공헌하는 과정으로 발전하게 되었다.

이러한 과정을 거쳐 정립된 경영이론들은 경영학을 발전시키는 데 있어 주요 맥락이 되었고 지금도 끊임없이 새로운 이론들에 대한 연구가 계속되고 있다. 표 2-1은 경영 이론들 가운데 흐름을 이루었던 경영이론, 공헌자 및 공헌내용을 제시하였다.

표 2-1 **경영학이론의 공헌자와 이론 개요**

학파	경영이론	공헌자	공헌내용
고전학파	과학적 관리	테일러	시간연구와 동작연구
고전학파	과학적 관리	간트	간트 도표
고전학파	과학적 관리	길브레스	동작연구
고전학파	과학적 관리	포드	컨베이어 시스템
고전학파	관리적 관리	페이욜	관리직능과 경영이론
고전학파	관료적 관리	베버	관료이론
행동학적 경영학	인간관계론	메이요 뢰슬리그버거	호오손실험 공식조직, 비공식조직
행동학적 경영학	행동과학론	매슬로우	욕구계층이론
행동학적 경영학	행동과학론	허즈버그	이요인이론
행동학적 경영학	행동과학론	맥그리거	X이론과 Y이론
행동학적 경영학	행동과학론	아지리스	성숙이론
계량경영	선형계획법	단지히	경영현상을 수학적 모델에 기초를 둔 과학적 접근방법
계량경영	게임이론	뉴만, 모전스틴	경영현상을 수학적 모델에 기초를 둔 과학적 접근방법
계량경영	시뮬레이션	차이맨, 킴볼	경영현상을 수학적 모델에 기초를 둔 과학적 접근방법
현대경영학	시스템이론	버나드, 사이몬	유기체적 조직
현대경영학	상황이론	피들러	동적인 환경상황에 따른 적합한 관리기술

1. 고전적 경영이론(1910~1930)

CHAPTER 2

1.1 과학적 관리이론

과학적 관리이론(Scientific Management)은 제1차 세계대전을 전후로 등장했으며 이 시기는 전쟁으로 인한 인명 피해 때문에 노동력이 부족하고 철강산업과 기계산업에서는 조직적인 태업이 관행이며 보편화 되어 있었다. 이러한 시기에 기업에서 종업원의 작업능률을 증진시키는 데 그동안 사용했던 경험에 의한 작업방식에서 벗어나 과학적인 접근방법을 통한 작업방식을 강조한 이론이다. 이 이론의 대표자는 테일러(Frederick Winslow Taylor), 간트(Henry Gantt), 길브레스(Frank and Lillian Gilbreth) 등이 있다.

1) 테일러

과학적 관리의 아버지로 알려져 있는 테일러가 창안한 관리 시스템은 테일러 시스템, 과학적 관리의 원칙 또는 과학 관리라고 한다. 당시 기업들의 규모가 커지고 체계적인 기업활동이 필요함에 다라 경영자들은 능률과 생산성을 올리는 데 있었다.

테일러는 철강산업과 기계산업의 분야에서 종업원들의 적당히 일하는 은밀한 태업으로 인해 생산성이 향상되지 못하고 있는 것에 대해 문제의식을 가지고 이러한 불합리한 문제를 획기적으로 바꾸는 방안에 대해 연구하였다. 그는 우선적으로 태업의 근본적인 원인을 알아야 하고, 해결책을 찾아서 종업원의 태업을 막아야만 생산성이 향상될 수 있다고 생각하였다. 이에 대한 해결책으로 기업의 생산성이 향상되는 경우 경영자는 종업원에게 그 대가로 충분한 임금을 지불해야 노사간의 갈등을 해소할 수 있다고 하였다. 이에 테일러는 노사 간의 갈등을 해결하기 위해 다음과 같은 4가지 방법을 제시하였는데 이를 **과업**관리라 한다.

과업
공정한 1인의 작업량.

첫째, 공정하다고 판단되는 일일 최대 과업량을 종업원에게 배정하도록 한다. 이 과업량을 측정하기 위해서 과학적인 방법인 **시간연구**와 **동작연구**를 기초로 한 작업연구를 실시하였다.

둘째, 종업원에게 표준화된 작업조건을 제시하여 불편 없이 작업을 수행하도록 제반의 여건을 조성하였다.

셋째, 종업원이 과업의 수행에 성공하였을 경우, 높은 임금을 지급하도록 하여 성공에 대한 우대를 하였다.

넷째, 주어진 과업을 성취하는 데 실패하였을 경우, 이에 대한 손실은 본인이 부담하도록 하였다.

특히, 종업원이 과학적 방법에 의한 일일 최대 과업량을 성취하는 경우 이에 대한 성과급을 부여하여 종래의 종업원에 대한 방임적 관리에서 야기되는 문제점을 해소하는 **차별적 성과급** 제도(differential piece rate system)를 채택하였다. 과학적 기준량 아래서 합리적인 임금 문제를 해결하려고 함으로써 체계적이며 합리적인 과학적 관리법을 제창하여 관리과정의 개념을 확립하는 데 큰 공헌을 하였다.

그러나 그의 이론은 조직 속의 인간을 기계화하는 단점을 면치 못하였다. 즉 일류급 종업원이 매일 열심히 일해야만 수행할 수 있는 과업기준을 설정하고 종업원이 과업을 성취하기 위해 매일 기계 톱니바퀴와 같이 움직이게 하였기 때문에 조직에 있어서 인간관계에 심각한 문제를 야기시켰다.

시간연구
작업에서 일어나는 동작을 세분하여 각 단계에서 소요되는 시간을 분석하는 것.

동작연구
불필요한 동작을 없애고 복잡한 동작을 순서에 따라 체계적인 동작으로 대체함으로써 피로와 시간을 절약하고자 하는 연구.

차별적 성과급
종업원이 주어진 과업을 달성하는 경우에는 높은 임금률을, 실패하는 경우에는 낮은 임금율을 적용하는 임금 형태.

테일러는 한 철강회사에서 노동자 한 사람 당 하루에 거의 12.5톤의 선철을 화물차량에 실어 올리는데 대부분의 노동자가 12시만 되면 매우 지쳐버린다는 것을 알게 되었다. 그는 노동자 중 한 사람을 선택해서 스톱워치에 따라 일하도록 하였다. 즉 "지금부터는 선철을 들고 걸어가세요. 이제는 앉아서 쉬세요, 걸어가세요, 쉬세요"라는 안내어를 들으면서 일을 한 이 노동자는 다른 노동자가 12.5톤을 옮기는 동안 47톤을 옮겼다. 살펴본 즉, 그 이유는 이 노동자는 지치기 전에 휴식을 취했기 때문이었다. 그는 한 시간에 약 26분 정도 일 했고 34분 정도는 휴식을 취했었다.

CHAPTER 2

2) 간트

테일러의 조수였던 간트는 테일러의 개념을 확대하여 온건한 방식으로 과학적 관리법에 인간적 측면을 부여한 최초의 선구자이었다. 테일러의 차별적 성과급 제도는 개별 노동자에 초점을 두었으나 간트는 노동자 집단에 초점을 두었다. 간트식 과업 상여제는 종업원이 정해진 시간 안에 정해진 작업량을 완료하면 정해진 보수 외에 특정 보너스를 받으며 또한 모든 종업원들이 정해진 시간에 이와 같이 일을 완료하는 경우 현장 감독자도 일정 비율의 보너스를 받게 되는 것이다. 이는 종업원들의 기본임금을 보장해 줄 뿐 아니라 현장 주임들의 관리 방식도 개선 시켜 서로간의 조력자가 되었고 생산 위주에서 노동자 위주의 사고가 가능하게 되었다.

간트는 경영학에서 널리 알려진 간트 도표(Gantt Chart)를 발명하였다. 그는 막대 그래프를 이용하여 종업원의 평균 작업량 완수 여부와 보너스 수령 여부를 매일 기록하였다. 평균 작업량을 완수하면 검은색, 달성하지 못하면 빨간색으로 표시했고 차트에 작업 진행 상황과 보너스를 받지 못한 원인을 기재하여 관리부문과 종업원 모두에게 도움을 주었다. 간트 도표는 생산관리 분야에 지대한 공헌을 하였는데, 작업의 순서를 결정하고 진행 상황을 감독하는 가시적인 도구로 오늘날에도 광범위하게 활용되고 있다.

3) 길브레스

길브레스는 어려운 가정형편으로 대학 진학을 포기 한 후 건설회사에서 벽돌공 견습공으로 일했지만 성실하고 열심히 일을 한 결과 10년 후에 총감독이 되었다. 벽돌공이었던 길브레스는 벽돌공의 작업 방법에 따라 작업 속도에 차이가 나는 점에 관심을 가졌다. 그는 종업원의 동작을 연구해서 불필요하고 비효율적인 동작을 빼고 비능률적인 동작은 고치고 잘못된 동작은 교정해서 가장 이상적인 작업 방법을 만들었다. 길브레스의 부인은 남편을 도와서 함께 연구를 시작하여 이들 부부는 동작을 1/2000분까지 잴 수 있는 마이크로크로노미터라는 시계를 고안해 종업원의 동작을 정확하게 기록하며 각종 동작마다 표준동작이 있음을 알았다. 또한 모든 작업에는 그에 맞는 최적의 관리방법이 있으므로 이에 대한 기본 매뉴얼을 만들었다.

길브레스의 동작연구의 핵심은 동작 분석과 동작 최소화이며 최적의 작업방법을 강구하여 동작연구를 완성했고 이를 기초로 정확한 직무표준을 설정하고자 하였다. 이들은 사람들이 다양한 노동을 할 때 손을 어떻게 사용하는지에 대한 움직임을 연구하였고 손의 움직임을 크게 18가지 기본동작으로 나누었으며 기본동작 하나하나를 Therblig(서브릭)이라고 명명했다.

4) 포드

포드는 시간 연구와 동작 연구에 의한 테일러 시스템을 도입하여 자동적인 기계의 움직임을 종합적으로 연구한 포드시스템을 개발하였다. 자동차 생산 공장에서 컨베이어 시스템에 의한 대량생산 방식을 통하여 능률향상 및 생산성의 극대화를 꾀하여 생산관리에 혁신적인 공헌을 하였다. 포드는 자신의 경영철학에서 기업은 사회봉사기관이며 여기에서 봉사란 사람들의 생활수준의 향상과 구매력의 증대를 의미하는 것으로서 종업원에게는 가능한 한 높은 임금을 지불하고 소비자에게는 낮은 가격으로 판매하는 것을 기본정신으로 하였다.

이에 근거하여 그는 다음과 같은 원리를 사용하였다. 대량생산을 위한 기본요건으로서는, 제품의 표준화(standardization), 부품의 규격화(specification), 공장설비 노동의 전문화(specializaiton), 작업의 단순화(simplification)를 통해 양질의 저가격 제품을 대량 생산하였다. 또한 포드는 전 공정을 동시관리체제로 유지하는 이동조립 시스템을 도입함으로써 대량생산을 강조하였다.

1.2 관리적 관리이론

과학적 관리가 종업원 개개인의 직무에 대해 관심을 가진 반면 관리적 관리이론(Administrative Management)은 전체 조직 관리에 관심을 가졌으며 경영자가 조직 내부의 활동을 조정하는 데 필요한 원칙들에 대해 초점을 둔 이론으로 주요 공헌자는 페이욜(Henri Fayol: 1841-1925)과 버나드(Chester Bernard)가 있다.

경영활동
기술활동, 영업활동, 재무활동, 보전활동, 회계활동, 관리활동.

관리활동
계획, 조직, 지휘, 조정, 통제.

페이욜은 프랑스인으로 관리의 개념을 처음으로 명백히 밝혔고 관리론에 있어서 '관리의 일반 원칙론'과 '관리적 활동론'을 주창하였다. 페이욜은 **경영활동**(management activities)을 기술활동, 영업활동, 재무활동, 보전활동, 회계활동, **관리활동**의 6가지로 분류하였다. 이 중 관리활동이란 계획, 조직, 지휘, 조정, 통제하는 것이라 하여 오늘날 관리 개념의 골자가 되었다(그림 2-1).

페이욜은 경영과 관리는 혼동되어서는 안 되며, 경영이란 조직의 목적을 달성하기 위해 기업구조나 규모의 대소에 상관없이 6가지의 활동을 수행하는 것을 의미하며, 관리란 단지 관리활동에 불과하다고 하였다. 그러므로 경영이념은 최대 이윤을 목적으로 한 종합적인 활동이며, 관리개념은 기업활동에 있어서의 주요 기능의 하나로 파악되고 있다. 또한 페이욜은 전문화의 원칙, 명령일원회의 원칙, 권한과 책임의 원칙, 감독폭의 원칙, 권

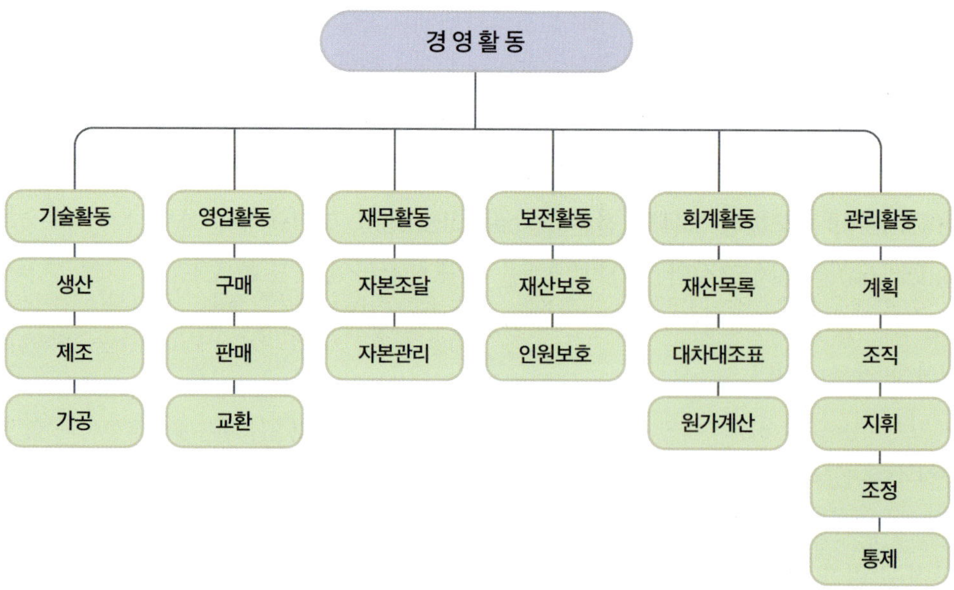

그림 2-1 **페이욜의 경영활동 분류**

한위양의 원칙이라고 불리는 매우 유용한 관리지침을 제시하였다.

1.3 관료적 관리이론

19세기 말 유럽의 많은 조직들은 조직의 발전이나 목적 달성보다는 가족 중심적으로 운영되는 단지 한 개인을 위한 것이었다. 이에 독일의 사회학자인 베버(Max Weber : 1864~1920)는 조직이란 경영자 독단적이며 일시적 기분에 의해서 운영되기 보다는 합리적인 기준에 의해 조직을 운영해 나갈 것을 강조하며 합리적인 조직관리 시스템을 관료제라 한다.

관료적 관리는 노동 분업, 계급, 규칙과 규제, 그리고 비인간적 관계로 특징지어지는 조직형태로 복잡한 조직체에서 가장 효과적으로 관리할 수 있는 운용방법이다. 관료적 관리의 특징은 논리와 질서, 권한이 법적으로 확고한 계통이 있고 분업에 따라 권한과 책임이 분명하게 규정된다. 모든 종업원의 직무에는 의무와 책임이 명백하고 표준적 규칙과 절차가 있으며 직무나 직위는 권한과 계층에 따라 조직화되어 객관적인 행동 패턴을 갖게 하는 기능이 있어서 합리적인 조직의 모델로 정부, 군대에서 이용하고 있다. 그러나 관료적 관리는 지나친 형식주의, 문제처리의 경직성, 변화에 대한 저항, 종업원의 조직에 대한 무관심이 단점이다. 조직을 규칙에 의해서 활동하는 기계모델이라는 도구적 측면에서 파악하였기 때문에 혁신적인 조직에는 부적당하다는 비판도 있다. 그러나 대규모 조직, 단순하고 안정적인 환경, 일상적이고 표준화된 기술 등과 결합될 때 매우 능률적이다.

1.4 고전적 경영이론의 한계

고전적 경영이론의 공통적인 한계점은 다음과 같다.

첫째, 조직을 폐쇄 시스템으로 가정하였다. 조직은 환경요인의 영향을 받는데 이 이론은 이러한 요인을 무시하였으며, 인간행동에 관해서 비현실적인 기계적 모델의 가정을 도입하여 조직에서의 개인의 역할을 무시하였다.

둘째, 이 이론은 안정적이고 단순한 조직을 다루고 있으며 모든 조직에 적용할 수 있는 일반적인 관리원칙을 제시하였다. 그러나 오늘날의 급변하는 복잡한 조직형태에서는 일반적인 관리원칙들의 적용에 대해 비판이 일고 있다.

2. 행동경영이론(1930~)

2.1 인간관계론

고전적 경영이론가들은 인간을 생산의 도구로 보았으며, 생산차원에서 보다 효율적으로 종업원을 부리기 위한 방법을 찾는 데 많은 관심을 가졌다. 그러나 호오손 실험에 의해서 종업원들의 행동은 여러 가지 직무 상황에 의해 영향을 받지 않고 인간관계에 의해 종업원 행동이 달라지며 생산성 향상에 영향을 준다는 것을 공식적으로 확인하게 되었다. 인간관계론(Human Relation)은 조직 내에서 인간과 인간의 행동에 영향을 미치는 다양한 요소들을 이해하려는 노력이 중요하다는 것을 강조하는 접근방식이다.

인간 관계론은 메이요(Elton Mayo)를 중심으로 뢰슬리스버거(F.J. Roethlisberger)와 호만즈(G.C. Homans) 등에 의한 호오손 실험(Hawthorne experiments)을 통해 이론적으로 정립하게 되었다.

1) 호오손 실험(Hawthorne experiments)

이 실험은 미국 시카고 웨스턴 전기회사(Western Electric Company)의 호오손 공장에서 1924년부터 1932년까지 4단계에 거쳐 실시된 일련의 실험이다. 실험의 배경은 과학적 경영이론에서 인간관계론으로 어떻게 이행되었는가 하는 과정을 알 수 있다. 종업원들은 공장 안에서 기계로 간주되었기 때문에 산업공학자들과 심리학자들은 종업원들을 둘러싸고 있는 환경을 개선해 주면 이것이 생산성에 어떠한 영향을 미치는지에 대한 연구를 하였다.

1차 실험(조명실험 : 1924~1927)에서 종업원들이 일하는 현장에서 조명의 강도가 생산성에 미치는 영향을 알아보려는 실험연구였다. 작업능률에 어느 정도 영향을 주는가를 알아보기 위한 실험이다. 실험 결과, 공장 내 조명의 밝기 변화는 작업능률에 영향을 미치지 않은 것으로 나타나 조명도와 같은 공장 내의 시설들이 작업자의 생산능률과는 상관이 없음을 알아냈다.

2차 실험(계전기 조립실험 : 1927~1929)은 1차 실험을 기초로 하여 작업과 관련된 요인들(작업시간의 단축, 임금제도, 휴식시간, 작업환경 등)이 종업원의 생산성에 미치는 영향을 알아보기 위한 실험이다. 실험 결과, 작업을 할 때 물리적인 작업 조건보다는 오히려 안정감, 책임감과 같은 심리적 만족감이 더욱 중요하다는 사실을 발견하게 되었고 종업원의 사기, 관리자의 감독 방법, 인간관계 등이 생산성 향상에 영향을 미친다는 결론을 얻었다.

3차 실험(면접실험 : 1928~1930)은 2차 실험을 기초로 종업원의 불평불만 등의 태도를 파악하고 또한 관리자의 관리방법에 대한 문제점을 알아보기 위해 종업원을 대상으로 면접조사를 실시하였다. 조사결과, 작업 시 사회적 조건 및 심리적 조건이 종업원의 생산성에 영향을 미친다는 것을 발견하였으며, 조직 내에서 인간적인, 사회적인 환경에 대해 적응이 되지 않을 때 생산능률이 저하된다는 결론을 내렸다.

4차 실험(배전작업 관찰실험 : 1931~1932) : 종업원들 상호 간의 인간관계에 대해 조사하였다. 종업원들이 구성하고 있는 비공식적인 집단의 분위기, 인간적인 관심, 태도에 대해 관찰 한 결과, 의식적 또는 무의식적으로 형성된 종업원 상호 간의 사회적 관계인 비공식 집단이 종업원의 태도와 감정을 형성하는 데 중요한 영향을 준다는 결론을 내렸다.

즉, 종업원들의 생산성은 경제적 조건보다는 그들끼리의 비공식적인 인간관계에 의해서 더 큰 영향을 받는다는 것이다. 따라서 인간관계

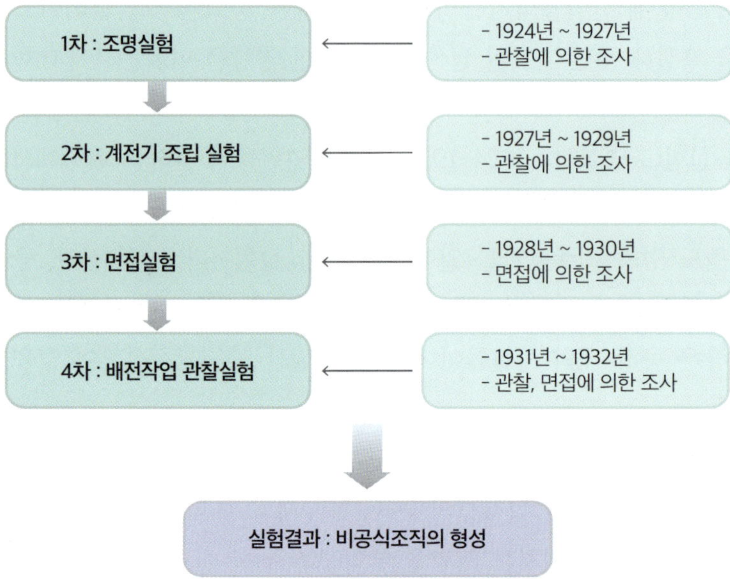

그림 2-2 **호오손 실험의 과정**

론은 조직에서의 인간 상호간의 관계를 중시하였으며, 특히 인간 상호관계에서도 **공식조직**(formal organization)보다는 **비공식조직**(informal organization)에 비중을 더 두고 있다. 호오손 실험에 의해서 조직 구성원들 간의 인간관계의 중요성이 밝혀졌지만, 연구 결과의 신빙성에 대한 논란은 오랫동안 계속되었다. 인간관계가 중요하다는 것은 인정하지만, 경제적 보상보다 비공식적 관계가 성과에 더 큰 영향을 미친다는 것을 관리자들이 종업원들을 인간적으로 대해야 한다는 시대적 흐름을 형성하는 계기를 마련했다.

공식조직
조직표상에서 보여지는 조직의 관계로서 여러 부서간의 관계를 위해 설정한 근거.

비공식조직
구성원들의 상호관계에 의해 자생적으로 생긴 조직.

2.2 행동 과학이론

행동 과학이론(Organizational Behavior)은 조직 내에서 인간행동에 영향을 미치는 요인을 체계화하려는 학문으로 인간을 보다 종합적이고 과학적이며 실증적인 방법으로 연구하였다. 1950년대부터 심리학, 사회학, 인류학 등 인간 행동을 연구하는 사회과학분야가 서로의 전문영역을 초월하였고 이러한 종합적인 관점에서 공동연구가 진행되면서 행동과학론이 등장하게 되었다.

이 이론은 조직 구성원들의 근로동기 부여, 책임자의 리더십, 의사소통 등 조직 구성원들 간의 인간관계와 개인적 동기 및 경영자의 인간관계기술의 중요성을 부각시켰다. 주요 공헌자는 매슬로우(Abraham Maslow), 허즈버그(Frederick Herzberg)와 맥그리거(Douglas McGregor), 아지리스(Chris Argyris) 등이 있다.

1) 매슬로우

심리학자인 매슬로우(Abraham Maslow)는 인간 본성에 대해 세 가지의 가정을 내리면서 동기 부여 이론을 개발하였다. 첫 번째 가정은 인간은 결코 만족될 수 없는 욕구를 지니고 있다는 것이다. 두 번째 가정은 인간의 행동은 주어진 어느 시점에서는 만족하지 못한 다른 욕구를 채우고자 노력한다는 점이다. 세 번째 가정은 인간의 욕구는 기본 욕구에서부터 상위 욕구까지의 예측 가능한 계층 구조로 되어 있다는 것이다.

매슬로우가 주창한 욕구 계층이론(Need Hierachy Theory)은 다섯 계층으로 구성되는데 인간은 자신의 높은 욕구가 충족될 때 조직을 위하여 헌신한다는 가정 하에서 인간의 내재적인 욕구를 실현시킬 수 있는 동기유발의 필요성을 강조하였다. 그는 인간의 욕구계층을 5단계인 **생리적 욕구**(physiological needs), **안전의 욕구**(safety or security needs), **사회적 욕구**(affiliation or acceptance needs 친화욕구), **존경의 욕구**(esteem needs), **자아실현의 욕구**(self-actualization needs)로 나누었다.

이 이론의 욕구단계는 다음과 같다.

① 생리적 욕구 : 의식주에 대한 욕구이고 인간의 생명을 유지해 가기 위한 기본적인 욕구이다. 이러한 욕구가 어느 정도까지 충족되지 않는 한 다른 계층의 욕구를 위한 동기화는 거의 이루어지지 않는다.

② 안전의 욕구 : 생리적 욕구가 만족되면 신체적 위험에 대한 공포에서 벗어나려는 욕구인 안전에 대한 욕구가 나타난다. 예를 들면, 종업원

생리적 욕구
음식, 물, 성 등에 대한 욕구로 인간의 가장 기본적인 욕구.

안전의 욕구
일상생활에서의 신체적 욕구, 대인관계에 대한 보호와 안전성.

사회적 욕구
사랑, 애정, 타인과의 관계에서 소속감에 대한 욕구.

존경의 욕구
타인으로부터의 존경의 욕구, 자존심에 대한 욕구, 개인의 유능성.

자아실현의 욕구
최고의 욕구 수준, 개인의 자아를 실현하고 성장하고자 하는 욕구.

에게 주어지는 의료보험이나 산재보험 혜택, 안전한 작업환경 등은 안전욕구를 만족시키기 위한 제도이며, 종업원들이 자치적으로 노동조합을 통해 고용안정을 획득하고자 하는 것도 안전욕구를 충족시키고자 하는 것이다.

③ 사회적 욕구 : 다른 사람들과 관계를 갖고 집단에 소속되려는 욕구로 이를 만족시키기 위해 비공식 집단을 만들기도 한다.

④ 존경의 욕구 : 자신이나 다른 사람으로부터 인정과 존경을 받고 싶어 하는 욕구이다. 존경욕구는 자신이 유용한 사람이라는 인식을 가지면서 위신, 권력에 집착하는 형태로 나타나기도 한다.

⑤ 자아실현의 욕구 : 자신의 능력의 가능성을 충분히 발휘하고자 하는 욕구이다.

매슬로우 이론의 특징을 요약하면 진행원리(낮은 욕구로부터 높은 욕구로 진행한다는 원리)와 결핍원리(만족되지 않은 욕구가 동기유발을 하고 만족된 욕구는 동기유발을 하지 않음)라고 할 수 있다.

매슬로우 이론의 한계점으로 인간의 욕구는 끊임없이 변화하기 때문에 동시에 여러 가지 욕구가 나타날 수도 있고, 욕구계층이 변화할 수도 있으

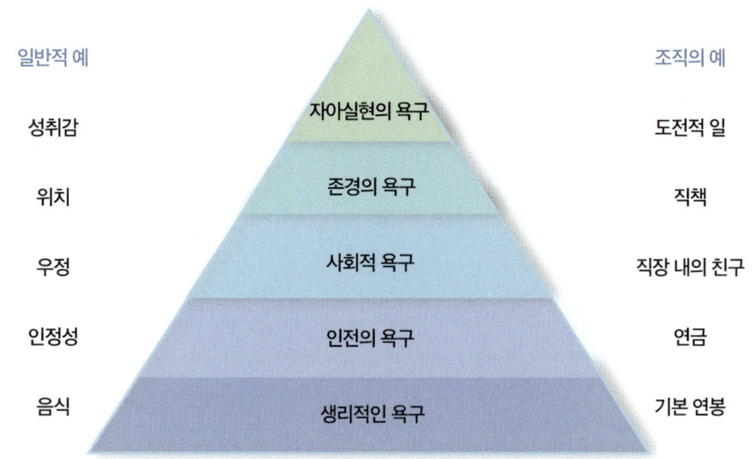

그림 2-3 **매슬로우의 욕구계층 이론**
자료 : Maslaw, 1943

며, 만족된 욕구는 더 이상 동기부여를 할 수 없다는 것이 한계점이라 할 수 있다. 그러나 종업원의 다양한 욕구를 유형화하여 파악한 시도는 대단히 유용하며, 급식시설 종사자의 만족을 가져올 수 있는 동기부여를 이해하고자 할 때 활용될 수 있다.

2) 허즈버그

허즈버그(Frederick Herzberg)는 종업원의 동기부여에 관한 이론을 만족, 불만족 요인의 관점에서 발전시킨 **이요인이론**(two-factor theory)을 주장하였다. 그는 직무에 대한 만족 요인은 동기부여 요인(motivator factor)으로, 불만족 요인은 위생 요인(hygiene factor)으로 구분하였다. 동기부여 요인은 목적달성, 업무자체, 책임, 승진, 인정받는 것 등이며, 위생 요인은 회사의 정책과 경영, 감독, 상사와의 관계, 작업조건, 동료와의 관계 등이다. 허즈버그는 종업원의 직무 사기를 올리려면 위생 요인 보다는 동기부여 요인을 이용하여야 한다고 주장하였다. 위생 요인을 충족시킨다는 것은 단지 불만족 요인이 해소되는 뿐이지 이것이 동기부여가 될 수 없다는 것이다. 그러므로 종업원을 보다 잘 관리하려면 불만족 요인을 해소시켜 주는 것도 중요하지만, 더욱 중요한 것은 만족요인을 추구할 수 있도록 해야 함을 강조하였다.

이요인이론
만족요인은 동기부여 요인이고 불만족요인은 위생요인.

3) 맥그리거

맥그리거(Douglas McGregor)는 인간의 본성에 따른 인간관계를 전개하기 위하여 **XY이론**을 전개하였다. 그는 인간의 본성을 부정적으로 보는 것을 X이론, 인간의 본성을 긍정적으로 보는 것을 Y이론으로 설정하였다. 그는 인간을 게으르고, 지시를 받거나 금전적 동기부여가 있어야 열심히 노력한다고 믿는 X이론 경영자는 조직을 통제하고 억압하는 분위기로 만들고, 이와 반대로 인간은 스스로 주어진 여건이 되면 조직에 적극적으로 공헌한다고 믿는Y이론 경영자는 협력 분위기로 조직을 만든다고 지적하였다.

XY이론
X이론은 인간의 본성을 부정적으로 보는 것이고 Y이론은 인간의 본성을 긍정적으로 보는 것.

맥그리거의 이론은 종업원이 X형 인간인지 또는 Y형 인간인지에 따라 리더십 방법도 달라질 수 있다는 리더십 이론을 전개하였다.

표 2-2 X·Y이론

X이론	Y이론
• 대부분의 사람들에 있어서 일은 싫은 것	• 조건만 알맞으면 사람들에게 일은 노는 것처럼 자연스러운 것
• 사람들은 책임지기를 싫어하고 지시받기를 좋아함	• 사람들은 목표달성을 위해 자기지시·자기통제
• 대부분의 사람들은 창의적이지 못함	• 대부분의 사람들은 문제해결에 필요한 창조적 능력을 가짐
• 조직목표를 달성하기 위해 사람들은 엄격히 통제, 강제되어야 함	• 인간은 조직목표를 위해 스스로 동기유발 가능
• 리더가 모든 결정을 해야 하며 전제적 리더가 효과적임	• 사람들이 의사결정에 관여하며 민주적 리더가 효과적임

4) 아지리스

아지리스(Chris Argyris)는 리더십 유형에서 성숙이론을 전개하였다. 인간은 성인으로 성숙하는 동안 개인의 인간성에도 수많은 변화를 갖게 되는데, 건강한 인간은 미성숙 상태에서 성숙한 상태로 지속적으로 성장하게 된다. 이에 근거하여 아지리스는 조직 구성원들을 성숙인과 비성숙인으로 구분하고 이들 성숙인과 비성숙인들이 갖는 행동 특성을 분석하였다. 성숙한 종업원은 독립적이고 장기지향적이며, 능동적임은 물론 자기지시적이고 자기 통제적이므로 관리자의 지나친 간섭이나 규제는 오히려 그들의 정상적인 성숙화를 방해한다. 즉 종업원은 자신의 성숙 정도와 경영자의 관리 사이에 부조리를 느낄 때 결근, 이직, 상급 권한에 대한 공격, 무력감, 소외감이 나타나고 불만이 증가하는 대가로써 더 많은 보상을 받으려 한다. 그러므로 관리자는 성숙인을 보다 효율적으로 다루기 위해서는 지나치게 많은 조직의 규정들을 완화, 제거시키고 또한 리더십도 민주적인 형태로 바꾸어 종업원에게 추가적인 책임을 부여하여, 그들에게 성장 및 성숙에의 유연성을 제공해야 한다고 전개하였다.

3. 계량경영이론

행동과학이론이 활발하게 전개되고 있는 시기에 다른 학자들은 경영 의사결정 문제를 쉽게 해결할 수 있는 수학적인 모델에 기초를 두고 조직 내 경영관리상의 문제를 해결하는 방법에 대해 연구하고 있었다.

계량경영이론은 제2차 세계대전 중 군사전략이나 군수물자의 수송문제를 해결하기 위해서 OR팀(Operations Research) 을 구성하면서 시작되었다. 이들이 중요한 의사결정에 도움을 줄 수 있는 논리체계를 개발하여 암호를 해독하고 복잡한 문제를 해결해 준 덕분에 전쟁에서 이기는 데 큰 도움을 받았다고 한다. 전쟁 후 이 기법들이 미국 기업에 도입되어 기업 경영의 복잡한 문제들을 해결하는데 이용되기 시작하였다. 1950년대 이후 계량경영 분야는 선형계획법, 게임이론, 대기행렬이론, 시뮬레이션 등과 같은 분석도구들이 알려지기 시작하면서 발전해 왔다. 이 이론은 계량적 방법을 이용하여 경영을 분석하는 도구로 확대·발전함으로써 경영의 계획과 통제에 많이 이용되었다. 오늘날은 IT 기술의 발달로 수많은 소프트웨어들이 개발되어 활용되고 있으며, '빅 데이터(big data)' 분석처럼 대단위 데이터를 활용한 경영의사결정도 늘어나고 있는 추세이다.

계량경영에서는 문제해결을 위하여 여러 가지 기법을 사용하는데 선형계획, 대기행렬이론, 시뮬레이션, 게임이론 등 몇 가지 기법을 간단히 소개하기로 한다.

① 선형계획법(linear programming) : 제한된 자원을 효과적으로 배분할 수 있는 방법을 찾아내는 기법이다.

② 대기행렬이론(queueing theory) : 소비자가 기다리는 시간과 서비스 비용을 최소로 할 수 있는 상황을 분석한다.

③ 시뮬레이션(simulation) : 실제상황에서 어떻게 되는지를 보기 위해 실험적인 방법으로 문제에 대한 모형을 만들어 컴퓨터를 이용하여 여러 가지 상황을 차례로 평가하여 해결방안을 찾는다.

④ 게임이론(game theory) : 합리적으로 행동하는 경쟁자 간의 경쟁상

태를 모형화시키는 수리적 접근법으로 오늘날 같이 경쟁이 격심한 기업활동의 의사결정과정에 적용한다.

계량경영 경영기법은 기업의 예산관리나 자금관리, 재고관리 등 경영계획과 통제에 많이 쓰이며, 다양한 계량적 모델을 사용하여 복잡한 조직과정과 상황에 대한 인식 및 이해를 증가시키는 데 크게 기여하였다. 그러나 조직구성원 또는 집단의 행동이나 심리적 상황을 수량화하는 데는 한계를 보이고 있다. 그리고 계량적 모델은 비현실적이거나 근거 없는 가정을 필요로 하는 문제점을 갖고 있으며, 수리적 기법을 개발하는 데 소요되는 시간은 중요한 경영 기능의 개발을 지연시키는 결과를 가져올 수 있다.

4. 현대경영이론

4.1 시스템 이론

1960년에 접어들면서 조직을 하나의 유기체로 설명하려는 경영관리학자들이 등장했다. 시스템 이론(system approach)에서 경영이론의 개발에 크게 공헌한 부분은 열린 시스템(open system) 개념과 피드백(feed-back) 개념이다. 열린 시스템 개념은 기업이라는 조직체가 외부환경과 끊임없는 관계를 맺고 상호작용한다는 개념이며, 피드백 개념은 투입으로 들어온 인적 및 물적 자원을 변환 공정을 거쳐서 최종 산출물을 산출한 후 이 산출물이 외부환경에 영향을 미쳐 다시 기업의 투입자원으로 되돌아온다는 개념이다.

시스템 이론은 다양한 경영이론을 통합시키려 노력하였으며 최종 해결방안의 수집보다는 현대 조직의 경영에 대한 사고방식에 도움을 주었다. 그러나 시스템 사고는 지적 측면이 많이 강조되었고 현혹되기 쉬운 용어가 많으며 입증 가능한 사실이 불충분하다는 비판을 받고 있다.

4.2 상황이론

상황이론(Contingency Theory)은1960년대 초 영국과 미국에서 시작되었다. 상황적 접근방법은 상황에 따라 각기 상이한 방법이 존재하기 때문에, 모든 상황에 있어서 최선의 방법은 있을 수 없다고 주장한다. 상황이론은 환경 또는 상황요인을 조건변수로 하고, 조직의 내부 특성 변수와 성과의 관계를 특성화하는 이론으로서, 경영은 상황적인 것이기 때문에 경영자는 상황에 적합한 관리기술을 개발할 수 있어야 한다고 주장했다. 그러므로 종업원과 관리자의 태도, 그리고 다른 상황요소들을 조심스럽게 고려한 후, 관리자는 다양한 리더십을 통해 적절한 의사결정을 해야 한다는 이론이다.

5. 종합적 품질경영과 혁신기법

5.1 종합적 품질경영(TQM : Total Quality Management)

종합적 품질경영(TQM)은 최고경영자의 몰입과 리더십을 기반으로 조직구성원이 합리적인 관리방식과 과학적인 품질관리기법을 활용하여 조직 내의 모든 절차를 표준화하고 지속적으로 개선한다. 이를 통해 고객만족을 달성함으로써 궁극적으로는 조직의 장기적인 성장을 추구하는 경영시스템이다.

종합적 품질경영(TQM)은 경영, 기술차원에서 실천되던 고객지향품질관리 활동을 품질관리책임자 뿐 아니라 마케팅, 엔지니어링, 생산, 노사관계 등 기업의 모든 분야에서 확대하여 실천해야 한다. 생산 부문의 품질관리만으로는 기업이 성공 할 수 없고 조직 및 구성원 모두가 품질관리의 실천자가 되어야 한다.

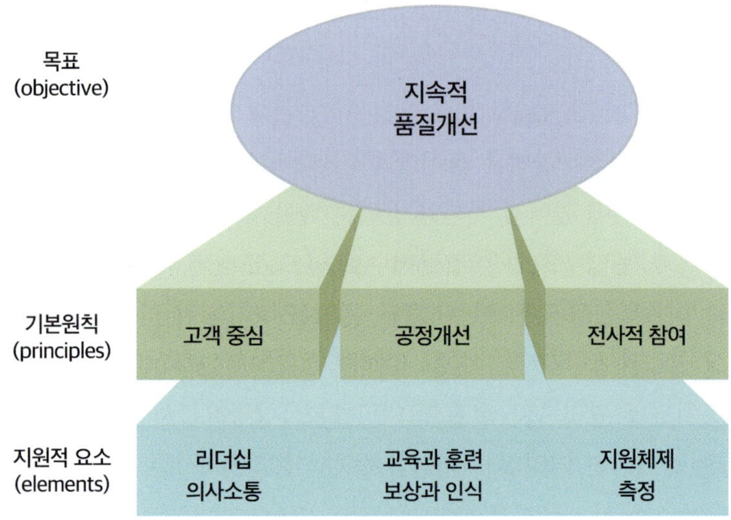

그림 2-4 TQM의 실행개념
자료 : Tenner·Detoro, 1993

종합적 품질경영은 조직의 모든 기능영역에서 지속적인 개선을 추구하고 고객중심, 공정개선, 전사적 참여의 세 가지 원칙 하에 지속적인 품질개선을 달성하고자 한다. TQM 실행을 위한 모델을 그림 2-4에 제시하였는데, 이는 지속적 품질개선 목표를 위한 세 가지 기본원칙과 여섯 가지 지원적 요소로 구성된다.

5.2 다운사이징(Downsizing)

다운사이징은 조직을 야윈(lean) 상태로 만드는 기법으로 슬림화를 통해 능률 증진을 추구한다. 일반적으로 비즈니스 다운사이징과 정보시스템 다운사이징으로 나눈다.

비즈니스 다운사이징이란 기업의 관료제에 따른 불필요한 낭비조직을 제거하는 것이다. 즉 불필요하고 불합리한 본사의 임원이나 지원부서가 축소되고 기업의 계층구조가 줄어들며 중간 관리층이 대폭 감소한다.

정보시스템 다운사이징은 기존의 중앙집중 통제방식으로 정보를 처리하는 방식에서 벗어나 정보를 퍼스널컴퓨터(PC에) 분산하여 처리하는 방식이다. 정보시스템을 일선에서 PC를 다루는 최종 사용자 중심으로 바꾸고 정보시스템의 보수 유지, 안전, 보안 등만 중앙에서 처리하는 것을 말한다.

5.3 리엔지니어링(Reengineeering)

비즈니스 리엔지니어링이란 인원삭감, 권한이양, 노동자 재교육의 재편 등을 함축하며, 비용, 품질, 서비스와 같은 핵심적인 경영요소를 획기적으로 향상시킬 수 있도록 경영과정과 지원시스템을 근본적으로 재설계하는 기법이다.

이 기법은 경쟁적 우위를 확보하기 위해서 동태적으로 변화하는 환경에 적응할 수 있도록 조직, 정보기술, 조직문화, 측정시스템 등의 관리과정 모두가 변화되는 것이다. 많은 사람들이 리엔지니어링을 다운사이징과 혼동하여 이를 감원이나 공장폐쇄의 암시로 이해하고 있는데 해머 박사는 분명히 다르다고 주장하였다. 다운사이징은 기본적으로 일의 공정을 현재대로 유지하면서 근로자를 감축하는 것을 말하지만 리엔지니어링은 작업공정을 세밀하게 검토해 필요 없는 부분을 폐지하는 것으로 직원의 감원이 필수적인 것은 아니다.

5.4 리스트럭처링(Restructuring)

리스트럭처링은 리엔지니어링 개념을 넘어 기존의 상품을 고객의 입장에서 개선하는 리인벤팅(reinventing) 개념을 포괄하는 적극적인 개념이다. 이를 위해서는 대대적인 인원감축, 사업장 폐쇄, 참여업종의 전문화, 생산라인의 공정개선, 경쟁업체와의 제휴, 부품 공급선의 다변화 등 다양한 정책이 포함된다.

이 전략의 특징은 전사적 고객만족을 실현시키기 위하여 모든 노력을 경주하고, 경쟁우위를 확보하기 위하여 유망업종에 모든 경영자원을 집중시키는 데 있다. 따라서 이 기법에서 가장 중요한 것은 구조조정이다. 축소 등 조직개편을 혁신적으로 단행하고 이를 위하여 조직의 많은 부문들이 통폐합되는 경우가 많다.

5.5 벤치마킹(Benchmarking)

벤치마킹이란 어느 특정 분야에서 우수한 상대를 기준으로 자기 기업과의 성과 차이를 비교하고 이를 극복하기 위해 뛰어난 운영 프로세스를 배우면서 부단히 자기혁신을 추구하는 기법이다. 우수한 상대에게서 배울 것을 찾는 것이지만, 우수한 기업의 장점을 단순히 모방하는 것이 아니라 조직에서 보유하고 있는 자원이나 처해 있는 환경에 비추어 개선해야 한다.

벤치마킹을 성공적으로 활용하기 위해서는 벤치마킹의 적용분야, 벤치마킹 상대, 성과측정지표, 운영프로세스라는 벤치마킹의 4가지 구성요소에 대한 명확한 이해가 필요하다. 벤치마킹 활용 단계는 벤치마킹 적용분야 선정, 벤치마킹 상대 선정, 정보수집, 성과 차이 확인 및 분석, 벤치마킹 결과 전달 및 회사 내 공감대 형성, 혁신계획 수립, 실행 및 평가 순으로 진행된다.

벤치마킹

벤치마킹은 원래 토목 분야에서 사용되던 말로, 강물 등의 높낮이를 측정하기 위해 설치된 기준점을 벤치마크(benchmark)라고 부르는데, 그것을 세우거나 활용하는 일을 '벤치마킹'이라고 불렀다. 그 후 컴퓨터 분야에서 각 분야의 성능을 비교하는 용어로 사용되다가 기업경영에 도입되었다. 경영분야에서 '벤치마킹'이 처음 사용된 것은 1982년 제록스가 일본식 작업 방식을 배우는 벤치마킹을 시도한 것이다. 그리고 1989년 로버트 캠프 박사의 '벤치마킹'이란 저서에서는 동종업계가 아닌 다른 업계의 경영기법도 비교·분석해 벤치마킹의 범위를 확대하였다.

연습문제

1. 과학적 관리가 산업현장에 어떠한 영향을 미쳤으며, 현대경영에서 차지하는 의미에 대해 논하시오.
2. 테일러와 페이욜의 경영원칙을 비교 설명하시오.
3. 호오손 실험 연구를 간단히 설명하고, 그것이 경영현장에 어떠한 변화를 주었는지에 대해 설명하시오.
4. 종합적 품질경영(TQM)에 대해서 설명하시오.
5. 리엔지리어링과 리스트럭처링을 비교하여 설명하시오.

CHAPTER 2

참고문헌

1. 권근원 (2013) : 경영학의 이해, 박영사, 서울
2. 김기수, 전재완, 한하늘 (2010) : 경영학원론, 백산출판사, 서울
3. 김병윤, 유영중, 김병조, 이길환(2012) : 경영학원론, 명경사, 서울
4. 김재명(2018) : 신경영학원론(2판), 박영사, 서울
5. 김종득, 정형일(2009) : 지식, 창의 경영을 위한 경영학 원론, 경문사, 서울
6. 김종성, 김영, 유성용 (2011) : 경영학, 더서출판 청람, 서울
7. 김진학 (2007) : 21세기 경영학, 한태미디어, 서울
8. 매경시사용어사전
9. 박정민, 유병남(2012) : 경영학원론, 도서출판 청람, 서울
10. 박정민, 조남기, 현명중, 최재화(2011) : 최신경영학의 이해, 서울
11. 시요우민, 류원뤼, 무윈우 (2011) : 경영이론의 설립자, 시그마북스, 서울
12. 심현식 역 (2006) : 자본주의 철학자들, 황금가치, 서울
13. 유필화, 황규대, 강금식, 정홍주, 장시영 (2011) : 경영학, 오래, 서울
14. 지호준 (2010) : 21세기 경영학 5판, 도서출판 집현재, 서울
15. 최수용, 추교완, 김학수, 정기한(2011) : 최신 경영학, 도서출판 대명, 대구
16. 최용식(2006) : 21세기 경영학, 창민사, 서울
17. Gregoire MB(2013) : Foodservice Organizations, 8th ed. Pearson Prentice Hall, NJ
18. Alvarez, RJ (1994) : Management Total Quality in Food Service, Food Technol, 48(9) : p. 140
19. Boone LE, Kurtz DL (1992) : Management 4th ed. McGraw-Hill, Inc. NY
20. Bossink BAG, Gieskes JFB, Pas TNM (1992) : Diagnosing Total Quality Management-part 1, Total Quality Management, 3(3) : p. 224
21. Camp RC (1989) : Benchmarking, Milwaukee : Quality Press
22. Garvin DA (1983) : Quality on the Line, Harvard Business Review, 61(September-October) : p. 65
22. Golomski WA (1993) : Total Quality Management and the Food Industry : Why is it important? Food Technol, 47(5) : p. 74
23. Kotler P (1984) : Marketing Management, Englewood Cliffs, NJ : Prentice-Hall
24. Price MJ, Chen EE (1993) : Total Quality Management in a Small, High-Technology Company, California Management Review, 35(3) : p. 99

25. Snyder, OP (1994) : Achieving Successful Total Quality through Behavioral Management, Food Technol, 48(9)
26. Stoner JAF, Freeman RE (1898) : Managment, 4th ed, Prentice Hall Inc., Englewood Cliffs, NJ
27. Tenner AR, Detoro IJ (1993) : Total Quality Management, Three steps to Continuous Improvement, Addison-Wesley Publishing Company, Inc.

CHAPTER

03

급식조직의 시스템적 접근

들어가며

Von Bertalanffy

시스템 이론의 선구자라고 할 수 있는 폰 베르탈란피(Von Bertallanffy, 1901년-1972년)는 오스트리아 출신의 이론 생물학자이다. 그는 당시까지 이론 생물학의 주류를 이루던 기계론(mechanism)과 생기론(vitalism)을 철저히 분석하여 그것들의 한계를 극복하기 위해 유기체적 사고방식을 발전시켜 시스템 이론을 개발하였다. 제2차 세계대전 후 오타와 대학, 알바타 대학과 뉴욕 주립대학 교수를 역임하면서 자신의 입장을 일반 시스템 이론(1968)에서 더 발전시켰다. 세계의 현상들은 상호 연관되어 있고 사회와 생태계와 같은 조직체는 모두 살아 있는 시스템으로 파악하였으며, 생물학 뿐 아니라 여러 학문분야를 통합할 수 있는 공통적인 사고와 연구의 틀을 찾으려는 노력 끝에 시스템 이론이 개발된 것이다.

교육목표

오늘날의 급식경영은 매우 복잡하게 변화하고 있으므로 이를 체계적으로 이해하는 것이 중요하다. 본 장에서는 급식경영학에 대한 체계적인 이해를 돕기 위한 기본방법론으로 시스템의 의의, 시스템의 구성체계, 열린 시스템의 특징 등 급식경영의 시스템적 접근방법을 모색할 수 있게 한다.

학습목표

- 급식조직을 시스템의 개념을 적용하여 이해한다.
- 시스템에 관한 개념을 이해하고, 시스템의 기본모형을 파악하며 이의 구성요소인 투입, 변환과정, 산출에 대해 학습한다.
- 확장된 시스템 모형을 이해하며, 기본모형의 구성요소에 부가적으로 포함되는 세 가지 요소인 통제, 기억, 피드백에 대해서 학습한다.
- 급식조직에 있어서 시스템의 기본모형 및 확장모형을 파악한다.
- 시스템과 하위시스템과의 관계를 파악하고 이해하며, 이를 기초로 급식 시스템의 기능적인 하위 시스템을 파악한다.
- 열린 시스템과 폐쇄 시스템의 차이를 파악하고, 급식조직이 열린 시스템에 속하는 이유를 이해한다.
- 열린 시스템의 특징인 시너지 효과, 동태적인 균형, 이인동과성, 경계의 침투성, 공유역, 시스템의 위계질서, 연결과정 등에 대해 학습한다.

1. 시스템의 의의

시스템이라는 용어는 모든 학문 분야에서 유행어처럼 사용되고 있어 물리학, 생물학, 사회학에 이르기까지 적용되고 있으며, 그 개념의 적용범위는 매우 넓다. 예를 들면, 은하계·태양계와 같이 우주의 생태를 지칭하는 경우 뿐 아니라 일상생활에서 대면하는 시계·자동차·컴퓨터 등과 같은 기계장치에도 시스템의 개념이 적용된다. 또한 인간이나 다양한 식물, 동물들과 같은 유기체 또는 생물에도 시스템의 개념을 적용할 수 있다.

시스템
하위 시스템들의 단순한 집합 이상의 의미를 지니며, 통일된 전체를 이루고 있는 상호 관련된 하위 시스템들의 집합이라고 정의함.

더 나아가 시스템의 개념은 많은 개인들과 집단들로 구성되는 사회조직에도 적용된다.

1.1 시스템의 개념

시스템의 적용범위는 광범위하지만 그들 가운데서 하나의 공통적인 개념을 찾을 수 있다. 그것은 시스템에서의 전체는 상호 관련된 부분들의 집합(set)이지만, 부분들의 단순한 집합이 바로 전체가 되는 것은 아니다. 예를 들어, 인간을 하나의 시스템으로 설명하면 골격, 근육기관, 신경기관, 소화기관, 순환기관 등 상호 밀접하게 관련되어 있는 **하위 시스템**(subsystem)으로 이루어져 있다. 하지만 이들 각 기관들의 단순한 합이 바로 인간이 되는 것은 아니며, 한 개체로서의 인간은 사고능력을 지닌 생명체 또는 인격체로서 인식된다.

하위 시스템
그 자체로서 하나의 완전한 시스템이지만, 독립적이지는 않으며 전체 시스템에 상호 의존하고 있는 부분을 의미함.

이런 관점에서 볼 때 시스템이란 하위 시스템들의 단순한 집합 이상의 의미를 지니며, 통일된 전체를 이루고 있는 상호 관련된 하위 시스템들의 집합이라고 정의할 수 있다.

시스템의 개념을 급식조직에 적용하여 살펴보면 복잡한 급식조직의 경영현상을 체계적으로 분류할 수 있다. 이는 전체와 부분의 관계 뿐 아니라 전체에 속해 있는 하위 시스템 간의 관계를 이해할 수 있도록 도와준다. 특히 급식조직은 복합적인 성격을 지니고 있으므로 전체를 파악할 수 있는 단일 관점이 존재한다는 것은 불가능하다.

따라서 시스템 개념은 연구자들이나 급식경영자들이 급식조직을 보는 다양한 관점을 지닐 수 있도록 도와준다.

1.2 시스템의 모형

조직의 기본적인 시스템 모형은 그림 3-1에서 보여주는 바와 같이 투입(input), 변환과정(transformation), 산출(output)로 설명된다. 급식업체를 비롯한 모든 조직에서 시스템의 활동은 대개 외부 환경으로부터 투입(input)을 받아들여 내부 변환과정을 거쳐 산출(output)을 만들어내는 투입-변환과정-산출과정으로 표현된다.

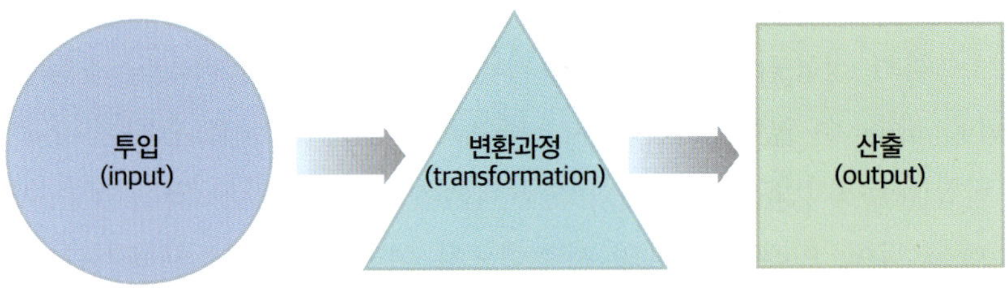

그림 3-1 **시스템의 기본모형**

투입
급식소의 목적을 달성하기 위해 필요한 인적, 물질적 또는 운영자원

변환과정
투입을 산출로 변화시키는 작용이나 활동

산출
투입의 변환과정의 결과

여기에서 **투입**이란 급식소의 목적을 달성하기 위해 필요한 인적, 물질적 또는 운영자원으로 정의되어진다. 인적 자원이란 인간의 기술, 지식, 그리고 사람이 지니는 에너지 등을 의미한다. 물질적 자원은 재료와 기기 및 기구 등을 의미한다. 운영자원은 자본, 시간, 정보들을 일컫는다.

변환과정은 투입을 산출로 변화시키는 작용이나 활동 등을 의미한다. **산출**은 투입의 변환과정의 결과이며, 시스템의 목적을 달성하는 것을 의미한다. 예를 들어, 급식 시스템은 식재료, 인적자원, 설비, 에너지, 정보 등의 투입을 받아들여 이를 변환과정을 통하여 고객의 요구를 충족시키는 양질의 급식 또는 서비스 형태의 산출을 생산해 내는 것이며, 고객의 만족 뿐

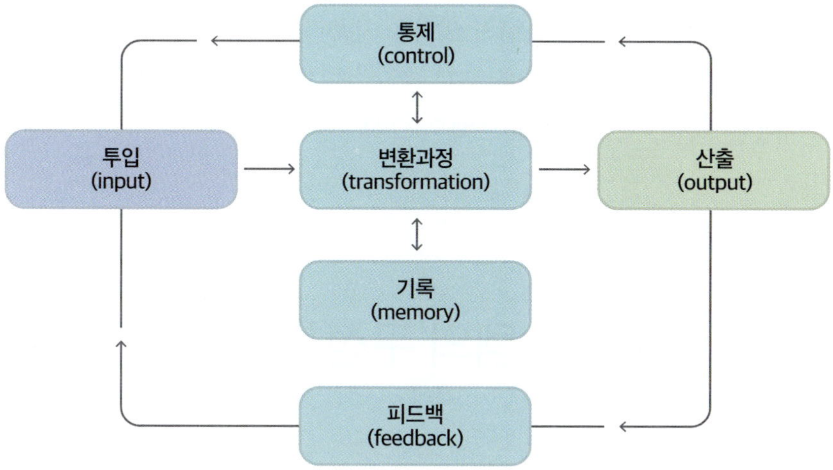

그림 3-2 시스템의 확장모형

아니라 종업원의 직무만족도 다른 형태의 산출로 간주되어진다. 또한 급식업소의 경영적인 측면에서는 효율적인 재정운영도 바람직한 산출이다.

확장된 시스템 모형은 기본모형에 세 가지 요소인 통제(control), 기록(memory), 피드백(feedback)을 포함하며 그림 3-2에 제시되어 있다.

첫 번째 요소인 통제는 내적인 통제와 외적인 통제로 구분되며 이는 시스템에서 안내서와 같은 역할을 한다. 내적인 통제는 조직이 지니는 목적, 목표, 기준, 지침, 절차 등과 같은 계획으로 구성된다. 외적인 통제는 지역이나 국가의 규제 또는 외부 회사들과의 계약들이다.

두 번째 요소인 기록은 모든 형태의 저장된 정보로서, 급식 시스템의 운영에 있어서 역사적인 기록을 제공해 준다. 과거 자료들을 분석함으로써, 급식경영자는 과거의 실수를 되풀이하지 않고 합리적인 의사결정을 할 수 있으며 급식소의 변화를 예측할 수 있다. 컴퓨터 기능의 급속한 진보는 시스템에서의 기록요소에 혁신적인 변화를 가져와 컴퓨터에서 제공하는 최신의 정보에 의존하고 있다.

마지막 요소인 피드백은 조직의 내·외부적 환경으로부터 오는 정보들을 지속적으로 받아들이는 것을 의미한다. 그리고 외부로 배출된 산출은 그림 3-2와 같이 피드백 과정을 거쳐 시스템의 다음 순환과정을 위해서 투입된다. 이러한 과정은 시스템의 생명을 지속적으로 보존하기 위해 반복적으로 실시된다. 급식소에서 제공되는 급식에 대한 고객들의 의견은 피드백의 기능을 하며, 고객들의 피드백은 급식경영자에게 매우 유용한 정보가 된다.

2. 급식 시스템의 구성체계

시스템적 어프로치
급식조직을 외부환경과 상호 의존관계를 맺으며 투입-전환-산출 메커니즘을 통해 자신을 유지·발전시키는 시스템으로 간주하는 접근법을 지칭함.

시스템 어프로치(systems approach)란 시스템의 기본 속성을 이용하여 복잡한 경영현상이나 사회현상을 분석하고자 하는 접근방법을 의미한다. 급식조직에 시스템 어프로치를 적용하면 급식조직을 구성하는 핵심내용을 부분인 나무 뿐 아니라 전체인 숲을 볼 수 있게 된다. 이는 급식조직을 외부 환경과 상호 의존관계를 맺으며 투입-전환-산출 메커니즘을 통해 자신을 유지·발전시키는 시스템으로 간주하는 접근법을 지칭한다.

이러한 시스템 어프로치에서는 조직을 외부 환경과 상호 의존적인 관계를 유지하는 존재로 인식하며, 상호 관련되어 있으면서 상호 의존적인 하위 시스템들 간의 집합으로 보게 된다. 따라서 급식경영을 시스템적 관점으로 살펴보면 전체 급식경영시스템을 몇 개의 분석 가능한 하위 시스템으로 분류하므로 전체 시스템을 분할하는 것이 가능하여 급식경영학의 내용을 포괄적이며 체계적으로 설명할 수 있다.

2.1 급식경영 자원

급식경영 시스템이 지속적으로 유지·성장하기 위해서는 조직 외부로부터 자금·원료·인력·정보 등 다양한 자원의 유입이 원활히 이루어져야 하며, 이를 일련의 변환과정을 통해 조직은 물론 사회가 필요로 하는 성과를 산출해야 한다.

투입요인(input)으로서의 경영자원은 전통적으로는 3M(Material,

Money, Men) 또는 6M(Material, Money, Men, Methods, Machines, Markets)으로 설명되었으나 급식 시스템에서의 투입요소는 시스템의 목적을 달성하기 위해 필요한 모든 인적, 물적, 기능적 자원들을 의미한다. 인적 자원이란 시스템이 기능하는 데 필요하며 기업경영에 도움이 될 수 있는 사람의 기능과 기술, 학습이나 경험을 통해 축적된 지식, 사람이 지니는 능력이나 에너지 등을 말한다. 물적 자원은 급식소 운영에 필수적인 식재료와 기기 또는 공간과 같은 시설요소를 포함한다. 운영자원이란 급식소를 운영하는 데 필요한 자본, 시간, 설비, 정보자원 등이다.

과거에 중요시하던 자원들, 즉 원재료·토지·설비와 같은 물적 자원, 자본 및 자금과 같은 재무적 자원, 그리고 육체노동·정신노동·관리노동을 수행하는 인적 자원들은 현대에 있어서도 급식소의 운영과 경영에 절대적으로 필요한 경영자원이지만, 과거와 비교해 볼 때 현대로 들어오면서 다른 형태의 경영자원들, 즉 기능과 기술·특허권과 같은 기술자원, 외부로부터 수집된 정보나 학습을 통해 축적된 지식과 같은 정보자원 등의 중요성이 더욱 커지고 있다. 오늘날 급식조직에서 중요하게 고려되는 경영자원을 정리하면 그림 3-3과 같다.

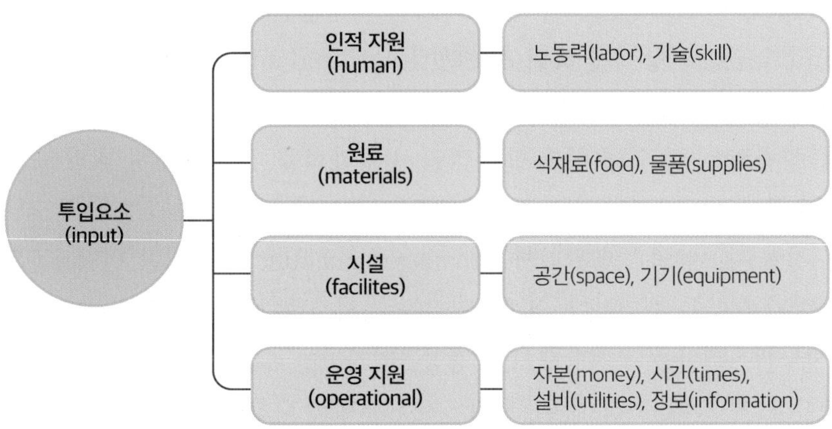

그림 3-3 **급식 시스템에서의 자원**

CHAPTER 3

2.2 변환과정

급식 시스템을 파악하기 위해서는 급식경영의 핵심이라 할 수 있는 변환과정인 내부경영 시스템의 이해가 필요하다.

변환과정(transformation process)이란 급식경영 자원이라는 투입물(input)을 받아들여 급식경영 성과라는 산출물(output)로 변환시키는 일련의 과정으로 이를 내부경영 시스템이라고 한다.

내부경영 시스템이란 투입된 경영자원을 결합하는 핵심적 부분이다. 즉 기업 성공을 위해서는 필요한 경영자원을 충분히 확보하는 것도 중요하지만, 확보된 각종 급식경영자원을 운영의 묘를 살려 효과적으로 활용하는 것이 보다 더 중요하다. 특히 급식경영 시스템 내부에 복잡한 상호작용과 불확실성이 존재하므로 효과적인 경영 시스템을 구축하기가 쉽지 않지만 일단 구축되면 남들이 쉽게 모방할 수 없는 특유의 경쟁우위가 될 수 있다. 예를 들어, 식재료와 자금, 인력이라는 투입요소를 결합시켜, 제품을 생산하고 최종 소비자에게 판매함으로써 이윤이라는 경영성과를 산출하는 일련의 과정을 지칭한다.

그림 3-4는 급식경영의 내부경영 시스템을 모형화해 놓은 모델을 제시하였다. 급식경영에서 제시되었던 변환과정의 구분방법으로 스피어(Spears, 2000)는 내부경영 시스템을 **경영관리기능**(management functions), **기능적인 하위 시스템**(functional subsystems), 연결과정(linking processes)으로 파악하였다. 이들은 모두 급식 시스템의 산출을 창출하는 데 있어 상호 의존적인 변환과정을 거쳐 시너지 효과를 가져온다.

> **경영관리기능**
> 전환과정의 통합된 부분을 의미하며, 크게 계획, 조직, 충원, 지휘, 조정, 통제를 나타냄.

> **기능적인 하위 시스템**
> 시스템의 목적에 따라 분리될 수 있으며, 급식 시스템은 크게 구매, 생산, 위생-유지, 분배-서비스의 하위 시스템으로 나뉨.

경영 시스템의 경영관리기능(management functions)이란 변환과정의 통합된 부분을 의미한다. 급식경영자들은 시스템의 목적을 달성하기 위해 하부 시스템들을 조정함으로써 경영관리기능을 수행한다. 경영관리의 기능은 크게 계획, 조직, 충원, 지휘, 조정, 통제를 나타낸다. 예를 들어, 급식업소의 경영자들은 위생 프로그램을 계획하고 그에 따른 활동을 조직하며, 그 일을 담당할 인력을 배치하고, 위생검열의 과정을 수행함으로써 그

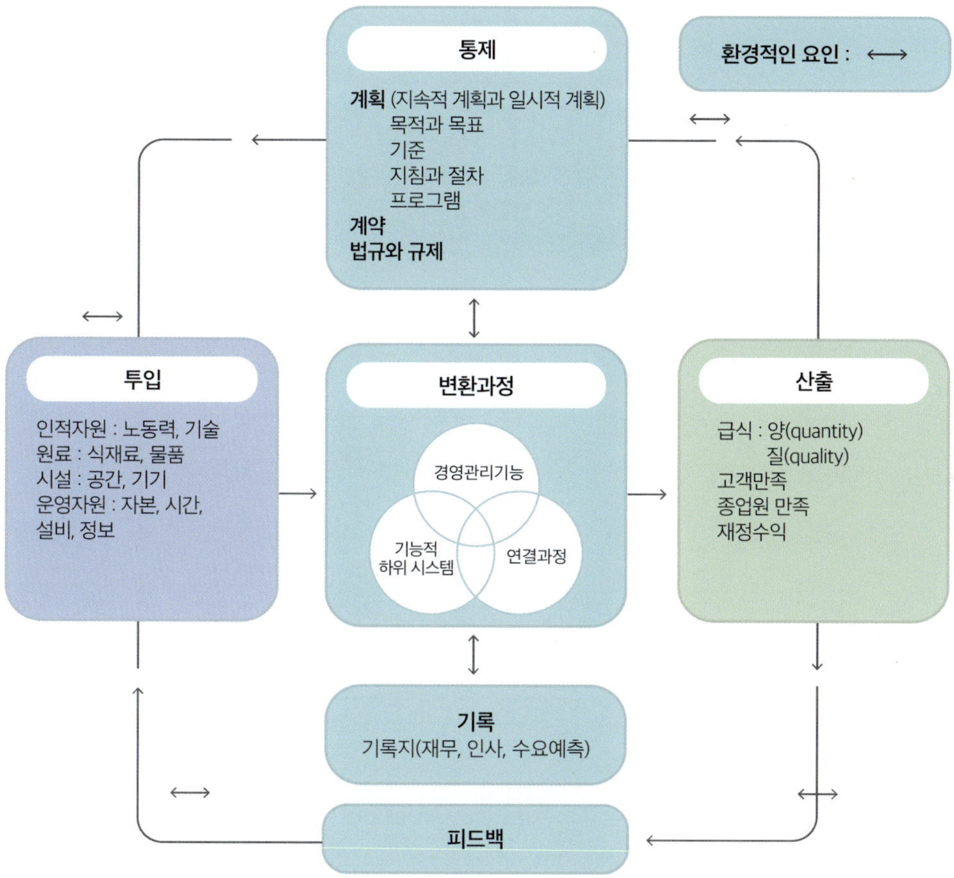

그림 3-4 변환과정으로서의 내부 급식경영 시스템
자료 : Gregoire MB (2013)

프로그램을 통제한다.

변환과정의 마지막 요소인 연결과정(linking processes)에는 의사결정, 의사소통, 그리고 균형을 포함한다. 시스템 내의 활동들이 효과적으로 조정되기 위해서는 의사결정, 의사소통, 그리고 균형의 역할이 필수적이다.

기능적인 하위 시스템(functional subsystems)은 그림 3-5에서 보는 것과 같이 그 목적에 따라 분류될 수 있으며, 여기에는 구매, 생산, 위생-유지, 분배-서비스의 하위 시스템들이 포함된다.

각 급식업소의 특징에 따라 시스템 내의 하위 시스템들은 달라질 수 있다. 그러므로 시스템의 유형은 하위 시스템의 특징과 기능을 결정한다. 예

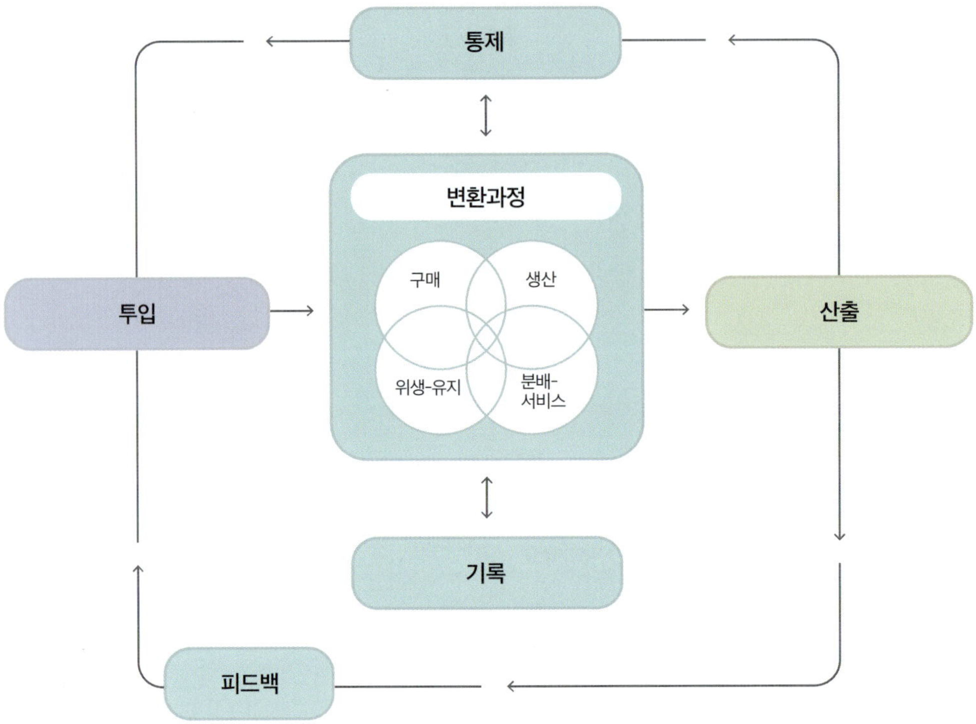

그림 3-5 급식 시스템의 기능적인 하위 시스템
자료 : Gregoire MB (2013)

를 들면, 고급 레스토랑은 제한된 몇 가지의 메뉴만을 제공하는 산업체 급식업소와는 급식상황이 아주 다르다고 할 수 있다. 전자의 경우에는 훨씬 더 정교한 품질의 음식 생산에 필요한 복잡한 생산체계를 지니게 된다. 병원 급식소의 경우에는 적온의 양질의 음식을 여러 곳에 분산되어 있는 많은 환자에게 일시에 제공해야 하므로 분배와 서비스의 과정을 통제하기 어려우며 따라서 복잡한 하위 시스템을 지니게 된다. 또한 기내식을 제공하는 급식업체의 경우에는 승객들의 변동, 비행시간의 변경 또는 비행취소와 같은 아주 복잡한 상황에 직면해 있다. 그러므로 다양한 급식업체들은 그들의 특성을 충족시키기 위해서는 하위 시스템을 설계할 때 시스템 내의 부분들 간의 상호 연관성을 고려해야 할 뿐만 아니라 급식소의 궁극적인 목적이 고려될 수 있는 시스템적 접근이 필수적이다.

2.3 급식경영 성과

급식경영 시스템에서 산출요인에 해당하는 경영성과(output)는 그 성격에 따라 결과를 중시하는 양적인 경제적 성과와 과정을 중시하는 질적인 사회적 성과로 구분할 수 있다. 일반적으로 기업의 경영자들이 중시하는 경제적 성과에는 매출액, 시장점유율, 투자수익률, 노동생산성 등이 포함되며, 보다 거시적인 기업과 사회와의 관계를 강조하는 사회적 성과에는 기업 이미지, 사회적 책임의 수행 정도, 고객만족도 등이 포함된다. 과거에는 경영성과로 경제적 성과를 많이 강조하였던 반면에, 최근에는 사회적 성과도 함께 강조된다.

급식업체에서 고객만족을 높이기 위해서는 고객의 기대를 충족시킬 수 있는 품질의 식사와 서비스를 제공해야 하고, 고객의 불만을 효과적으로 처리해야 한다.

오늘날에는 기업의 성장과 발전을 기할 수 있도록 산출, 즉 경영성과를 보다 크게 만드는 방향에서 투입요소인 경영자원을 더욱 늘리는 방안을 보다 바람직한 방안으로 간주하기도 한다.

이러한 배경 하에서 현대 경영학적 개념으로 경영성과라는 산출요인과 경영자원이라는 투입요인을 상호 적절하게 유지시키는 것이 오늘날 경영의 핵심적 과제로 대두되고 있다.

2.4 열린 시스템의 특징들

시스템은 크게 **열린 시스템**(open system)과 폐쇄 시스템으로 구분되며 열린 시스템은 환경과의 끊임없는 상호작용 속에서 환경 적응성을 지니는 시스템을 일컬으며, 반면에 **폐쇄 시스템**(closed system)이란 환경으로부터 시스템이 격리되어 외부의 영향을 받지 않는 시스템을 의미한다. 과거에는 대부분의 조직을 폐쇄 시스템의 관점에서 설명하였으나 현재는 환경과의 상호작용을 중시하는 열린 시스템의 이론을 따르고 있다.

열린 시스템
환경과의 끊임없는 상호작용 속에서 환경적응성을 지니는 시스템.

폐쇄 시스템
환경으로부터 시스템이 격리되어 외부의 영향을 받지 않는 시스템.

스피어(Spears, 2000)는 열린 시스템의 특징들을 다음과 같이 정리하였다.

1) 상호 의존에 의한 시너지 효과(Interdependency of parts, leading to integration and synergy)

급식 시스템과 같은 조직은 여러 부서로 구성되며 이들 부서 간에는 상호 관계를 유지한다. 각 부서들은 다른 부서의 기능에 영향을 미치고 있기 때문에, 급식업소와 같은 조직은 독립되고 고립된 부서로서가 아니라 전체로서의 조직을 파악하는 것이 훨씬 중요하다. 예를 들면, 급식업체에서 자동화된 기기설비를 구입하는 것을 결정하기 위해서는 그 급식업소에서 제공하는 메뉴, 구입되는 식재료의 형태, 종업원들의 스케줄을 고려하여야 한다. 왜냐하면 이것들은 서로 영향을 미치기 때문이다. 또한 급식전문업체의 경우 효율적으로 조직을 운영하기 위해서는 운영 부서, 구매 부서, 마케팅 부서 간 유기적인 상호작용이 구축되어야 한다. 부서들 간의 효과적인 상호작용의 결과는 조직의 통합(integration)을 가져오며, 이는 궁극적으로 시너지(synergy)를 창출한다.

시너지란 시스템 내 하위 시스템들이 각각 독립적으로 행동한 것보다 상호 의존적으로 행동할 때 더 많은 결과를 성취하는 상태를 지칭한다. 즉 산술적 합계보다 질적·양적인 면에서 더욱 증가한다. 이것은 마치 오케스트라 단원들이 지휘자와 일체가 되어 연주하면 개별 연주자들이 도저히 따라갈 수 없는 감흥을 불러일으키는 것과 같다. 그러므로 전체 시스템은 하위 시스템(subsystem)들의 합 이상이며, 하위 시스템은 자신을 포함하고 있는 전체 시스템이 없을 경우에는 존재할 수 없고, 다른 하위 시스템과의 밀접한 상호 의존성을 토대로 전체 시스템으로 통합되는 속성을 지닌다. 이러한 속성으로 볼 때 시스템의 유지와 발전을 위해 시너지(synergy) 효과는 필수적이라고 할 수 있다.

2) 역동적인 안정성(Dynamic equilibrium)

열린 시스템이 지속적으로 존속·성장하기 위해서는 외적인 여건과 상호작용하면서 역동적인 안정성을 유지해야 한다. 급식소가 지속적으로 발전하기 위해서는 사회, 정치, 경제적 변화와 통제에 적응하여야 한다. 그러므로 급식경영자는 계속적으로 새로운 기술의 향상을 추구해야 하며 비용절감, 노동생산성 향상, 이용 가능한 대체 식품의 개발 등 끊임없는 노력을 경주해야 한다. 이렇게 할 때 급식소는 끊임없이 변화하는 환경에 바르게 대처할 수 있으며, 지속적으로 발전할 수 있다. 시스템의 구성요소인 피드백은 조직이 역동적인 안정성을 유지하는 데 매우 중요한 역할을 한다.

3) 이인동과성(Equifinality)

이인동과성이란 다양한 투입물 또는 변형의 과정을 거쳐도 유사한 결과물을 산출한다는 것이다. 급식소의 경우 전통적인 급식생산체계로부터 **쿡-칠**(cook-chill) 또는 **수-비드**(sous-vide)와 같은 새로운 시스템으로 전환을 하면 이는 투입물이나 전환과정에 영향을 미칠 수 있다. 그러나 궁극적으로 고객이 만족하는 급식의 제공이라는 동일한 결과물을 가져온다. 그러므로 유사한 다른 투입물과 전환과정을 거치더라도 동일한 산출물을 생산한다.

이인동과성
다양한 투입물 또는 변형의 과정을 거쳐도 유사한 결과물을 산출하는 것.

쿡-칠(Cook-chill)
음식을 조리해서 바로 배식하는 것이 아니라, 조리한 후에 급속 냉장시키고 엄격하게 통제된 3℃ 온도대로 냉장 보관한 후 급식 전에 재가열하여 배식하는 방법.

수-비드(sous-vide)
플라스틱 백 또는 파우치(pouches) 속에 재료를 넣은 후, 진공시키고 통제된 온도로 용기 안에 담긴 음식을 조리하는 방식으로, 주로 쿡-칠 방식을 많이 이용하므로 변형된 쿡-칠(adapted cookchill)이라고 불리기도 함.

4) 경계의 침투성(Permeability of boundaries)

시스템은 변화하는 환경에 의해 영향을 받거나 영향을 줄 수도 있다. 여기에서 경계(boundaries)란 시스템의 접전지역을 의미하며, 침투성(permeability)은 시스템이 환경과 상호작용이 가능하다는 것을 의미한다. 예를 들어, 병원은 상호 관계를 맺고 있는 지역사회, 다른 의료기관, 정부기관과 관계를 맺고 있으며 이들 기관들은 모두 외부 환경의 일부이다. 즉 정부의 의료보험정책은 각 병원의 경영 전반에 영향을 미치게 되고 병원은 다시 다른 의료기관이나 지역사회에 영향을 미치게 되므로 이들 기관들은 서로 영향을 주고받게 된다.

시스템들 간의 경계라는 개념은 다소 모호하다. 변화에 의해서 견고한 경계는 점점 사라지고 있으며, 칸터(Kanter, 1991)에 의하면 하위 시스템들 간의 벽들도 점점 사라진다고 언급했다. 급식업소를 예로 들면, 생산부서와 서비스부서는 각 하위 시스템들 간에 경계를 부여한다. 생산과 서비스가 분리되고 서로 다른 기능에도 불구하고 급식 서비스 시스템의 궁극적인 목적인 고객만족이라는 관점에서 본다면 두 하위 시스템 간의 경계는 더 이상 필요하지 않다. 그러므로 생산과 서비스의 하위 시스템들은 급식업소의 목적을 달성하기 위해 상호 의존해야 한다.

5) 시스템 또는 하위 시스템의 공유영역(Interface of system and subsystems)

CHAPTER 3

공유영역
하위 시스템들 또는 시스템 간의 상호 의존적인 범위를 의미함.

공유영역이란 하위 시스템들 또는 시스템 간의 상호 의존적인 범위를 의미하며, 이들이 공유되어질 때 마찰이 생기므로, 공유영역의 특징을 '긴장'이라고 말할 수 있다.

화이트(Whyte, 1948)와 슬레이터(Slater, 1989)는 레스토랑을 대상으로 한 연구에서 조리사와 웨이터들 간의 최대의 긴장 지점은 고객을 대하는 접점 지역과 고객을 대하지 않는 비접점 지역 사이의 공유영역이라고 하였다. 외국의 경우 병원급식에서의 대표적인 공유영역은 환자의 식판 서비스로서, 이 업무에 대해 영양부서와 간호부서 사이에서 종종 갈등이 일어나고 있다. 이 업무는 영양부서와 간호부서의 공통된 책임 분야이며 공유영역이므로 서로가 서로에게 책임을 전가하기 때문이다. 따라서 급식관리에 있어 다른 부서와의 공유영역이 있는 경우에는 급식관리자가 각별히 신경을 써서 일의 영역을 명확하게 구별하여 서로 간에 긴장이나 마찰이 일어나지 않도록 조정하여야 한다.

6) 시스템의 위계질서(Hierarchy of the system)

한 조직에 계층이 존재하듯이 시스템 내에도 위계질서가 있다. 즉 시스템은 일반적으로 여러 개의 하위 시스템으로 구성되며, 하나의 시스템 아래에 여러 개의 하위 시스템들이 계층별로 연관되어진다. 예를 들면, 병원을 하나의 시스템으로 본다면 진료부서와 진료지원부서의 하위 시스템으로 나뉜다. 여기에서 진료지원부서를 하나의 시스템으로 본다면 영양과, 간호과, 약제과 등은 하위 시스템으로 간주할 수 있다. 여기에서 병원의 영양과를 더 자세히 분석하면 영양과는 하나의 시스템이 되고 영양과 내의 임상영양계, 급식관리계 등은 하위 시스템이 된다.

7) 연결과정(Linking processes)

연결과정은 투입된 자원이 급식업체의 목표를 창출하는 데 있어 시스템의 각 특성들을 조정해 주는 과정을 의미한다. 이 과정에는 의사결정(decision making), 의사소통(communication), 균형(balance) 등이 포함된다. 의사결정이란 많은 선택요인들 중에서 가장 합리적인 것을 선택하는 것으로 정의된다. 의사소통은 구두상, 문서상, 컴퓨터상의 매체를 통해 결정된 사항과 정보를 전달하는 활동을 말하며, 균형은 변화하는 기술, 경제, 정치, 사회적 환경 속에서 조직을 안정하게 유지해 나가는 것이다.

연습문제

1. 시스템 개념을 급식조직에 적용하였을 때의 이점을 설명하시오.
2. 확장 시스템 모형에 포함되는 통제, 기록, 피드백의 역할에 대해 설명하시오.
3. 급식 시스템에서 급식경영 자원과 급식경영 성과를 비교·설명하시오.
4. 대학교를 하나의 시스템으로 볼 때 이를 구성하는 주요 하위 시스템에는 어떤 것들이 있는지 설명하시오.
5. 시스템과 하위 시스템과의 관계를 기초로 하여 급식 시스템의 기능적인 하위 시스템을 설명하시오.
6. 시스템은 크게 열린 시스템과 폐쇄 시스템으로 구분되어지는데 이 두 시스템의 차이를 비교·설명하시오.
7. 급식 시스템이 열린 시스템에 해당하는 이유를 열린 시스템의 특징을 중심으로 설명하시오.

참고문헌

1. 신유근 (1996) : 현대경영학, 다산출판사
2. Gregoire MB (2013) : Foodservice Organizations, 8th ed., Upper Saddle River, NJ : Pearson Prentice Hall.
3. Kanter RM (1991) : Transcending business boundaries : 12,000 world managers view change, Harvard Business Review, 69(3) : pp. 151-164
4. Slater D (1989) : Coming to a truce : Ways to bridge the gap between the front and the back of the house, Restaurants USA, 9(10) : p. 26, pp. 28-29
5. Spears MC (2000) : Foodservice Organizations, 4th ed., Upper Saddle River, NJ : Prentice-Hall.
6. Whyte WF (1948) : Human Relations in the Restaurant Industry, NY : McGraw-Hill, Inc.

CHAPTER

04

급식경영의 조직화

들어가며

철학이 있는 경영자의 역할

- 에콰도르 '파카리(Pacari)' 초콜릿 -

이름도 없던 에콰도르의 초콜릿 브랜드 '파카리'는 LA 초콜릿 살롱 '최고의 다크 초콜릿' 등 7개 부문 수상, 아메리카 국제 초콜릿 어워드 '최고의 초콜릿 제조업체' 등 12개 부문 수상, 국제 초콜릿 어워드 10개 부문 수상, 국제 초콜릿 어워드 월드 파이널 최고상 등 유수한 초콜릿 업계 어워드를 평정하면서 전 세계의 주목을 받았고 현재 미국, 유럽 등 전 세계 33개국에서 판매하고 있다.

이러한 업적을 이루어 낸 사람은 전문 변호사로 활동하다가 지난 2008년 에콰도르 초콜릿 기업 '파카리'를 설립한 산티아고 페랄타(Santiago Peralta)였다. 그는 에콰도르가 세계 최대 카카오 생산국이지만 정작 명성에 맞는 초콜릿 브랜드가 없어서 초콜릿으로 세계 시장에서 인정받는 날을 꿈꾸며 브랜드를 만들었다. 그는 일반적인 초콜릿으로는 세계무대에서 승산이 없다는 것을 알고 환경과 사회에 대한 책임의식, 유기농 인증 농장과의 직거래를 기반으로 하는 투명한 사업 모델을 만들었다. 파카리는 전반적인 품질 향상을 위해 바이오 다이나믹 농법으로 지은 카카오를 이용하면서 카카오 농가와 긴밀한 관계를 유지하였고 농부들을 우선으로 하는 상호작용 모델을 통해 제품 생산하는 것을 기업 철학으로 하였다. 이런 기업 철학을 바탕으로 농가와의 동반성장을 위해 노력하였고 특히, 유기농 학교 설립, 소규모 카카오 재배 농가 발굴, 농부의 원활한 작업 환경을 위한 도움 제공 등의 활동을 하였다.

그는 세계적인 환경 변화를 직시하고 미래를 예측하며 기업의 내 외적인 상호관계를 파악하여 기업의 비전을 제시하여 성공한 경영자이다.

(출처 : 식품외식경제신문 2014-01-27)

교육목표

공통된 목적을 달성하기 위한 모든 인간협동의 형태가 조직이라 할 때 이 조직을 효과적으로 운용하기 위해서는 경영관리의 첫 단계인 계획 수립이 필요하며 경영자들은 합리적인 조직화를 통해 업무의 흐름을 명확히 파악하고 개인별 직무에 대한 지침을 제공하여야 한다. 그러므로 본 장에서는 계획, 조직, 통제에 대해 살펴보고자 한다.

학습목표

- 경영의 계층과 경영자에게 필요한 관리기술의 특성을 파악함으로써 급식관리자가 자신이 습득해야 하는 관리기술 뿐 아니라 각 계층에서 요구되는 관리기술에 대해 학습한다.
- 경영자의 역할인 대인간 정보전달, 의사결정 역할 등에 대한 세부 역할을 파악함으로써 급식관리자가 수행해야 하는 역할에 대해 학습한다.
- 계획의 개념을 이해하고 계획의 분류기준에 따라 계획의 종류를 나열한다.
- SWOT 분석을 설명하고 목표관리법의 개념을 이해한다.
- 조직의 목표를 효과적으로 달성하고 종업원들이 맡은 직무를 능률적으로 수행하는 데 필요한 조직의 원칙에 대해 학습한다.
- 조직을 합리적, 효율적으로 운영하는 데 필요한 조직의 기본 원칙에 대해 학습한다.
- 조직화에 필요한 과업 분화의 개념, 분류, 권한 배분에 대해 학습함으로써 조직의 형성과정에 대한 이해와 더불어 조직화에 대한 개념을 쉽게 이해할 수 있도록 한다.
- 권한 및 책임관계를 조성하는 데 필요한 라인, 스탭의 관계 및 조직구조 형태를 이해함으로써 조직을 능률적이고 효과적으로 운영하는 데 필요한 개념을 학습한다.
- 더욱 복잡해지고 빨리 진행되고 있는 경영환경 속에서 나타나고 있는 여러 형태의 조직과 탄력성 있는 조직형태의 운영 개념을 학습한다.
- 급식관리자가 급식소의 목표 달성을 위해 설정한 계획의 업적 측정, 표준과의 비교, 수정하는 통제과정에 대해 학습한다.

1. 경영자의 계층과 역할

1.1 경영자 계층과 관리 기술

1) 경영자 계층

조직 내의 자원과 사람을 통해 조직의 목적을 수행하고 책임을 지고 있는 사람을 경영자로 부른다. 경영 계층은 조직 내에서의 목적수행과 책임에 따라 최고 경영자, 중간 경영자, 그리고 하위 경영자, 일선 종업원의 4단계 계층으로 구분된다(그림 4-1).

최고 경영자(top management)는 비교적 적은 수의 사람으로 구성되며 조직 경영을 총괄한다. 이들은 조직의 운영정책을 세우고 조직의 내·외적 환경과의 상호작용을 통해 조직의 전반적인 방향을 제시한다.

중간 경영자(middle management)는 하위 경영자에게 업무를 지시하고 해당 부서의 정책을 수행하며 최고 경영자의 요구와 하위 경영자들의 수용 능력에 대해 상호간의 균형을 유지하도록 한다.

하위 경영자(supervisory management)는 가장 낮은 단계의 일선경영

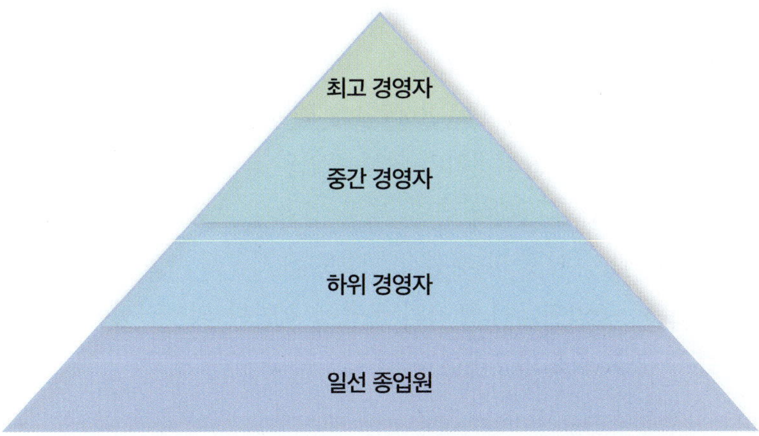

그림 4-1 **관리계층**
자료 : Donnelly JH, Gibson JL, Ivancevich JM (1998)

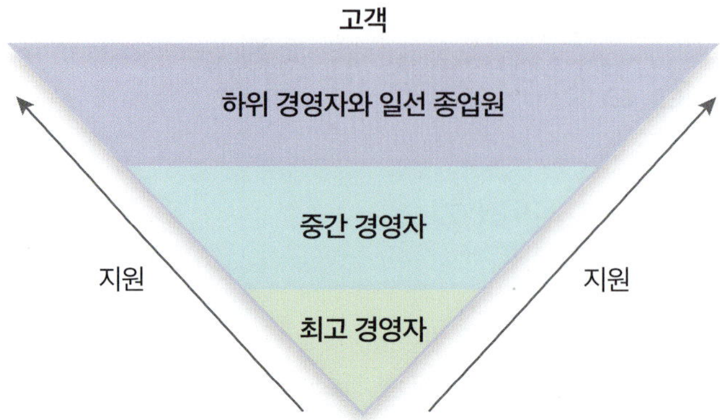

그림 4-2 **TQM에 의한 경영계층의 모형**
자료 : Gregoire MB (2013)

자로 종업원을 직접 관리하며 다른 경영자를 감독하지 않는다.

일선 종업원(operational employees)은 세분화된 임무에 대한 직접적인 책임을 갖고 일하며 다양한 수준의 훈련과 경험을 가지고 있으며 하위 경영자로부터 직접 감독을 받는다.

그림 4-1은 전형적인 관리 계층의 모형이나, 최근 고객만족을 목표로 하는 TQM 실행을 위한 조직의 관리 계층 모형은 그림 4-2와 같다.

맨 윗 단계인 고객만족을 위해서는 하위 경영자와 일선 종업원의 역할이 매우 중요하다. 이는 하위 경영자와 일선 종업원은 직접 고객과 만나며 서비스를 제공하기 때문에 고객만족에 직접적인 영향을 준다. 이에 중간 경영자와 최고 경영자는 계획자, 코치, 촉진자로서 하위 경영자와 일선 종업원을 지도하고 도와주는 새로운 역할을 해야 한다. 즉 경영자들은 문제를 해결하고 분위기를 고취시키기 위해 종업원을 격려하고 그들에게 문제해결에 대한 권한도 부여해야 한다. 또한 경영자는 모든 종업원에게 회사의 시장 점유율과 손익 등의 경쟁적인 정보를 제공해 주고 현재의 상황을 이해시킴으로써 종업원들이 조직의 목표에 적합한 의사결정을 내리며 이를 수행할 수 있도록 도와주어야 한다.

2) 경영자의 관리 기술

경영자의 관리기술은 경영자가 자신의 직무를 수행하는 데 필요로 하는 능력이다. 이러한 관리기술은 전문적 기술(technical skill), 대인적 기술(인간적 기술: human skill), 개념적 기술(conceptual skill)로 분류된다.

(1) 전문적 기술(Technical skill)

특정한 일을 수행하는 데 필요한 특별한 전문적인 기술 능력이다. 이러한 기술은 전문화된 지식, 수행력 등이 요구된다. 경영자는 자신의 영역에서 책임을 갖고 감독하고 이해하기 위해서는 충분한 전문적 기술이 필요하다. 예를 들어, 급식부서에서의 급식관리자가 생산과정에 대한 실무기술을 가르치기 위해서는 대량생산과 시설의 이용에 대해 이해해야 한다. 또한 일선종업원의 생산과정을 관리 감독할 수 있는 기술적 노하우도 있어야 한다.

(2) 대인적 기술(Interpersonal skill)

다른 사람과 협력하여 조화를 이룰 수 있는 능력을 말한다. 모든 조직의 가장 중요한 자원은 사람이기 때문에 대인적 기술은 경쟁수준이나 기술에 관계없이 모든 경영자의 핵심적인 부분이라 할 수 있다. 탁월한 대인적 기술을 가진 경영자는 부하들에게 의사결정에 참여하도록 권장하며, 그들로 하여금 능동적으로 의사표시를 하도록 한다. 급식산업은 노동집약적인 산업이므로 급식관리자의 종업원 관리 능력은 매우 중요하다. 특히 급식전문회사의 경우 위탁사인 고객사와 본사와의 좋은 관계를 유지하기 위해 각 점포의 급식관리자들은 중요한 역할을 하고 있다.

(3) 개념적 기술(Conceptual skill)

조직을 전체로서 간주하며 여러 하부조직들 간의 관계와 변화를 인식하고 사고할 수 있는 능력을 의미한다. 개념적 기술은 또한 정치적, 경제적, 사회적인 영향을 이해하며 추세에 따라 환경을 살필 수 있는 능력과 의사결정에 필요한 기술이다.

조직을 효과적으로 관리하기 위해서는 전문적 기술, 대인적 기술, 개념적 기술이 적절하게 요구되며 각 경영 계층에 따라 세 가지 관리기술의 상대적인 중요성은 각각 다르다(그림 4-3).

전문적 기술은 조직의 하위 경영층에서 중요시되며 상위로 올라갈수록 그 중요성은 낮아진다. 생산과 직접 관련된 일을 행하는 일선 종업원에게

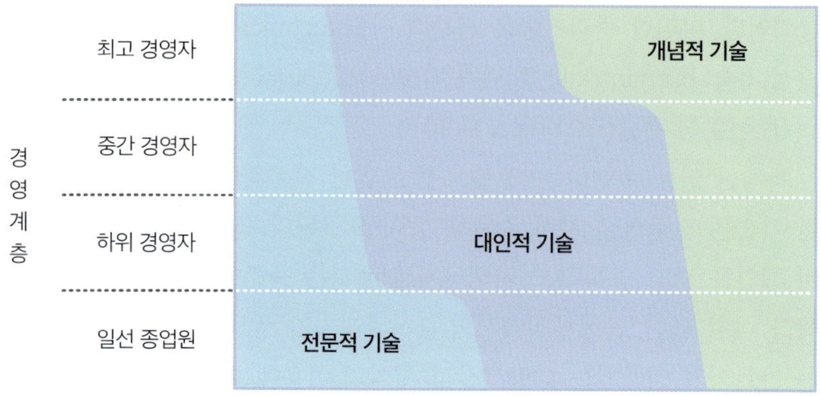

그림 4-3 **경영계층과 관리기술**
자료 : Gregoire MB (2013)

가장 많이 필요한 기술이고, 하위 경영자에게도 매일 현장에서 일어나는 일을 평가하고, 종업원을 훈련시키며 문제를 해결해야 하므로 중요한 기술이다.

대인적 기술은 어느 계층에서나 거의 비슷한 비중을 차지하나 하위 경영자에게는 매우 중요시 되는 기술이다. 하위 경영자는 급식소의 경우, 일선 종업원을 매일 감독하고 지휘해야 하며, 일선 종업원이 좋은 품질의 음식을 만들고 고객에게 최상의 서비스를 제공하도록 동기부여를 유발하는 책임이 있다. 중간 경영자도 대인적 기술이 특별히 필요한데 중간 경영자는 그들의 부서를 효과적으로 지휘해야 하며 조직의 다른 부서와도 적절한 관계를 유지해야 한다.

개념적 기술은 상위 수준일수록 중요시된다. 최고 경영자일수록 조직 전체에 영향을 미치게 되는 포괄적이고 장기적인 의사결정을 많이 하게 된다.

1.2 경영자의 역할

경영자의 역할이란 경영자가 해야 할 구체적 일들을 의미한다. 민츠버그(Henry Mintzberg)는 각기 다른 역할이지만 매우 밀접하게 상호 관련

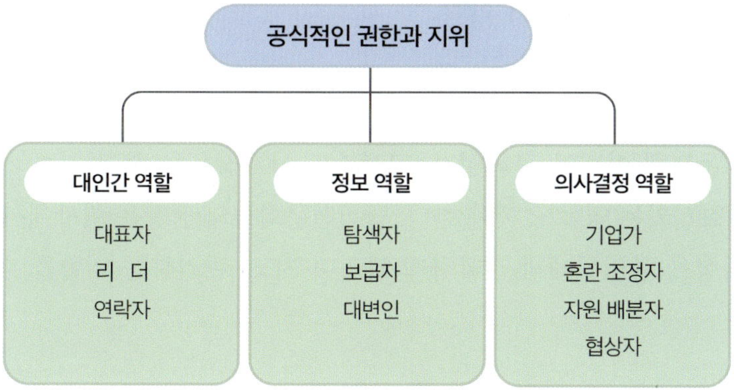

그림 4-4 **경영자의 역할**
자료 : Gregoire MB (2013)

이 있는 경영자의 역할을 10가지로 분류하였으며 이들 역할을 크게 대인관계, 정보전달 및 의사결정 역할로 구분하였다(그림 4-4).

1) 대인 간 역할(Interpersonal role)

대인 간 역할이란 경영자는 부하, 동료, 상사, 고객, 공급업자 등 조직 안팎의 여러 사람들과 상호작용을 하는데 이러한 상호작용을 하는 과정에서 경영자들은 세 가지의 주요 대인 간 역할을 한다. 대인 간 역할은 경영자의 공식권한에서 나오게 되며, 대인관계에 초점을 두는 것으로 대표자, 리더 및 연락자 등의 역할이 있다.

(1) 대표자(Figurehead)

경영자의 가장 기본적인 역할이며 상징적인 기능으로서 조직을 대표하게 된다. 즉 한 부서의 장으로서 경영자는 공식적인 서명을 해야 하고 방문객의 접견, 중요한 고객에 대한 접대 등 의식적인 일을 수행함으로써 조직의 이미지와 성공에 필요한 대표자 역할의 의무를 수행한다.

(2) 리더(Leader)

경영자는 종업원의 작업과 관련된 활동을 지도하고 조정해야 하며, 종업원의 동기부여를 위한 환경을 만들기 위해 종업원을 훈련시키고 충원하는 역할을 수행하기도 한다. 또한 조직의 목적과 종업원의 요구를 조화시키고 종업원을 고무시켜야 한다.

(3) 연락자(Liaison)

경영자는 조직 안팎 사람과의 각종 접촉을 한다. 경영자는 조직의 다른 부서의 동료뿐 아니라 공급업자, 고객과도 상호작용을 하고 정보 시스템을 체계화시키는 역할도 해야 한다. 급식전문회사의 점장은 회사에서 전달받은 사항을 종업원에게 정확하게 알리며 지도, 관리하는 역할을 수행해야 한다.

2) 정보 역할(Informational role)

민즈버그는 의사소통이 경영자의 업무 중 가장 중요한 역할이라 하였다. 경영자는 대표자와 연락자 역할을 수행하는 동안 많은 대인 접촉을 통해 중요 정보에 접근하며 이를 통해 좋은 의사결정을 내리게 될 수 있다. 이러한 정보 역할에는 탐색자, 보급자 및 대변인이 있다.

(1) 탐색자(Monitor)

전체조직에 영향을 미칠 수 있는 각종 정보, 변화, 기회 및 문제점을 발견하기 위하여 환경을 주의 깊게 관찰하고, 공식·비공식 접촉을 통해 많은 정보를 모으고, 이들 정보의 활용에 대해 판별해야 한다.

(2) 보급자(Disseminator)

경영자는 종업원과 조직의 다른 구성원들에게 정보를 나누어주고, 특히 종업원으로 하여금 어떤 정보를 어떻게 유용할지를 결정하는 데 도움을 주는 역할을 해야 한다.

(3) 대변인(Spokesperson)

조직의 안팎의 사람에게 조직의 경영이념, 기업문화 등과 같은 공식 입장에 관한 정보를 전해 준다. 특히 회사의 경우, 홍보실 등을 두어 외부에 회사를 알리는 역할을 하고 있다. 한 부서의 경영자로서는 자기 부서에서의 문제를 상위자에게 보고하는 역할을 하기도 한다.

3) 의사결정 역할(Decisional roles)

경영자는 자신이 수집한 정보를 사용하여 조직이 수행해야 하는 활동에 대한 방법 및 시기를 결정하기도 한다. 의사결정 역할은 대인간 역할과 정보 역할을 통해 최종적으로 행동으로 옮기는 과정이라 할 수 있다. 의사결정 역할에는 기업가, 혼란조정자, 자원배분자 및 협상자 역할이 있다.

(1) 기업가(Entrepreneur)

경영자는 다양하게 변화하고 있는 경제 사회 속에서 새로운 마케팅 전략을 탐색하고 계획을 세우며 결정하는 역할을 해야 한다. 경영자는 기회가 있을 때마다 조직의 개선된 사업계획을 제안하고 감독하고 설계하는 역할을 해야 한다. 예를 들어, 급식소의 경우, 급식관리자는 고객의 욕구를 충족시키기 위해서는 고객의 특성 및 다른 급식소에 대한 탐색을 마친 후, 식단의 변화, 가격 결정, 서비스 개선 등에 대한 계획을 세우고 결정하며 변화를 수행하여 조직에 이익을 줄 수 있어야 한다.

(2) 혼란조정자(Disturbance handler)

경영자는 외부로부터의 문제와 변화를 다룰 수 있어야 하는데, 상황적 위기에 직면했을 때, 원인을 파악하고 분석하며 이에 대한 올바른 판단을 내려 문제를 해결해야 한다.

급식소에서 음식에 대한 고객들의 불평이 높을 때, 급식관리자는 불평에 대한 원인 및 고객의 욕구를 파악하여 이에 대한 시정 조치를 취할 수 있어야 한다.

(3) 자원배분자(Resource allocator)

자금, 설비, 사람 및 시간 등에 대한 경쟁적인 요구들을 적절하게 선택, 배분시키는 역할을 의미한다. 예를 들어, 급식소의 경우 야간에 식사를 배식할 때 적절한 인원의 배치, 초과 근로 수당 등에 대한 문제들을 슬기롭게 대처해야 한다.

(4) 협상자(Negotiator)

공급자, 구매자 등 관련업체들과 협상에 참여하여 회사의 이익에 침해가 가지 않도록 해야 한다. 예를 들어, 급식관리자는 납품업자들과 가격과 식품의 질에 대한 적절한 협상을 거쳐 구매가격을 결정하며, 급식전문회사의 경우 고객사와 식단가에 대한 협상을 하기도 한다.

2. 계획

2.1 계획의 의의

계획
미래에 대한 조직의 목표를 설정하고 가장 효과적이고 능률적인 최선의 행동방안을 결정하는 과정.

CHAPTER 4

조직의 활동이 합리적으로 수행되려면 먼저 조직이 나아가야 할 방향과 그에 따른 각 활동방법을 결정하여야 한다. **계획**이란 미래에 대한 조직의 목표를 설정하고 그것을 달성하기 위한 여러 가지 대체적인 방안 중에서 가장 효과적이고 능률적인 최선의 행동방안을 결정하는 과정이다. 즉 계획은 무엇을 해야 할 것인가, 어떻게 해야 할 것인가, 언제 할 것인가, 그리고 누가 해야 할 것인가를 미리 결정하는 것이다. 이러한 계획은 관리기능의 시발점이 되는 동시에 조직의 직무수행에 대한 통제기준을 제공하며 필요할 때는 행동에 대한 수정의 지침이 되기도 한다. 적절한 계획은 조직에 다음과 같은 이점을 제공한다.

첫째, 계획은 경영관리과정의 첫 단계로 조직목표 달성을 위한 가장 합리적이고 효율적인 행동방안을 선택함으로써 효율적인 업무 수행이 가능하도록 한다. 오늘날 기업은 대규모화되어 경영자의 의사결정 하나하나는 조직 내에 광범위한 파급효과를 미칠 수 있는데 철저한 계획은 비용절감과 경영능률 향상에 크게 기여할 수 있다.

둘째, 계획은 조직이 지향해야 하는 구체적 목표를 제시하여 종업원의 조직화된 협력을 촉진할 수 있다. 즉 조직구성원의 노력을 한 방향으로 이끌게 하며 종업원을 동기부여 시키는 원천이 된다.

셋째, 계획은 조직의 환경변화에 대응하여 장기적인 전략수립을 가능하게 한다. 오늘날 기술혁신과 정치, 사회, 경제 변화로 기업을 둘러싼 환경은 급속도로 변화하고 있다. 이에 장기적인 전략 수립은 조직이 불확실한 미래에 탄력적으로 대응할 수 있게 한다.

넷째, 계획은 일관성 있는 의사결정을 가능하게 한다. 오늘날에는 각 기업 간에, 또 기업 내의 각 부서 간 상호의존도가 점차 높아지고 있어 그들 간에 합리적인 조정이 필요 불가결하다. 계획에 의하여 기업의 각 부문이 일관된 체계 하에서 조정되므로 업무의 비능률성을 배제하고 각 부문의 목표추구가 조화되어 조직 전체의 목표에 위배되지 않게 된다.

다섯째, 계획은 합리적이고 적절한 권한의 위양을 가능하게 해주므로 관리자는 일상적이고 정형적인 일을 종업원에게 넘기고 비정형적이고 특수한 일에 충실할 수 있게 된다.

여섯째, 계획은 통제의 기초가 된다. 계획은 행동지침과 경영실적에 대한 평가기준의 역할을 하므로 계획을 통하여 경영실적을 평가하고 시정조치를 하는 통제가 가능하다.

2.2 계획 수립 단계

계획 수립 단계는 크게 네 단계로 분류한다. 먼저 조직의 목적과 목표(goals, objectives)를 설정하는 계획을 세운다. 목적과 목표는 여러 하부조직의 목적을 설정하는 데 기초를 제공하며 일단 조직의 목적이 설정되면 이를 성취하기 위해 세부계획을 수립하게 되는 데, 세부계획은 방침, 절차, 방법의 3단계로 구성된다.

방침(policies)은 조직행동에 대한 일반적인 정책 및 지침으로 의사결정 시 전 조직원이 따르는 근거가 된다. 절차(procedures)는 행동에 대한 특별한 지침서로 업무의 각 단계를 연결시키는 과정이다. 방법(methods)은 각 단계에서 수행해야 하는 구체적인 행동에 대한 사항을 설정하는 것이다.

예를 들어, 학교급식의 목표를 제한된 예산 내에서 영양가 있는 음식을 제공하는 것과 영양교육의 두 가지라고 할 때, 이 목표를 달성하기 위해서는 먼저 구매방식, 식단의 작성 및 실행과 통제, 영양교육 방안 등에 대한 방침을 설정하여야 한다. 다음으로, 작성된 식단을 제공하기 위해서는 설정된 방침에 입각하여 구매, 검수, 저장, 조리, 조리 후 보관, 배선 및 배식, 세정 등 일련의 단계에 대한 절차를 확립할 필요가 있으며, 그 밖에 저장방법, 조리방법, 보냉·보온방법 등 각 단계에서 지켜야 할 방법을 설정하게 된다.

2.3 계획의 분류

계획은 적용기간(time span), 반복성 또는 이용성(repetitiveness or use), 경영계층(level of management), 범위(scope), 유연성(flexibility)의 5가지 영역에 따라 분류될 수 있다.

1) 적용기간

계획은 적용하는 기간에 따라 단기계획, 중기계획, 장기계획으로 나눈다. 일반적으로 단기계획은 1년 또는 그 이하를, 중기계획은 1년부터 5년 사이, 장기계획은 5년 또는 그 이상인 경우를 나타낸다. 급식소의 경우, 단기계획은 흔히 1년 운영예산으로 식단가나 인건비 등을 편성하는 데 많이 쓰이고 중기계획은 급식소 주방시설의 현대화를 위한 모델계획을 세우는 데 이용되며 장기계획은 대규모의 새로운 건물을 신축하고자 할 때 이용된다.

2) 반복성

지속적 계획
계속해서 이용할 수 있도록 수립되는 계획.

일시적 계획
일정기간의 특별한 문제나 상황에 대처하기 위해 세우는 계획.

계획은 반복성과 이용 빈도에 따라 **지속적 계획**과 **일시적 계획**으로 구분된다.

지속적 계획(standing plans)은 계속해서 이용할 수 있도록 수립되는 것으로 조직의 방침, 절차, 방법, 규칙 등이 대체로 이에 속한다. 지속적 계획은 일단 수립되어 조직 구성원이 이해하고 받아들이면 안정적으로 조직 구성원의 통일된 행동을 유도 할 수 있어 똑같은 품질과 서비스를 제공할 수 있는 장점을 갖고 있다. 그러나 이러한 계획은 일단 정착된 뒤에 이를 변화시키고자 할 때 조직 구성원들이 거부할 수도 있다는 점에 유념할 필요가 있다.

일시적 계획(single-use plans)은 일정기간의 특별한 문제나 상황에 대처하기 위해 세우는 계획으로 프로그램(program)과 특정 기간 내의 활동을 규정하는 프로젝트(projects), 그리고 예산(budget)이 있다. 예를 들어, 급식소의 창립기념 이벤트 행사계획, 망년회 준비계획 등이 이에 속한다.

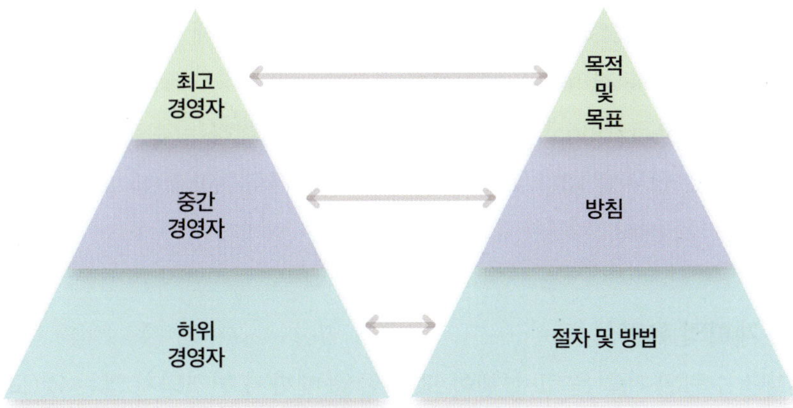

그림 4-5 경영계층과 계획의 단계
자료 : Gregoire MB (2013)

3) 경영계층

계획의 단계는 그것을 수립하는 경영계층과 관계가 있다(그림 4-5). 일반적으로 최고 경영자는 조직의 목적과 목표 또는 기본 방침을 포함한 조직 전체에 적용되는 계획을 수립하며 장기계획에 관심을 갖는다. 중간 경영자는 목표를 이루기 위한 구체적 방침을 개발하며 하위 경영자의 직능적 또는 부분적 업무 목표를 달성하기 위한 중기계획 수립 또는 하위 경영자 및 실무부서의 업무를 지도하는 절차의 확립에 관심을 둔다. 하위 경영자는 직능적 업무에서의 절차와 방법을 개발하며 조직의 목표와 연결시키는 세분화 된 단기계획을 세운다.

4) 범위

계획은 활동범위에 따라 전략적 계획, 전술적 계획, 운영계획으로 나눈다.

전략적 계획(strategic plan)은 장기계획으로 최고 경영자가 수립한 미래에 초점을 둔 계획으로, 포괄적이며 조직 전체의 장기적인 방침이나 방향을 설정하는 계획이며 조직의 내·외적인 다양한 변화 가운데 조직을 통합시킨다.

전술적 계획(tactical plan)은 중·단기계획으로 조직의 목적을 어떻게 성취할 것인가를 강조하며, 조직의 목적을 성취하기 위해 필요한 활동의 수행과 자원 분배를 결정하는 계획이다.

운영계획(operational plan)은 조직 목적을 성취하는데 필요한 구체적인 계획으로 업무에 대한 표준설정, 업무 일정계획수립 등에 초점을 두고 있다.

5) 계획의 유연성

일단 수립된 계획은 그 실행이 모두 끝날 때까지 변경되지 않는 것(고정성)이 가장 바람직하다. 그러나 장기계획의 경우 정치적 압력, 경제적 조건, 기술 변화, 경쟁과 시장 상황의 변화 등 많은 환경적인 요인들이 이미 수립된 계획에 대한 수정을 요구하게 된다.

그러므로 경영자는 계획의 수립 및 실행에 있어서 어느 정도의 유연성(flexibility)을 가져야 한다. 조직은 비교적 고정된 단기적 운영계획을 수립할 때에는 유연성과 고정성을 절충해야 하며 전략적 장기계획에는 더 유연성을 두어야 한다.

2.4 SWOT 분석

경영전략은 조직의 목적달성을 위한 중요한 행동과정을 규정하는 주요 계획이며, 조직환경의 기회를 개발하고 위협을 감소시키기 위해 여러 가지 자원을 효율적으로 배분하는 수단이다.

스왓 분석
외부 환경의 기회와 위협, 기업의 내부 역량의 강점과 약점을 분석하여 어떤 전략이 바람직한지를 알아내는 과정.

SWOT 분석(Strengths, Weaknesses, Opportunities, and Threats Analysis)이란 기업에 대한 외부환경의 기회와 위협, 내부 역량의 강점과 약점을 알아내기 위해 경영환경과 기업의 프로필을 검토하여 조직 능력 관점에서 전략목표를 달성할 수 있는 가능한 최적의 경영전략 대안의 수립방안 및 지침을 제시하는 기법이다. 가장 좋은 전략은 조직의 기회와 강점을 이용하고 위협을 중화시키며 약점을 피하거나 수정할 수 있는 전략이다.

이 분석기법은 조직의 내부적 평가인 조직의 강점과 약점의 분석부터 시작하는데 이때 판매, 마케팅, 제조, 금융, 인적자원 등과 같은 조직의 직

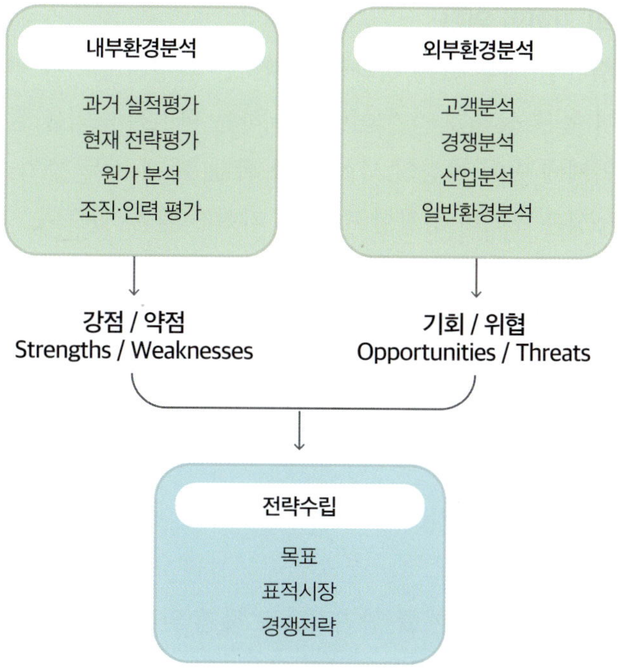

그림 4-6 **스왓 분석(SWOT Analysis)**

능적 측면의 능력과 연구개발 활동 등의 많은 수의 요인들이 고려되어야 한다.

1) 조직의 강점과 약점

조직의 강점은 조직이 전략을 잘 받아들이고 수행할 수 있도록 하는 기술과 능력이다. 예를 들어 식품유통회사는 위탁급식사업을 개척하는 데 있어 양질의 식재료를 싼 가격에 구입할 수 있는 강점을 가지고 있다. 하지만 이 식품유통회사가 반도체사업을 인수한다면 이 경우에는 다른 기업에 비하여 특별한 강점을 가지고 있다고 보기 어렵다. 조직의 뚜렷한 우수한 점을 이용하는 조직은 특별한 이익을 얻을 수 있고 표준 이상의 이윤을 얻을 수 있다. 즉 조직의 자원과 운영을 대상으로 한 측정과 평가를 통해 조직의 특유한 강점, 즉 경쟁업체에 대해 우위를 확보하게 하는 그 조직 특유의 역량을 확인할 수 있다.

2) 환경의 기회와 위협

기회는 활용할 경우 높은 성과를 가져오는 환경적 영역을 일컬으며, 위협은 조직이 높은 성과를 얻기 어렵도록 하는 환경적 영역을 말한다. 예를 들면 외식업체에 있어 여성의 사회 진출 확대, 가계 소득 증가, 새로운 시장개척 가능성은 조직이 성장할 수 있는 기회가 될 수 있으며, 사회 실업률 증가, 규제 증가, 새로운 경쟁업체 출현 등은 조직 성장의 위협이 된다. 조직은 위협을 극복하고 기회를 활용하기 위해 강점을 사용하고, 약점을 보완하되 투자한 자본에 대한 효과를 높일 수 있도록 우선순위를 정하여 보완하는 것이 필요하다.

2.5 목표관리법

목표관리법
작업자 스스로 명확한 목표를 설정하고 목표의 성과를 객관적으로 평가하여 그에 상응하는 보상을 하는 조직관리기법.

목표설정과 성과의 평가를 합리적으로 하기 위한 관리기법으로 1954년 드러커(Peter Drucker)는 **목표관리법**(Management by Objectives MBO)을 제안하였다. 목표관리법이란 관리자나 작업자로 하여금 스스로 명확한 목표를 설정하도록 하고, 이러한 목표의 달성수준 내지 성과를 객관적으로 평가하여 그에 상응하는 보상을 하는 조직관리기법이다. 목표관리가 성공하기 위해서는 목표가 계량적이어야 하고 시간 설정이 필요하며 구체적인 행동지침이 있어야 한다. 또한 목표는 종업원들의 적극적 노력을 자극할 수 있을 정도로 상당히 어렵지만 달성 가능한 것이어야 하고 목표가 종업원에게 명확히 전달되기 위해서는 의사소통이 잘 되어야 하며 보상은 종업원의 목표달성수준과 연결되어야 한다.

목표관리에서는 관리자나 작업자가 명확한 목표에 의하여 평가되고 그 목표도 자신들이 스스로 설정한 것이다. 성과평가 결과, 좋은 성과는 보상으로 이어지고 표준미달의 성과는 지적을 당하게 된다.

1) MBO 사이클

(1) 1단계 : 목표 설정

도전적이고 정당하며 일관성 있는 목표설정은 MBO 사이클의 시작이다. 목표는 관리자가 단독적으로 만들어도 안 되고 종업원이 만든 것을 무조건 받아들여서도 안 된다. 관리자와 종업원의 타협에 의하여 만들어져야 한다.

(2) 2단계 : 활동계획 개발

각 관리계급은 1단계에서 설정한 목표를 달성할 수 있도록 활동 계획을 세운다. 이 때 상위 관리자는 각 부서의 계획이 상호보완이 될 수 있도록 해야 한다.

(3) 3단계 : 정기적인 검토

계획을 실천하게 되면 모니터링이 필요하다. 3달, 6달, 9달 등 일정한 실천기간 후에 관리자와 종업원의 대면회의를 함으로써 기대하지 못했던 문제나 사건에 생겼을 때 목표를 수정할 수 있도록 한다. 정기적인 검토는 관리자가 종업원에게 필요한 피드백을 줄 수 있는 좋은 기회가 되기도 한다.

(4) 4단계 : 인사고과

마지막 완성 단계로 MBO는 결과를 강조한다. 성공했을 경우에는 승진, 봉급인상 등 적절한 보상을 하며, 실패했을 경우에는 미래의 올바른 계획 설정에 반영한다.

2) MBO의 장점과 단점

MBO는 계획과 통제를 잘 연결시킨 기법이며 목표를 상위단계에서 하위단계로 단계적으로 개발하도록 하며 특히 목표설정에 종업원을 참가시켜 자기관리와 개인적 헌신성을 자극할 수 있는 장점이 있다. 그러나 인간성보다는 마지막 결과를 강조하며 너무 쉽게 만병통치약으로 받아들여져서 조직에 대한 판단을 오도할 수 있다. 또한 권위적이거나 융통성 없는 관리자에 의해 악용되기 쉬운 면도 있고 측정 가능한 목표만을 강조함으로써 장기적 비전의 실현에 장해가 될 수 있는 단점이 있다.

MBO는 조직의 환경이 좋을 때는 쉽게 성공할 수 있지만 바람직하지 못한 환경에서는 실패하기 쉽다. 한편 MBO의 성공을 위하여 바람직한 조직 내의 요소로는 최고관리자의 헌신성, 변화에 대한 개방성 및 Y이론에 따른 관리와 책임을 지려고 하는 종업원 등이 있다.

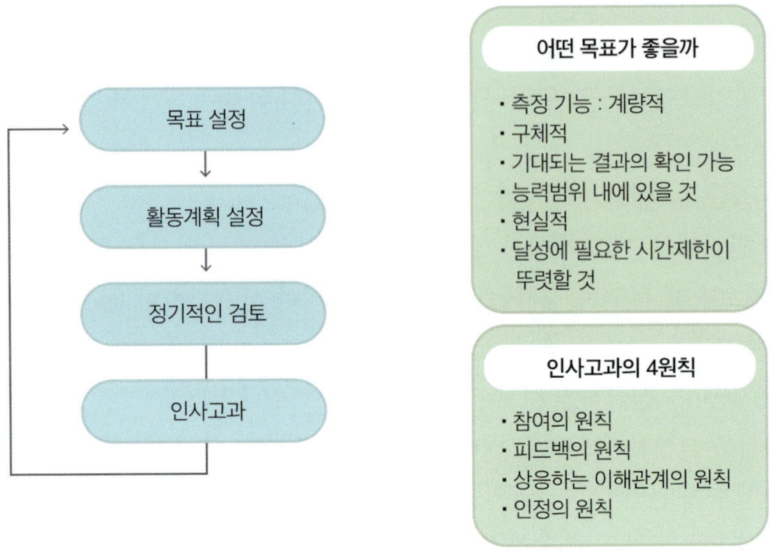

그림 4-7 MBO 사이클

CHAPTER 4

3. 조직

3.1 조직의 의의

1) 조직의 개념

조직화
조직의 목표달성에 기여하기 위해 자원의 분배, 특정 직무의 부여를 통해 활동을 통합시키는 과정.

조직도
조직에서 각 부서간의 관계, 업무분담 및 책임 관계를 공식적으로 명시해 놓은 표.

계획을 통해 조직의 목표가 구체화되면, 목표를 수행하기 위해 필요한 활동과 부서, 직위나 권한관계를 설정하고, 이것을 각 구성원들에게 분담시켜 체계적으로 활동하도록 하는 과정이 필요한데 이를 **조직화**라 한다. 조직화란 둘 이상의 사람들이 모여 어떤 공통된 목적을 효과적으로 달성하기 위해 필요한 업무들을 할당하고 이에 책임과 권한을 부여함으로써 여러 사람들의 활동을 합리적으로 조정하는 것이라고 정의한다.

조직에서 각 부서간의 관계와 필요한 업무의 분담 및 책임 관계를 명확하게 공식적으로 명시해 놓은 표를 조직도라 한다. **조직도**를 통해 조직의 지위, 기능의 기본적인 관계 뿐 아니라 조직의 명령체계, 의사소통 체계, 직위, 활동규모 등을 알 수 있다. 조직 규모와 목표에 따라 조직도는 현저히 다른데 예를 들어, 패스트푸드점과 고급식당의 조직도는, 50병상의 요양병원 급식소와 500병상의 종합병원 급식소의 조직도 역시 현저하게 다르다.

2) 조직의 구성요소

조직은 동적인 과정으로, 각 활동을 구분하고 각 직무에 대한 적정한 인원수를 설정하며 각 할당된 직무에 대한 권한과 책임을 부여하는 과정으로 다음과 같은 요소들이 있다.

(1) 직무의 분화

음식점의 경우, 주방에서 음식 만드는 사람, 주문 받고 나르는 사람, 카운터에서 계산하는 사람 등이 있는데 이들은 매출을 올리기 위해 필요한 직무를 정했고 그 직무를 분담하여 일을 한다. 이와 같이 조직의 필요한 일을 정하고 나누는 것을 과업의 분화라 한다. 과업의 분화는 노동의 분화(division of labor), 직무의 부문화라고도 한다.

(2) 직무의 할당

과업의 분화를 통해 명백해진 직무는 각 개인 또는 각 직위에 따라 일정 분량의 단위로 할당된다.

(3) 권한의 배분

과업의 분화에 의해 직무가 할당되면 이 직무를 스스로 수행하고 또한 타인에게 수행시키는 데 주어지는 공식적인 권리를 권한이라 한다. 권한은 조직 내에서 공식적으로 보장된 것으로 하위자에게 적절하게 위양될 수 있다. 권한의 배분이란 권한이 위에서 아래로 분포되어 있는 정도를 가리킨다.

(4) 책임의 확정

일정한 직무와 권한이 주어지는 경우 주어진 직무활동을 수행해야 하는 의무가 있는데 이것을 책임이라 한다. 직무는 적절한 권한위양과 함께 하위자에게 위양될 수 있으나 책임은 위양될 수 없으므로 조직은 책임에 대한 표준을 구체적으로 정하는 것이 바람직하다.

(5) 직위 부여

직위는 수행해야 하는 일정한 직무가 할당되고, 그 직무를 수행하는 데 필요한 권한과 책임이 구체적으로 규정되어 조직의 각 구성원에게 부여하는 조직의 기본단위를 말한다.

조직화를 위한 기본 원칙
조직을 합리적, 효율적으로 운영하기 위한 필요한 원칙.

3.2 조직화를 위한 기본 원칙

조직의 목표를 효과적으로 달성하기 위해서는 조직 구성원들이 맡은 직무를 능률적으로 수행하도록 조직을 편성하고 일정한 원칙에 따라 조직화를 해야 할 필요가 있다. 조직화에 필요한 원칙은 조직의 규모나 환경에 의해 변화될 수 있으나 전통적으로 가장 널리 알려진 조직의 원칙은 다음과 같다.

1) 전문화의 원칙

전문화의 원칙(principles of specialization)은 구성원의 독자적인 소질과 전문적 지식 및 기술에 따라서 가능한 한 하나의 특정업무를 전문적으로 수행하도록 업무를 분담시키는 원칙으로 분업의 원칙이라고도 한다. 전문화는 직무수행의 유효성과 능률 보장, 감독 및 교육훈련이 용이하나 장기적인 관점에서, 전문화가 과도해지면 이를 조정 통합하기 어려워질 수 있다.

2) 권한위양의 원칙

권한위양의 원칙(principles of delegation of authority)은 권한을 가지고 있는 상사가 구성원에게 직무수행에 관한 일정한 권한을 위임하는 것으로, 예외의 원칙 및 책임절대성의 원칙과 관련성이 있다. 예외의 원칙이란 상사는 일상적이고 반복적인 일은 구성원에게 위양하고, 자신은 예외적으로 중요한 업무에만 전념해야 한다는 것이다. 또한 책임절대성의 원칙이란 권한은 위양할 수 있어도 책임은 위양될 수 없는 원칙으로 상사는 자신의 일을 구성원에게 위양했다 하더라도 그 일의 결과에 대해서는 책임을 져야 한다는 것이다. 권한위양 시의 장점은 상사의 부담을 줄이고 구성원의 능력을 발견할 수 있으며 사기가 올라갈 수 있다. 그러나 실질적으로 잘 지켜지지 않고 있는데 이는 상사가 구성원에게 권한을 위양하는 것을 불안해하고 자신의 지위에 대한 위협으로 느끼는 경향이 있기 때문이다.

3) 권한, 책임의 원칙

권한, 책임의 원칙(principles of responsibility and authority)은 조직에서 각 구성원에게 할당된 직무에 관한 책임을 명확히 해야 하며 더불어 이에 대응하는 권한이 있어야 한다는 원칙으로 권한과 책임은 서로 적절히 일치되어야 조직 활동이 원활해질 수 있다.

권한, 책임의 원칙은 일명 직무·권한의 원칙이라고도 하며 넓은 의미에서 책임과 권한 이외에도 직무와 관련이 있는 것으로 직무를 수행하기 위해서는 필연적으로 권한과 책임이 뒤따른다는 것이다. 이와 같이 **책임, 권한, 의무**가 서로 밀접하게 대응해야 한다는 의미에서 이를 '**3면 등가의 원칙**'이라 한다.

책임
담당자가 맡은 책임 사항.

권한
책임을 수행하기 위해 부여받은 권리.

의무
책임과 권한을 받은 이가 이를 통해 수행한 목적 달성을 말하며, 즉 결과에 대한 책임.

3면 등가의 원칙
책임, 권한, 의무.

4) 직능화의 원칙

직능화의 원칙(principles of functionalization)은 업무의 종류와 성질에 따라 업무를 구분해야 하는 것으로 필요한 일을 중심으로 조직화하는 것이다. 직무를 할당할 때에 사람 때문에 일자리를 만드는 것이 아니고 일 때문에 사람을 채용하는 것으로, 예를 들어 급식업장은 업무의 흐름에 따라 전처리, 생산, 배식, 세척 등의 공정별로 직능을 구분할 수 있다.

5) 명령일원화의 원칙

명령일원화의 원칙(principles of unity of command)이란 조직의 질서를 유지하기 위해서, 구성원은 한 사람의 직속 상사로부터 명령, 지시를 받아야 한다는 원칙이다. 명령일원화의 원칙이 잘 지켜지면 조직 내 질서가 잡히고 결과에 대한 책임소재가 명확해지며 각 구성원의 행동의 통일성과 책임의 일원성을 확보하게 되나 이 원칙만을 고수할 때는 전문적인 지식과 기능의 분화에 따른 부하의 통솔은 불가능하게 된다는 단점이 생긴다.

6) 감독한계의 원칙

감독한계의 원칙(principles of span of control)은 한 사람이 지휘, 감독할 수 있는 부하의 수에는 한계가 있으므로 적정하게 제한해야 한다는 원칙으로 관리범위의 원칙, 통제범위의 원칙이라고도 한다. 감독한계의 정확한 수는 획일적으로 단정할 수 없고 상황에 의해 다를 수 있다. 즉 조직의 정책이 명확하고, 관리자의 수행 능력이 높으며 조직구성원이 잘 훈련되어 있고, 목표에 대한 기준이 표준화되어 있고 직무가 단순하고 반복적인 경우 감독한계가 커질 수 있다. 그러나 감독자가 널리 분산된 작업장을 관리해야 하는 경우에는 감독의 한계가 축소된다. 또한 관리자의 타입, 개성에 따라서도 달라질 수 있으며 전반적인 공식은 없으나 대부분 조직에서는 5~6명이 현실적인 한계라고도 한다.

7) 조정의 원칙

조정의 원칙(principles of coordination)은 조직의 각 구성원이 분담하는 업무는 기업 전체적인 관점에서 최대의 효과를 발휘하도록 서로 조정 통합되어야 한다는 원칙이다.

8) 계층단축화의 원칙

계층단축화의 원칙(principles of hierarchy)은 조직의 효율을 높이기 위해서는 조직의 계층 수를 가능한 한 단축시켜야 한다는 원칙이다. 상하 계층이 길고 감독자 수가 많아지면, 인건비가 높아지고 의사소통도 불충분하게 되어 명령 전달도 늦어지게 되므로 이러한 폐단을 없애기 위해서는 조직의 계층은 가능한 한 단축시킬 필요가 있는 것이다.

3.3 조직의 분화

1) 조직 분화의 개념

조직 분화는 직무의 부문화라고도 하며 이는 경영목표나 경영계획을 고려하여 필요한 일을 결정하고 명확하게 하여 담당자에게 할당하며 세분화된 업무를 다시 유사한 업무들로 묶는 활동을 말한다. 직무의 부문화는 종업원의 기능 숙련도가 높아질 수 있고 상위 관리자는 다양한 부서별 활동을 쉽게 지시하고 통제할 수 있으나 각 부서 간 전문화가 극단적으로 진행되면 다른 부서들 간의 의사소통이 부족할 수 있고 종업원 개개인은 조직 전체의 목표보다는 자기가 속한 부서의 목표만을 확인하는 경향이 있다. 조직의 분화는 대기업은 매우 복잡하며 소기업은 간단할 수 있다.

2) 수직적 분화와 수평적 분화

(1) 수직적 분화

수직적 분화는 직무의 높고 낮은 단계를 따라 권한의 차이를 나타내는 계층, 즉, 위계라 한다. 명령계통을 이루는 권한과 역할의 피라미드 체계를 말하는데 이를 지위라 하고 개인이 담당하는 역할에 대해 지위가 부여될 때 이를 직위라 한다. 수직적 분화의 기본요소에는 명령체계, 감독범위, 권한 위양, 집권화 등의 요소가 있고, 각 직능을 분담하는 계층은 최고 경영자, 중간경영자, 하위경영자 등으로 나누어질 수 있다.

쉬어가기

계층 단축 및 호칭 파괴

현대차그룹이 기존 사원, 대리, 과장, 차장, 부장 등 5단계 직급 체계를 '매니저'와 '책임매니저' 2단계로 축소한다. 사원·대리는 매니저로, 부장·차장·과장은 책임매니저로 불리는 새 호칭 제도가 현대·기아차, 현대모비스를 시작으로 오는 9월 1일부터 계열사별 순차적으로 시행된다. 최근 2~3년 사이 국내 대기업들은 이 같은 호칭 파괴에 적극 나서고 있다.

SK그룹은 임원을 전무·상무 대신 본부장·그룹장 등 직책으로 부른다. 각 계열사에선 '님' '매니저' 'PL(프로젝트리더)' 등 호칭을 단순화했다. 삼성전자는 2017년부터 모두 '프로'로 통일했고, LG전자도 같은 해 직급을 '사원, 선임, 책임' 3단계로 줄이고 호칭도 '선임님' '책임님' 등으로 부르고 있다. 카카오에서는 아예 상호 간에 영어 닉네임을 부른다.

(출처: 조선비즈 2019-08-27)

(2) 수평적 분화

수평적 분화는 조직의 목표 달성에 필요한 업무를 파악하여 전문화된 여러 업무와 부서를 집단화해 가는 과정으로 조직의 목적과 개별단위의 목적 달성에 기여할 수 있도록 직능별, 제품별, 고객별, 지역별, 공정별 등으로 직무를 부문화시킬 수 있다.

① 직능별 부문화 : 가장 널리 쓰이는 방식으로 조직에서 이루어지는 활동을 직능별로 모아 부문화하는 방법이다. 경영활동은 주로 구매, 제조, 판매 등의 활동을 분화하여 구매부, 제조부, 판매부로 분류하는데 이는 조직의 목적과 활동에 따라 달리 분류할 수 있다.

② 제품별 부문화 : 제품 계열별로 조직 활동을 모아 놓은 방법으로 제품계열별 경영자가 상당한 자치권을 갖도록 분할되는 방법이다(그림 4-8).

③ 고객별 부문화 : 고객의 특성을 바탕으로 활동을 집단화하는 방법이다. 예를 들어 급식전문회사의 경우 병원급식소, 오피스급식소, 공장급식소의 다양한 고객에 따라 사업을 부문화시키기도 한다.

④ 지역별 부문화 : 담당구역이나 지역을 기초로 이루어지는 활동을 집단화하는 방식이다. 최근 대규모 급식전문회사들은 위탁받는 급식소의 수가 급증함에 따라 지역별로 분화시켜 각 지역의 사업부장(지사장)들이 독립적인 경영활동을 수행하는데 고객의 기호와 요구가 지방에 따라 다르므로 이들의 기호와 요구에 맞는 마케팅 전략이 필요하기 때문이다.

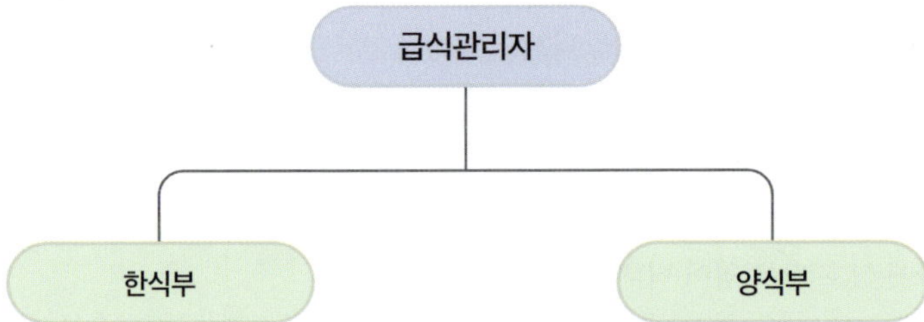

그림 4-8 **제품별 부문화**

⑤ 공정별 부문화 : 제품이나 고객의 흐름에 기초해서 활동을 집단화하는 것으로 각각의 상이한 기능 가운데 동질적 활동들을 분류하는 방식이다. 예를 들어, 대형 급식소의 경우 구매와 저장 활동, 조리와 배식 활동 등을 같은 활동으로 분류하여 부문화 시킬 수 있고 또한 조리 후 보관에서는 보온·보냉의 **공정**에 따라 음식의 흐름이 부문화될 수 있다.

공정
어떤 특정 제품을 생산하기 위해 원료의 투입에서 제품의 산출에 이르는 모든 작업의 과정.

3.4 권한 분배

경영조직은 경영관리상의 권한이 어디에 집중되느냐에 따라 집권적 조직과 분권적 조직으로 구분한다. 비교적 작은 조직에서는 집권적인 조직의 형태를 택하는 경우가 많고, 대규모이며 시설이 지리적으로 분산되어 있거나 다각적인 경영활동을 하는 경우, 분권적인 조직의 형태를 택하게 된다.

1) 집권 관리조직

경영관리상의 모든 지휘, 명령 등의 결정권이 최고 경영층에 집중되고 아래의 각 부문에는 자주성을 주지 않는 조직 형태이다. 소규모 조직에서 널리 적용되나 오늘날 조직이 확대되면서 관리계층의 수를 늘려서 부문화 형태로 발전시켜 나가고 있다.

집권적 조직은 최고 경영자가 조직을 쉽게 통제 할 수 있고 효율성이 높으며 배분 시스템이 간단하여 긴급한 사태에 적응 가능하다. 그러나 최고 경영층이 독재적으로 지배하려는 경향이 있어 각 부문 관리자의 창의성 및 사기 저하, 조직 내부의 갈등이 생기기 쉽고, 모든 결정권이 상층부분에 집중되어 있어 소비자에 대한 반응이 늦어질 수 있다.

2) 분권 관리조직

분권적 조직이란 의사결정의 권한이 본사의 관리층보다는 지역 여건에 더 익숙한 낮은 계층의 관리자들이 의사결정 권한을 위임받아서 관리하는 일정한 자주성을 갖는 조직이다. 각 부문의 하위 경영자가 자신의 직능을 발휘하며 권한의 위양이 이루어져 총괄 경영자의 부담을 경감시키고, 경영자의 훈련 양성이 가능하며 의사결정이 신속하여 고객의 욕구에 잘 적응할 수 있다. 그러나 독자적으로 경영을 하므로 자본과 경비가 증가하여 효율성이 낮아지고 분배과정이 복잡해지기 쉽다.

3.5 조직의 형태

조직의 기본적인 형태를 이해하기 위해서는 먼저 라인과 스탭의 개념과 이해가 필요하다.

라인
일선에서 경영활동을 수행하는 부문.

CHAPTER 4

라인과 스탭은 조직에서 권한 및 책임 관계를 조정하는 데 있어 운영상 매우 중요한데 라인과 스탭 간의 관계를 조정함으로써 조직을 능률적이고 효과적으로 운영할 때 조직의 목표도 능률적으로 달성하게 된다.

1) 라인과 스탭의 개념 및 관계

라인은 생산이나 판매와 같이 조직목표를 달성하는데 직접적으로 일선에서 필요한 핵심적인 활동을 수행하는 기본적인 직능이다.

스탭
라인의 활동에 대해 조언하고 자문해주는 부문.

스탭은 전문적인 지식이나 기술을 가지고 라인을 조언과 자문을 함으로써 라인 활동을 보다 더 효과적으로 촉진하는 역할을 담당하며 경영활동의 목표를 달성하는 데 간접적으로 기여하는 직능이다.

라인부문과 스탭부문의 구분은 전문화된 원조와 서비스를 제공하고, 책임성에 대한 확보를 하며 적절한 견제를 하기 위해 필요하다. 라인과 스탭은 공통의 목표를 달성하기 위하여 전문화된 각 직위간의 상호관계를 조정하고, 상호간의 공식적인 협력관계 및 권한관계를 확립하여야 한다. 그러나 라인과 스탭과의 구분이 명확하지 않으며 라인과 스탭 사이의 직무관계에서 문제가 야기되기도 한다. 그러므로 최고 경영자는 라인 경영자와 스탭 경영자 사이에 갈등이 생기지 않도록 그들 간의 업무와 책임 한계를 명확하게 규정하는 등과 같은 갈등의 해결방법을 강구해야 한다.

2) 기본적인 조직형태

(1) 라인조직

라인조직(line organization)은 가장 오래되고 단순한 조직 형태로서, 책임과 권한이 병행되고, 명령일원화의 원칙을 중심으로 모든 사람들이 한 명의 감독자에게 보고하며 조직의 상부에서 하부로 전달되는 의사소통의 흐름을 가진 조직이다.

하위자는 상위자로부터의 권한 위양이나 명령 없이는 활동을 할 수 없는 단순하고 만들기 쉬운 조직형태이다. 이런 조직은 군대의 기본적인 구조로 군대식 조직 또는 직계 조직이라고 한다.

라인조직은 명령계통의 단순화와 책임과 권한의 한계가 명확하고 의사결정이 신속하게 이루어지며 통솔력이 강해 경영 전체의 질서가 확립되고 관리자는 자기 권한 내에서 임기응변의 조치를 취할 수 있는 장점이 있다. 그러나 부서간 독립성이 강해 유기적인 조정이 어렵고 하위관리자는 명령권한이 거의 없으므로 의욕상실이 생길 수 있으며 유능한 관리자가 떠나는 경우, 대체할 사람을 구하기 어려운 단점이 있다.

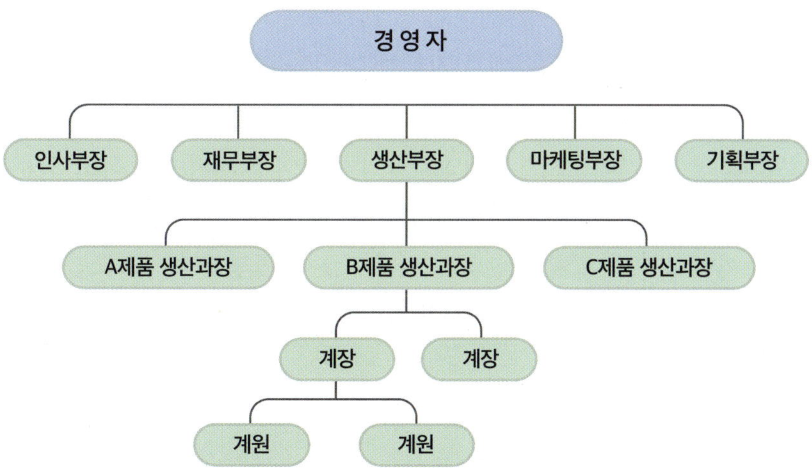

그림 4-9 라인조직의 예

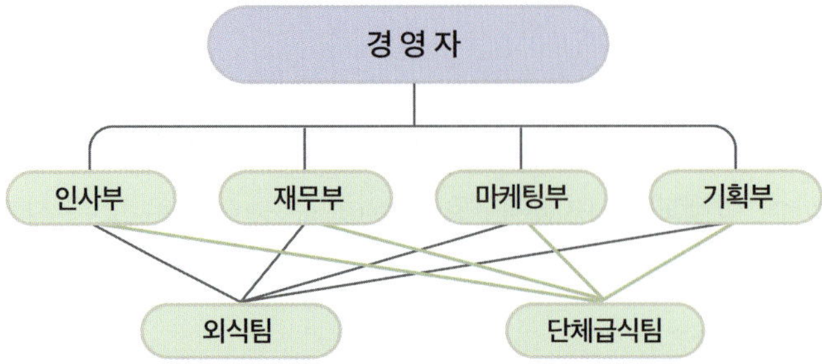

그림 4-10 **직능식 조직의 예**

(2) 직능식 조직

직능식 조직(functional organization)은 라인조직의 단점을 보완하기 위하여 테일러에 의해 제창된 조직형태이다. 전문적 기능을 담당하는 여러 명의 상위관리자가 각 종업원을 지휘, 명령, 감독하는 조직으로 안정된 경영 환경에 적합한 조직 구조이며, 중소기업에 적합한 구조이다. 이 조직은 관리자의 업무를 부문마다 전문화하여 여러 명의 직능적 전문가가 각 업무를 관리하도록 하는 것으로(직능적 전문화의 원칙), 각 전문관리자는 그가 담당하는 전문영역에 대해서 모든 종업원에게 명령할 권한을 가진다.

직능식조직은 각 분야별 전문가가 있으므로 해당 분야의 전문관리자 양성이 수월하고 각 종업원에게 정확한 과업을 할당시켜 각 분야에 대한 기술 훈련을 경험을 시킬 수 있는 장점이 있다. 그러나 여러 명의 상위관리자로부터 명령을 받으므로 명령일원화의 원칙이 지켜지지 못하고 전문지식을 가진 상위관리자들이 각자의 의견을 앞세울 수 있어 종업원들이 혼란을 느끼며 직무의 명확성을 잃게 되어 갈등이 발생할 수 있다. 급변하는 환경변화에 대한 대응이 신속하지 못하다는 단점이 있다.

(3) 라인과 스탭 조직

라인과 스탭조직(line and staff organization : 직계참모조직)은 에머슨(H. Emerson)에 의해서 제창된 조직으로, 직계조직의 지휘명령의 통일성을 살리는 동시에 직능식의 장점을 조화시켜 명령일원화의 원칙과 직능적 전문화의 원칙을 잘 적용시킨 조직이다. 즉, 모든 명령과 감독은 라인의 장

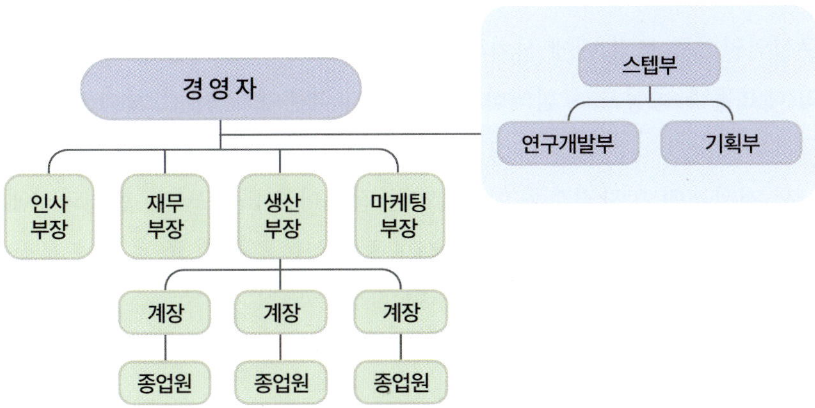

그림 4-11 라인과 스탭 조직의 예

을 통해서 행해지며 스탭의 전문가는 직접 명령이나 결정을 할 권한이 없고 단지 라인의 장에 대한 조언 및 권고 등의 참모 기능만을 담당한다. 오늘날 가장 일반적인 조직구조로서 거의 모든 기업들이 이 조직 형태를 따르고 있다.

라인과 스탭조직은 소수의 강력한 인물의 능력에 의존하지 않고 전문적인 스탭의 도움으로 라인이 업무에 전념하여 능률을 올릴 수 있으며 계획과 통제 및 실시가 분리되므로 방침의 일관성을 확보할 수 있어 조직의 관리통제가 용이하다는 장점이 있다. 그러나 라인부문이 스탭부문에게 자료를 신속하게 제공하지 않고 또한 스탭 부문의 조언을 수용하지 않을 경우 갈등을 초래할 수 있고, 스탭부문이 명령체계와 조언 및 권고를 혼동할 수 있고, 또한 라인부문의 실정을 잘 이해하지 못할 때 현실과 다른 조언을 할 때 공론가가 될 수 있는 단점이 있다.

3) 각종 조직형태

(1) 위원회 조직

경영의 규모가 확대되고 경영관리의 내용이 복잡해지면 각 부문 간이나 직능 상호 간 조정 문제가 필연적으로 제기되는데 위원회는 이와 같은 조정을 주 임무로 하는 조직형태이다. 즉, 경영정책이나 특정한 과제의 합리적인 해결을 목적으로 조직 내외의 각 부문에서 여러 사람들을 선출하여 구성위원회를 조직 내에 설치하는 것이다. 조직 내의 활동에 대해 각 부서의 대표들과 공동으로 심의하여 판단하기 때문에 부서 간 불화와 마찰을 극복하여 조정이 가능하고 결정 및 협의 과정이 민주적이며 상호보완적이어서 전사적인 의사결정을 할 수 있는 장점이 있다. 그러나 회의과정에서 시간 낭비가 많을 수 있고, 책임부재로 불성실한 결정이 조장 될 수 있으며 회의 중 반목이 생기는 경우, 최선의 결정이 되지 못하는 경우가 생길 수 있는 단점이 있다.

(2) 프로젝트 조직

프로젝트 조직(project organization)은 테스크포스팀(TFT: task force team)이라고도 불린다. 어떤 구체적인 문제를 다루기 위해 만들어지고 일단 문제가 해결되거나 임무가 완성되면 해체되는 조직이다.

오늘날처럼 기술변화의 속도가 빠르게 진행되고 있는 경영환경 속에서 기업활동을 효과적으로 수행하기 위해서 동태적인 개방 시스템에 맞추어

쉬어가기

에자일(agile) 조직

애자일(agile)은 '민첩한', '기민한' 이라는 뜻으로 부서 간 경계를 허물고 필요에 맞게 소규모(cell) 팀을 구성해 업무를 수행하는 조직문화이다. 애자일 조직은 수직적으로 구성된 조직의 형태를 허물고 업무 성격에 따라 작은 규모의 팀을 나누어 기민하게 움직이는 체제로 일종의 프로젝트 팀으로 서열도 직급도 없고, 전적인 권한과 책임을 부여하여 성과를 내도록 이끄는 조직체제이다. 불확실성이 높은 비즈니스 상황변화에 대응하여 빠르게 성과를 도출하는 것으로, 프로젝트 수행 시 사전에 완벽한 분석이나 기획을 추구하는 대신 사전 분석이나 기획을 최소화하고 시제품 등을 통해 외부 피드백을 지속적으로 반영하여 업무 완성도를 높이는 것이 특징이다. 애자일 조직에서, 자율성은 조직문화에 수반되는 필요조건이며 동기부여의 핵심이 된다. 리더의 역할은 조직 구성원들이 자유롭게 일하며 자신만의 업무 방식을 찾도록 도우며 조직을 조율하고 지원하는 역할을 한다. 이러한 조직문화는 처음에 구글, 페이스북 등 글로벌 IT 기업에서 널리 쓰였으나, 최근에는 업종과 관계없이 시시각각 변화하는 사업환경에 빠르게 대응하기 위해서 도입되고 있다.

(출처: 매일경제 2019.07.09, 한경비지니스 2019.11.19.)

야 하는 기업에 있어서 그 중요성이 부각되고 있다. 종래의 조직이 기능이나 인력의 운용면에서 탄력성이 없었으나 이 조직은 프로젝트의 진전에 따라 인원을 교체하고, 프로젝트가 완료되면 이를 해산하는 탄력성을 유지할 수 있다. 목표가 명확하므로 구성원의 사기가 높아지며 조직상의 제도나 절차에 제약을 적게 받으므로 기동성 및 환경 적응성을 높일 수 있는 장점이 있다. 그러나 프로젝트 조직은 전문가로 구성된 일시적인 조직이므로 성공여부는 프로젝트 책임자의 통솔력에 의존하게 되고 프로젝트 조직에 소속된 사람은 우월감을 갖기 쉬우므로 조직의 단결을 저해시킬 수 있는 단점이 있다.

(3) 매트릭스 조직

매트릭스 조직(matrix organization)은 행렬식 조직이라고도 하는데 이는 같은 조직에서의 수직적 및 수평적 권한의 결합을 특징으로 한다. 매트릭스 조직은 특정 프로그램과 같은 구체적인 목적을 효율적으로 달성하기 위한 조직구조를 만들고자 할 때 사용된다. 조직 구성원은 종적으로는 직능부문의 일원이지만 횡적으로는 특정 프로젝트에 동시에 소속되는 조직의 일원이 되어 기존 조직에 동시에 소속되기 때문에 두 명의 책임자로부터 지시를 받는다. 조직 구성원은 기술적 기능을 직무로 수행해야 하지만 또한 프로젝트의 목표에도 특별한 관심을 가져야 한다. 매트릭스 조직은

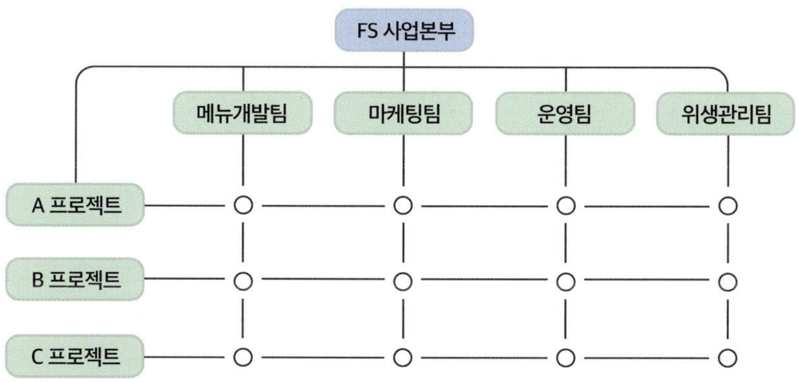

그림 4-12 **매트릭스 조직**

다품종 소량 주문 생산 기술, 급변하는 환경, 기업조직이 지역적으로 분산되어 있는 경우에 많이 활용된다. 제조회사, 서비스회사, 전문업종, 그리고 비영리단체에서 성공적으로 이용하고 있다.

매트릭스 조직은 종업원의 능력과 재능을 최대한 이용할 수 있을 뿐 아니라, 인력을 다른 프로젝트로 이동시킬 수 있어 조직이 환경과 시장변화에 유연하게 대처할 수 있고 제품 개발과 관련된 문제들에 대해서 창의적인 해결책을 만들 수 있다. 또한, 많은 의사결정이 프로젝트 책임자 수준에서 처리되므로 상위층의 경영자들은 전략계획이나 조직의 외부적 환경대처에 더 많은 시간을 쏟을 수 있는 장점이 있다. 그러나 이중적인 명령체계를 갖기 때문에 갈등이 유발될 수 있고 프로젝트팀이 자신들의 집단화 과정을 지나치게 강조하는 경우 조직 전체의 생산 및 조직목표를 등한 시 할 수 있는 단점이 있다.

CHAPTER 4

(4) 사업부제 조직

사업부제 조직(divisional organization)은 기업의 규모가 증대되고 제품과 시장이 복잡하게 되면서 제품이나 시장 또는 지역을 기초로 부문화하여 만들어진 조직형태로 총괄하는 본부에서 분권적으로 관리하는 형태의 조직이다. 사업부제 조직은 조직이 신속하고 다각화된 성장 전략을 추구할 때 또는 급격히 변화하는 문제나 기회에 신속한 반응을 요구하는 불안전한 환경에 직면하고 있을 때 적절하다. 이 조직은 경영상의 독립성을 인정하고, 책임의식을 갖고 경영활동을 수행하도록 하기 때문에 관리적인 면에서 효과를 낼 수 있다. 오늘날 세계적인 대기업들이 자회사들을 경영하기 위하여 가장 보편적으로 채택하고 있다. 사업부제 조직은 급변하는 환경에 적합하고 성과와 책임을 분명하게 규정할 수 있으며 새로운 지역이나 제품을 위해 새로운 사업부를 추가적으로 설정할 수 있으므로 조직의 성장을 촉진시킬 수 있는 장점이 있다. 그러나 사업부 간에 공통되는 기능이 있으므로 자원분배가 중복되고 사업부 간에 지나친 경쟁을 유발하여 조직 전체의 목표 달성을 저해할 수 있는 단점이 있다.

(5) 팀조직

전통적인 직능중심 조직과 위계조직의 명령과 지휘계통을 탈피하고 급속히 변하는 기술혁신을 보다 빨리 수용하고 의사결정 구조를 단순하게 단축시키기 위한 조직 형태이다. 팀 조직은 상호 보완적인 기술이나 지식을 가진 소수의 구성원들이 자율권을 갖고 기업의 목표 달성을 수행하는 조직이다. 과거의 조직들이 상위자의 지시에 따라 수동적으로 직무를 수행한 데 비하여 팀 조직은 팀장도 과업현장에서 팀원들과 함께 업무를 수행하며 개인성적보다는 팀 성적이 훨씬 중요하며 목표 달성을 위해 스스로 전념하는 승부조직으로 팀장의 역할이 중요하다. 따라서 팀조직은 업무추진에 있어서 부서간의 장벽을 없앨 수 있어 신속한 의사결정 체계를 갖출 수 있으며 성과에 대한 평가가 쉽기 때문에 동기부여가 잘 될 수 있는 장점이 있다. 그러나 팀 구성원들의 능력에 의존하므로 팀 구성원들이 유능하지 않으면 성과가 안 나올 가능성이 크고 구성원들의 능력 유지를 위한 교육훈련 비용과 시간이 필요하다는 단점이 있다.

3.6 공식조직과 비공식조직

조직은 목표를 달성하기 위해 조직도에 나타난 것과 같이 의도되고 계획된 측면이 있는 반면, 의도되지 않고 자연적으로 생긴 측면이 공존하는데 이 양면들은 조직 구성원의 행동과 목표 달성 수행에 큰 영향을 준다. 전자의 성격을 공식조직이라 하는 반면 후자는 비공식조직이라 한다.

1) 공식조직

조직도상에 보여지는 각 부서간의 조직의 관계로서, 업무기능을 명확히 제시한 조직이다. 공식조직(formal organization)은 의식적, 인위적으로 형성된 조직으로 조직 내의 권한 및 책임관계, 구성원들 간의 의사전달 방식, 정보의 흐름 방향, 직무의 한계 등을 분류시킨 것이다. 이를 통해 각 조직의 구성원들은 타인의 영역을 침범하지 않고 자기 분야에서 활동을 하게 된다.

2) 비공식조직

어떤 비공식적인 목적을 지향하면서 몇몇 특정 구성원들에 의해 자발적으로 형성된 조직이다. 비공식조직(informal organization)은 조직구성원들의 개인적인 친교 및 친목 도모 등의 상호작용을 통해서 형성된 집단으로 사회적 친분이나 감정의 논리에 따라 움직이는 조직이다.

비공식조직이 공식조직에 대해 미치는 영향을 살펴보면, 긍정적으로 작용할 때는 조직구성원들의 사기를 향상시키며 조직 효율의 증대와 같은 바람직한 결과를 가져오지만, 부정적으로 작용하는 경우에는 조직구성원들의 사기를 저하시켜 조직의 효율을 절감케 하므로 비공식조직이 공식조직에 긍정적인 영향을 주도록 유도해야 한다.

4. 통제

4.1 통제의 의의 및 필요성

통제는 조직의 경영활동이 수립한 계획대로 목적 달성될 수 있도록 조직 활동을 규제하는 것이다. 즉, 통제는 경영자가 계획한 여러 가지 일들이 계획대로 바람직한 방향으로 이루어지고 있는지를 확인하고 문제가 있을 때 수정 조치를 취하고 이를 다시 미래의 계획에 반영시키는 활동이다. 통제활동의 본질적인 목적은 조직이 종업원들과 더불어 계획에 따른 성과를 검토함으로써 경영효과를 향상시키려는데 있다. 통제기능은 다음과 같은 직무환경의 특성 때문에 필요하다.

① 경영환경의 변화와 환경의 불확실성

오늘날의 사회는 매우 빠르고 예측하지 못하게 변화하고 있다. 그러므로 목표를 달성하기 위한 계획은 물론이고 때로는 조직의 목표 자체를 수정해야 하는 경우도 생길 수 있다. 그러므로 보다 발전적으로 변화에 대처하기 위해서 조직에는 적절한 통제가 필요하다.

② 업무규모의 증대로 인한 조직의 복잡성

조직이 성장하므로 인해 업무의 규모가 커지고 다양화됨에 따라 조직은 더욱 복잡해지게 된다. 복잡한 조직일수록 집단 이기주의, 개인 이기주의와 같은 갈등과 업무상의 마찰이 더욱 빈번해지므로 개인 또는 각 부서의 다양한 작업들을 조정하여 통합시키기 위해서는 적절한 통제가 필요하다.

③ 조직 구성원들의 능력 한계

조직 구성원들은 복잡하고 계속 빠르게 변하는 예측 불가능한 환경에서 한 개인이 정확·신속한 의사결정을 내리는 것은 매우 힘들다. 의사결정상의 실수를 신속히 발견하여 적절하게 시정 조치를 하는데 적절한 통제가 필요하다.

④ 권한 위양의 증대와 분권화

조직이 성장함에 따라 조직의 분권화가 이루어지면서 하급 관리자는 직무 수행에 대한 의사결정권과 재량권을 많이 갖게 된다. 그러므로 하급 관리자가 수행한 직무의 목표와 실제 성취 결과를 확인하기 위해서는 정기적인 보고 등을 통한 통제가 필요하다.

4.2 통제과정

통제과정은 설정된 기준(계획)에 따른 경영활동의 집행여부를 검토, 평가하고 기준과의 편차를 시정하는 기능으로서 기본적인 통제 순환과정은 그림 4-13과 같다.

1) 표준 설정

표준설정은 계획수립 과정에서 이루어지는 것으로서 바람직한 업무 수행의 기준이 설정되어 있어야 성과를 평가 할 수 있다. 표준설정은 통제목적을 위해 설정되기 때문에 명확하고 가능한 한 조직의 목표로부터 도출되어야 하고 표준 설정의 내용은 수치로서 보다 구체적이어야 한다. 예를 들어, 급식소의 경우 '전체 매출액에서 식재료비에 대한 비율(%)을 설정하고 이에 맞춰 식단을 작성하게 하고, 기업 전체의 종업원 이직률을 2% 이하로 한다.' 등이 있다.

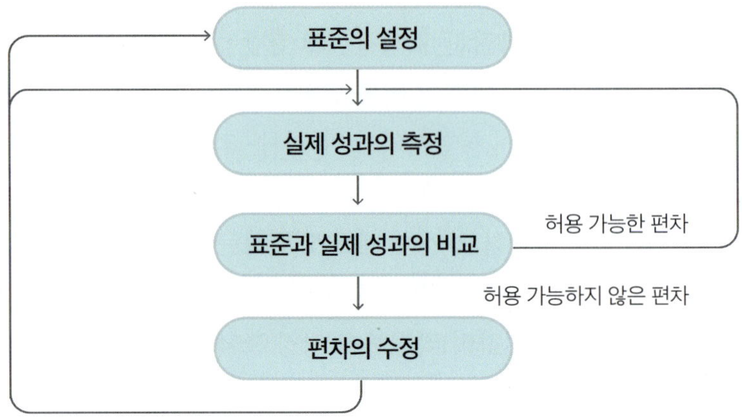

그림 4-13 **통제과정의 기본 단계**
자료 : Ninemeier JD (1991)

2) 실제 성과의 측정

실적을 점검하고 측정하는 과정으로서 통제의 중심적인 단계이다. 효율적인 통제활동을 위해서 적정한 평가 및 측정과 그 결과에 대한 정확하고 신속한 보고가 필요하다. 계량적 측정이 바람직하지만 실제적으로 계량화하기 어려운 부분이 많으므로 경영자는 계량적 측정과 질적 측정을 조화롭게 유지하는 것이 중요하다.

3) 표준과 실제 성과의 비교

통제과정의 세 번째 단계는 경영자가 관찰한 변화, 진행, 혹은 결과물을 처음 설정한 표준과 비교하는 것이다. 이러한 비교 결과는 표준과 일치할 수도 있고 높거나 낮을 수도 있다. 이때 경영자는 허용 가능한 편차를 결정해야 한다.

4) 성과 평가와 행동선택

마지막으로 평가된 성과에 대한 행동 선택이다. 성과가 표준을 초과한 경우에는 보너스, 훈련기회 제공, 승급 등의 혜택을 줌으로써 이에 대한 인정을 해 주어야 한다. 성과가 표준에 미달했을 경우에는 경영자는 원인을 분석하고 이를 토대로 필요한 수정 조치를 취해야 한다. 성과가 표준에 미달한 원인들로는 예기치 않았던 작업조건의 변경, 종업원의 훈련이나 능력이 부족, 지휘방법이 부적절, 표준설정이 너무 높은 경우 등이 있다.

4.3 통제 유형

통제 유형은 그 기준에 따라 매우 다양하게 분류될 수 있는데 본 장에서는 통제시점을 기준으로 통제유형을 살펴보도록 한다.

1) 사전 통제

사전 통제는 예비통제라고도 하며, 업무 수행이 시작되기 전이나 문제가 발생하기 전에 실시하는 통제활동이다. 목적에서 이탈될 수 있는 가능성을 미리 예측하고 그러한 가능성을 제거함으로써 바람직하지 못한 행동이 나타나는 것을 방지하는 통제이다. 이것은 행동이 있기 전에 하는 통제로 바람직하지 못한 일을 미리 예방하는 통제이다. 예를 들어 회계담당직원이 전결로 지출할 수 있는 금액의 한도를 미리 정해 둠으로써 중대한 재무 손실을 막는 것이 사전적 통제의 한 예이다.

2) 동시 통제

동시 통제는 진행통제라고도 하며, 업무가 수행되는 동안 최종 결과가 나타나기 전에 수정·보완이 필요한 행동이 나타날 때마다 교정해 나가는 통제이다. 예를 들어, 급식소에서 손을 다쳐 화농성이 있는 종사자가 있는 경우, 위생사고가 발생하지 않도록 하기 위해서는 이러한 종사자는 조리하는 일 이외의 일을 하도록 하는 것이 동시 통제이다.

3) 사후 통제

사후 통제는 경영활동이 완료된 이후에 계획과 성과를 비교·분석·수정하는 통제이다. 사후통제는 이미 결과가 나타난 후이므로 이를 변경시켜 다시 새로운 결과를 만들 수 없다는 한계가 있다. 예를 들어, 화농성이 있는 환자가 조리를 하게 되어 위생사고가 발생한 다음 이에 대한 시정조치를 취하는 것은 사후적 통제라 한다.

연습문제

1. 대학교 급식소에서 푸드코트식의 식당을 개점하려고 하는 경우 SWOT 분석을 하시오.
2. 목표관리법에 의한 평가를 할 때 발생 할 수 있는 문제점을 예측하시오.
3. 조직화란 무엇이며 왜 중요한 경영기능인가.
4. 스탭부서의 경영자도 라인권한을 가질 수 있는가? 라인권한과 스탭권한의 개념을 이용해서 설명하시오.
5. 권한과 책임이 동등해야 한다는 주장에 대한 이유를 설명하고 이를 현대적 관점에서 설명하시오.
6. 현대사회에서 통제는 많이 적용되고 있다. 왜 통제가 필요한지 이에 대해 설명하시오.
7. 사전통제와 동시통제를 급식소의 전체 생산과정 중 어떤 단계에서 적용시키는 것이 바람직한지를 설명하시오.

참고문헌

1. 권구혁, 박광태, 박주영, 장정주, 최진남, 홍광현 공역 (2010) : 경영학의 이해, 생능출판사, 파주시, 경기도
2. 권근원 (2013) : 경영학의 이해, 박영사, 서울
3. 김기수, 전재완, 한하늘 (2010) : 경영학원론, 백산출판사, 서울
4. 김기태, 김동배, 김성훈, 김주일, 노중균, 송영화, 이상민, 이은영, 이정현, 이준우(2010) : 경영학원론, 도서출판 경문사, 서울
5. 김병윤, 유영중, 김병조, 이길환 (2012) : 경영학원론, 명경사, 서울
6. 김종득, 정형일 (2009) : 지식, 창의 경영을 위한 경영학 원론, 경문사, 서울
7. 김종성, 김영, 유성용 (2011) : 경영학, 출판 청람, 서울
8. 김진학 (2007) : 21세기 경영학, 한태미디어, 서울
9. 노승종, 오세경, 이승창, 정현수 (2009) : 경영학의 이해 4판, 서울
10. 박정민, 유병남 (2012) : 경영학원론, 도서출판 청람, 서울
11. 박정민, 조남기, 현명중, 최재화 (2011) : 최신경영학의 이해, 서울
12. 이희자 (2010) : 경영학의 이해, 서울
13. 지호준 (2010) : 21세기 경영학 5판, 도서출판 집현재, 서울
14. 최수용, 추교완, 김학수, 정기한 (2011) : 최신 경영학, 도서출판 대명, 대구
15. 최용식 (2006) : 21세기 경영학, 창민사, 서울
16. Boone LE, Kurtz DL (1992) : Management 4th ed. New York, NY, McGraw-Hill, Inc.
17. Donnelly JH, Gibson JL, Ivancevich JM (1998) : Fundamentals of Management 10th ed., Irwon/McGraw Hill, Boston, Mass
18. Ninemeier JD (1991) : Planning and Control for Food and Beverage Operations, 3rd ed., East Lansing, MI : Michigan Educational Institute AH & MA
19. Gregoire MB (2013) : Foodservice Organizations, 8th ed., Pearson Prentice Hall, NJ

CHAPTER

05

동기부여와 리더십

들어가며

우리나라 역사 속 위대한 인물 세종대왕과 이순신장군의 리더십을 살펴보자.

세종대왕은 한글을 창제하였고, 측우기 등 과학적인 기구를 발명하는 데 기여하였다. 이와 같은 업적은 신분과 지위고하를 막론하고 인재를 적재적소에 활용하였고, 토론을 좋아하였으며, 국왕이면서도 발언을 최소화하고 신하들의 의견을 최대한 많이 받아들이는 리더십을 통해 이루어졌다.

이순신장군은 적보다 불리한 조건에서도 36번의 해전에서 항상 크게 승리하였다. 완벽한 승리를 위해 군량 확보, 총통과 화약 확보, 탐망선 파견을 통한 정보수집 등 철저한 준비를 하고, 불리한 상황을 극복하기 위해 학익진, 일자진 등 비상한 전략을 사용하였으며, 전투가 벌어지면 최고사령관인 자신이 직접 최전선에 나서서 죽음을 두려워하지 않고 싸움으로써 부하들의 두려움을 없애고 최선을 다할 수 있도록 하였다.

세종대왕과 이순신장군은 다른 상황에서 상황에 맞게 적절한 리더십을 통해 조직을 지휘하였다. 경영자는 종업원이 조직의 활동을 적극적이고 의욕적으로 수행하도록 동기를 부여하고 리더십을 발휘하여 지휘함으로써 조직의 목표를 효과적이고 효율적으로 달성할 수 있다. 이 장의 목표는 동기부여와 리더십에 관한 다양한 연구결과를 이해하고 급식경영에 활용하는 것에 있다.

-역사 속 명장면 리더십 중에서-

교육목표

조직의 목표를 효과적으로 달성하기 위해서 경영자는 종업원이 조직 활동을 적극적이고 의욕적으로 수행할 수 있도록 동기를 부여하고 리더십을 발휘해야 한다. 이 장의 목표는 동기부여와 리더십에 관한 다양한 연구결과를 이해하고 급식경영에 활용할 수 있도록 함에 있다.

학습목표

- 동기부여의 의의를 설명한다.
- 동기부여 이론의 3가지 체계를 열거한다.
- 동기부여의 내용이론을 열거하고 각 이론의 상호관계를 이해한다.
- 동기부여의 과정이론을 열거한다.
- 동기부여의 강화이론을 설명한다.
- 리더가 가질 수 있는 권력의 종류를 열거한다.
- 리더십이론의 3가지 분류를 설명한다.
- 리더십의 변혁이론을 설명한다.
- 급식조직에 적합한 리더의 유형을 토의한다.

1. 동기부여

동기부여(Motivation)는 종업원에게 보수, 승진, 직무의 안정성, 노동조건, 직장의 인간관계 등을 만족시킴으로써 그들이 적극적으로 책임을 갖고 일에 종사할 의욕을 일으키도록 하는 것이다. 즉 직장에서의 동기부여란 종업원이 어떤 일을 하고자 하는 의욕을 가지게 하거나, 그 일을 잘 해내기 위해 노력하는 데 영향을 주는 조건들로 사람을 움직이는 내적인 힘을 의미한다. 다시 말하면 어떤 목표를 지향하도록 행동을 유발, 조절, 유지시켜 나가는 것이며, 작업노력의 수준, 방향 및 지속성을 결정하는 개인 내부의 힘이다.

동기부여
조직 구성원을 만족시킴으로써 그들이 적극적으로 책임을 갖고 일에 종사할 의욕을 일으키도록 하는 것.

조직에서 종업원은 동기부여가 되지 않은 경우에 좌절하거나 공격적으로 되는데 급식 종사원도 좌절되었을 때 지각·결근을 하거나, 다른 것에 책임을 전가하는 등의 행동을 하게 된다. 따라서 종업원이 맡은 일을 효율적으로 수행하도록 하려면 적절한 동기부여가 이루어져야 하며, 이를 위해 동기부여에 대한 연구, 즉 인간의 행동을 유발시키는 요인은 무엇인가, 인간행동을 유발시키는 요인을 충족시키기 위한 행동은 어떻게 선택되며, 행동방향은 무엇인가 등에 대한 연구가 필요하다.

1.1 동기부여의 이론

일반적으로 동기부여 이론은 사람들이 무엇 때문에 또는 어떤 조건 아래서 자발적으로 열심히 일하며, 자신이 하는 일에 재미를 느끼고 보람을 얻을 수 있는가를 연구하는 것으로, 표 5-1과 같이 내용이론, 과정이론, 강화이론으로 구분된다.

1) 내용이론

내용이론은 무엇이 인간의 행동을 유발하여 자발적으로 일하도록 하는가를 찾아내는 데 초점을 두는 이론이다. 대표적인 내용이론으로는 매

내용이론
무엇이 인간의 행동을 유발하고 활성화시키는가를 찾아내는 데 초점을 두는 이론.

표 5-1 동기부여 이론의 분류

구분	특징	관련 이론
내용이론	무엇(어떤 욕구)이 동기를 유발하는가에 관한 이론	매슬로우의 욕구계층 이론 알더퍼의 ERG 이론 허즈버그의 이요인 이론 맥클리랜드의 성취동기 이론
과정이론	왜 어떤 행위를 하는지와 만족여부를 어떻게 평가하는가에 관한 이론	브룸의 기대 이론 아담스의 공정성 이론 드러커의 목표관리법
강화이론	어떤 행위가 반복되는가에 관한 이론	스키너의 긍정적 강화 이론

CHAPTER 5

욕구계층 이론
인간의 욕구는 가장 낮은 계층의 욕구로부터 가장 높은 계층의 욕구에 이르는 일련의 계층을 이루고 있다는 이론.

슬로우(Maslow)의 **욕구계층 이론**, 알더퍼(Alderfer)의 ERG(Existence, Relatedness, Growth) 이론, 허즈버그(Herzberg)의 이요인 이론, 맥클리랜드(McClelland)의 성취동기 이론 등이 있다.

(1) 매슬로우의 욕구계층 이론

매슬로우에 따르면 인간의 욕구는 가장 낮은 계층의 욕구로부터 가장 높은 계층의 욕구에 이르기까지 생리적 욕구(physiological needs), 안전의 욕구(safety or security needs), 사회적 욕구(affiliation or acceptance needs 친화욕구), 존경의 욕구(esteem needs), 자아실현의 욕구(selfactualization needs)가 일련의 계층을 이루고 있다고 한다.

매슬로우 이론에서는 사람들에게 충족되지 않은 욕구는 동기부여가 되고, 만족된 욕구는 더 이상 동기부여가 되지 못하며, 하위 욕구가 만족되면 상위 욕구가 생겨서 이를 만족시키기 위한 행동을 하도록 동기부여된다고 한다. 예를 들어 조직 내의 임시직 종업원은 안전 욕구가 만족되지 않으므로 정규직 종업원이 되는 것은 동기부여로 작용하지만 사회적 욕구, 존경 욕구, 자아실현욕구에 의한 동기부여가 되지 않아서 이들의 능력 발휘를 기대하기 어렵다. 따라서 임시직 종업원이 고차원 욕구로의 동기부여가 되기 위해서는 우선 정규직으로의 전환이 필요하다.

하지만 매슬로우 이론의 한계점은 있다. 인간의 욕구는 끊임없이 변화하기 때문에 동시에 여러 가지 욕구가 나타날 수도 있고 욕구계층이 변화할 수도 있으며, 만족한 욕구는 더 이상 동기부여를 할 수 없다는 것도 무리가 있다는 점을 들 수 있다. 그러나 종업원의 다양한 욕구를 유형화하여 파악한 시도는 매우 유용하며, 급식시설 종사자의 만족을 가져올 수 있는 동기부여를 이해하고자 할 때 활용될 수 있다.

(2) 알더퍼의 ERG 이론

알더퍼는 저단계 욕구와 고단계 욕구 간의 기본적 구별이 필요하다고 생각하고 매슬로우의 5단계 욕구를 존재(Existence)욕구, 관계(Relatedness)욕구, 성장(Growth)욕구의 세 범주로 나누었는데 첫 철자를 따서 **ERG 이론**이라 한다.

ERG 이론
존재욕구, 관계욕구, 성장욕구의 3단계로 구성된 인간의 욕구가 동기부여를 함.

존재욕구 : 생리적·물질적 욕망을 포함하며, 매슬로우 욕구단계의 생리적 욕구, 물리적 측면의 안전욕구가 포함된다. 조직에서는 적절한 임금이나 쾌적한 작업조건에 대한 요구가 이에 해당한다.

관계욕구 : 매슬로우 욕구단계의 안전욕구, 사회적 욕구, 존경욕구가 포함되며, 조직에서는 작업장에서 타인과의 대인관계와 관련된 것이 이에 해당한다.

성장욕구 : 매슬로우 욕구단계의 존경욕구, 자아실현욕구가 포함되며,

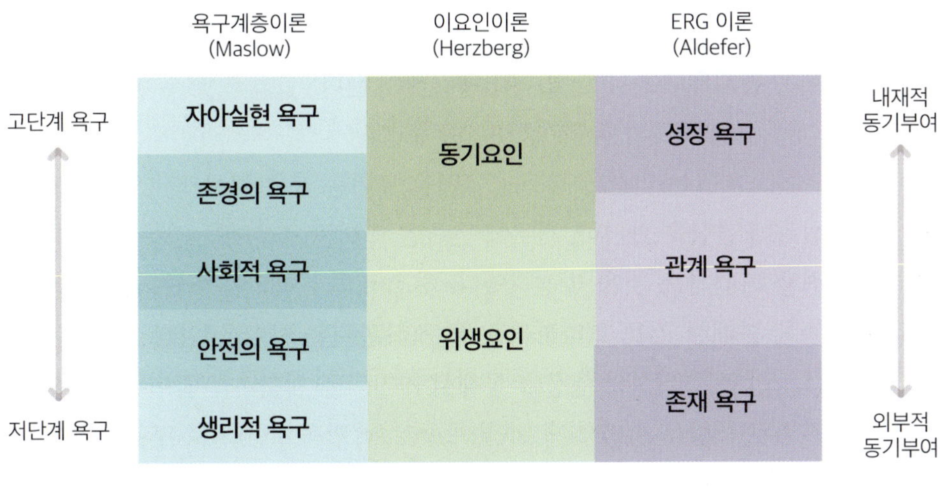

그림 5-1 **동기부여 내용이론의 비교**
자료 : 김성국, 1998

쉬어가기

사명과 비전으로 동기부여하라

당신에게 보물섬 지도가 있다면 사람들에게
"산으로 가서 나무를 베어서 배를 만들고 노를 저어라"라고 외치지 말고
보물섬에 다녀와서 누리게 될 가치를 이야기하라.
그것도 매우 열심히!

-생텍쥐페리

세세하게 지시하고 통제하면 반감부터 생겨, 하는 척만 하게 됩니다.
의미를 부여하고 사명과 비전으로 동기부여하면
자발적으로 맡은 업무의 주인이 되어 최고의 성과를 창출하게 됩니다.

(출처 : 행복한 경영 이야기)

조직에서는 자기 능력을 극대로 발휘하거나 능력 개발을 필요로 하는 일에 종사하기를 원하고 남들에게 인정받고 싶어 하는 것이 이에 해당한다.

그런데 알더퍼 이론과 매슬로우 이론은 차이가 있다. 알더퍼 이론은 욕구단계의 퇴보도 있을 수 있고, 여러 욕구가 동시에 나타날 수도 있다. 예를들어, 알더퍼 이론에 따르면 성장욕구가 만족되지 않는 경우(욕구좌절)에는 관계욕구에 대한 요구가 증가하게 된다.

(3) 허즈버그의 이요인 이론

허즈버그는 인간이 직무에 불만을 느끼는 경우에는 자기가 일하고 있는 환경에 관심을 가지나, 직무에 만족을 느끼는 경우에는 직무 그 자체에 관심을 가진다는 것을 발견하였다. 허즈버그의 **이요인 이론**이란 사람의 욕구를 불쾌한 것을 회피하려는 욕구와 관련된 사항을 위생 요인(hygiene factor)으로, 정신적 성장을 통해서 자기의 잠재능력을 끌어내려는 욕구와 관련된 사항을 동기부여 요인(motivator 만족요인)으로 구분하여야 한다는 이론이다(부록 1).

이요인 이론
인간행동에 영향을 주는 욕구 범주 중 동기부여 요인만이 동기부여를 일으킨다고 하는 이론.

종업원은 위생 요인이 충족되지 않으면 불만족을 느끼고, 동기부여 요

인이 충족되면 만족을 느끼며 높은 생산성에 기여한다. 동기 요인과 위생 요인은 별개의 것이며, 위생 요인을 제거하면 작업장의 불만이 해소될 수는 있으나, 이로 인하여 직무로부터 만족을 느끼게 되는 것은 아니다. 예를 들어, 급식소에서 낮은 노동생산성이나 높은 결근율과 같은 문제가 발생했을 때 임금 인상, 작업장 개선과 같은 위생 요인만 제공할 것이 아니라 직무 재설계를 통해 일을 흥미롭게 만들고 자신이 하고 있는 일이 전체 조직에서 어떤 의미를 가지고 있는지를 이해하고 도전과 성장 발전을 경험하게 함으로써 업무 수행과정에서 자신감을 갖고 일할 맛이 나도록 동기부여를 하는 것이 바람직하다는 것이다.

하지만 허즈버그 이론에도 한계점은 있다. 그는 사람마다 작업환경에 대한 반응이 다르다는 것을 고려하지 않았다. 승진, 도전 등과 같은 요인에 의해서 동기부여가 되는 종업원도 있지만 어떤 종업원은 임금이나 직무환경에 의해 동기부여가 되기도 한다.

(4) 맥클리랜드의 성취동기 이론

맥클리랜드는 조직 내 개인의 동기화를 성취동기(achievement needs), 권력동기(power needs), 친교동기(affiliation needs)의 세 가지 형태로 이해하였다.

성취동기 : 어떤 일을 성취하려는 욕구이다. 과거보다 더 효과적으로 목표나 과업을 수행하려는 욕구로, 어떤 문제를 해결하고 직무에 대해 책임을 지며 약간 어려운 목표에 도전하기를 원하는 욕구이다. 이러한 과정에서 다른 사람에게 영향력을 행사하지만 규정을 지키면서 업무를 수행하고자 하며 합리적으로 설득한다.

권력동기 : 다른 사람을 자신이 원하는 방향으로 행동하게 하려는 욕구이다. 즉 다른 사람에 대한 영향력과 통제를 행사하는 데 관심이 있고 남을 가르치려 하며 강압적이다. 또한 경쟁에서 지거나 얻고 싶은 것을 얻지 못하는 상황을 싫어한다.

친교동기 : 다른 사람과 밀접한 관계를 맺고 이들과의 관계에서 배제되지 않으려는 욕구이다. 어려운 처지에 있는 사람을 위로하고 도와주며 다른 사람들과의 친근한 상호작용을 즐긴다. 이 경우에는 권력을 회피하는

경향을 보이기도 한다.

기업이 성과를 내기 위해서는 종업원의 성취욕구 수준이 높아야 한다. 종업원의 성취욕구 수준을 높이기 위해서는 처음부터 성취욕구 수준이 높은 종업원을 선발하거나 또는 훈련을 통하여 종업원의 성취욕구 수준을 향상시켜야 한다. 맥클리랜드는 성취동기는 학습에 의하여 증가될 수 있다고 하였다.

2) 과정이론

과정이론
동기부여과정에서 발생하는 인지요소를 고려하는 이론.

내용이론은 인간의 행동을 일으키는 욕구를 확인하는 데 중점을 두었으나 **과정이론**(process theory)은 동기부여과정에서 발생하는 인지적인 요인(cognitive factor)과 노력 및 이들의 연결 관계에 초점을 두는 이론이다. 즉 동기부여과정에서 관여하는 모든 변수의 상호관련성을 검토하여 어떤 과정을 통해서 내재적으로 동기부여가 되었는지에 관심을 갖는 이론이다.

CHAPTER 5

과정이론에는 브룸(Vroom)의 기대이론(expectancy theory), 아담스(Adams)의 공정성 이론(equity theory), 드러커(Drucker)의 목표관리법 등이 있다.

(1) 브룸의 기대이론

기대이론
기대, 수단성, 가치에 따라 동기부여가 이루어진다는 이론.

기대이론은 브룸에 의해 체계화되었다. 기대이론은 자신이 노력하면 가능하다는 기대를 가지고 있으면서 그 일을 했을 때 보상이 주어지며 그 보상이 자신에게 가치 있을 때 동기부여가 된다는 이론이다(그림 5-2). 따라

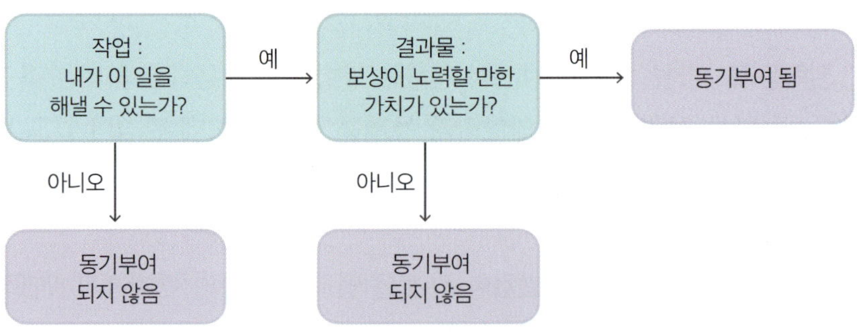

그림 5-2 **기대이론**
자료 : 권구혁 등, 2012

서 관리자가 동기부여를 위해서 기대이론을 사용하려고 할 때에는 먼저 종업원이 노력하면 성과를 이룰 수 있도록 능력을 키워 주고, 작업환경을 변화시켜 주며, 종업원이 가치를 두는 보상이 무엇인지를 파악하여 업무성과가 있었을 때 종업원이 가치 있게 생각하는 보상을 주는 것에 대해 확실히 인식시켜야 한다.

(2) 아담스의 공정성 이론

공정성 이론에 따르면 적절한 동기부여를 위해서는 공헌도에 따라 공정하게 보상하여야 한다. 사람들은 자기 자신이 투입한 노력 대 보상의 비율을 동일한 직무상황 내에 있는 다른 사람들이 투입한 노력 대 보상의 비율과 비교한다.

공정성 이론
적절한 동기부여를 위하여서는 공헌도에 따라 공정하게 보상하여야 한다는 이론.

투입된 노력의 양에 따라 공정한 보상이 있어야 하며, 사람들은 보상이 적으면 노력을 줄이려 하고, 보상이 많으면 더 많이 노력함으로써 공정성을 회복하는 방향으로 반응한다. 불공정하다고 느끼면 불만을 느끼게 되며 이직할 수도 있다.

(3) 드러커의 목표관리법

목표관리법은 경영실무에 동기부여 이론을 적용하는 분야이다. 종업원이 달성해야 하는 목표를 구체적으로 설정해서 목표에 의해서 관리하는 제도(Management By Objectives : MBO)이다. 즉 잘 설정된 목표는 작업노력을 활성화하고 지속하는 데 충분히 동기부여 역할을 할 수 있는데, 여기서 잘 설정된 목표란 구체적이고 약간 달성하기 어려운 목표로 종업원이 스스로 설정하도록 한다. 또한 목표관리가 동기부여 역할을 하려면 종업원이 이를 수용하고 헌신적으로 노력하도록 목표를 달성했을 때 목표달성 정도에 따른 보상이 있어야 한다. 최근에는 국내 기업에서도 종업원의 동기부여를 위해서 목표달성 결과에 따라 성과급을 지급하는 제도를 많이 도입하고 있다.

3) 강화이론

강화이론(reinforcement theory)은 좋은 결과가 나온 행동은 반복하는 경향이 있다는 것을 이용하여 동기를 유발하고자 하는 행동에 좋은 보상을 제공함으로써 더 큰 동기화를 유발하는 이론이다. 파블로프의 조건반

강화이론
좋은 결과가 나온 행동은 반복하는 경향이 있음을 이용하여 동기부여하는 이론.

사 실험을 사람에게도 적용한 것으로 장려하고 싶은 행위에 대해서는 상을 주고, 바람직하지 않은 행동에 대해서는 벌을 주면 바람직한 행위를 유도할 수 있다는 것이다.

스키너(Skinner)는 종업원의 작업환경을 적절히 설계하고 목표설정에 참여시키며 그들이 효율적으로 직무를 수행했을 경우에는 칭찬함으로써 '긍정적 강화'의 동기부여가 된다고 보았다. 이때 결과를 즉각적이고 정기적으로 피드백하고 좋지 못한 성과에 대해서는 벌을 주는 대신 노고를 칭찬해 주어야 한다. 남녀 직장인에게 '일하고 싶다는 동기부여가 될 때는 언제인가'라고 질문한 결과 38%가 '동료나 상사로부터 일을 잘한다는 칭찬을 받을 때'라고 했다. 실제로 유명한 기업들에서의 조사 결과 스키너의 이론은 동기부여에 유용한 방법임이 나타났다고 한다.

CHAPTER 5

성공적인 동기부여 전략

1. 인센티브 시스템 등 성과와 보상의 합치 프로그램
2. 절차적 공정성을 고려한 보상제도
3. 금전적 보상과 비금전적 보상의 연계 프로그램
4. 종업원 인정 프로그램과 의미 있는 사회적 보상
5. 직무확대와 직무충실화 프로그램
6. 탄력적 근무시간제의 운영

(출처 : 신유근, 2012)

1.2 직무만족과 조직몰입

1) 직무만족

직무만족
종업원의 직무에 대한 태도.

동기부여와 가장 밀접하게 연관된 개념이 직무만족(job satisfaction)이다. **직무만족**은 종업원의 직무에 대한 태도를 나타낸다. 직무만족 측정도구는 스미스의 JDI(Job Description Index)와 미네소타 직무만족 설문지가 많이 활용되고 있는데, JDI의 경우에는 직무 자체, 보수, 직속상사, 승진, 동료에 대한 만족도로 구성된다(부록 2). 직무만족도가 높은 사람은 자신의 직무에 대해 호의적인 태도를 가지는 반면 직무만족도가 낮은 사람은 직무에 대해 부정적인 태도를 가진다. 도전적인 업무, 공정한 보상과 승진, 지원적인 작업환경, 협조적인 동료, 합리적인 관리감독 등은 종업원의 직무만족도를 높인다. 그리고 직무만족도가 높은 종업원은 직무에서 공식적으로 요구하지는 않는데도 불구하고 조직의 효과적인 운영을 위해서 동료를 돕거나, 추가적인 업무를 하거나, 자신의 기술을 개발하거나, 자신의 조직에 대해 좋은 말만 하는 등 자발적이고 긍정적인 행동(조직시민행동 ; organizational citizenship behavior)을 하게 된다. 영양사를 대상으로 한 직무만족도 조사에서도 직무자체에 대한 만족도가 높을수록 이직의향이 감소함을 보여주고 있다.

2) 조직몰입

조직몰입(organizational commitment)은 종업원이 조직의 구성원으로 남아있고자 하는 강한 욕망을 가지고 자신을 조직과 동일시하며 조직의 일에 적극적으로 참여하고 관여하는 정도를 나타내며, 조직을 위해 열심히 일하려는 의지로 나타난다. 조직몰입 측정도구는 조직과 나의 가치관 일치 정도, 조직을 위한 노력, 조직의 성패에 대한 관심, 조직에 대한 자부심 등 일체감에 대한 것과 조직 선택에 대한 확신, 동종업계로의 이직 의사, 조직에 대한 긍정적 구전 등의 긍지, 조직 충성도, 조직업무 수행, 조직선택에 대한 만족 등 충성심으로 구성되어 있다(부록 3). 조직이 추구하는 목표나 가치에 대해 신뢰하고 수용하며, 조직을 위해 애쓰려는 의사가 있고 조직의 구성원으로 남으려는 강한 의욕이 있을 때 몰입도가 높아진다.

조직몰입
종업원의 자신을 조직과 동일시하고 조직 일에 참여하고 관여하는 정도.

종업원 자신의 직무에 대한 태도는 직무만족으로 나타날 수 있으며, 종업원의 조직에 대한 태도는 조직몰입으로 나타날 수 있다. 높은 직무만족이 조직몰입도를 높이므로 조직에 대한 일체감과 충성심을 증대시키기 위해서는 직무만족도 향상을 위한 노력이 필요하다. 직무만족과 조직몰입은 결근율이나 이직률과 밀접한 관계가 있다.

2. 리더십

리더십
조직의 목표를 달성하기 위해서 리더가 종업원에게 자발적으로 노력하도록 영향을 주는 기술 또는 통솔의 힘.

리더십은 조직의 목표를 달성하기 위해서 리더가 종업원에게 자발적으로 노력하도록 영향을 주는 기술 또는 통솔의 힘이라고 정의할 수 있다. 리더는 부하를 인도하고 동기를 부여함으로써 그들이 설정된 계획과 직무수행에 적합한 행동을 하도록 유도하며, 부하들의 심정과 당면 문제를 이해하고 해결하는 역할을 한다. 즉, 집단에 앞장서서 집단의 조직목표를 달성하는 것을 촉진하고 고무하는 것이 리더의 역할이다.

그런데 리더십은 경영관리와 상호 연관되기는 하지만 차이점이 있다(표 5-2). 훌륭한 관리자는 훌륭한 리더가 아닐 수도 있고, 좋은 관리자가 아니지만 훌륭한 리더일 수도 있다. 관리자는 질서와 안정을 추구하는 반면 리더는 비전을 제시하면서 변화를 추구하고 종업원을 동기부여 한다. 관리자의 영향력은 조직구조에서 나오기 때문에 결과를 탐색하고 목표와 비교하여 부족한 부분을 통제하는 힘이고, 반면 리더의 영향력은 개인적 원천에서 나오기 때문에 조직의 비전을 설정하고 조직의 변화를 촉진하는 힘

관리능력과 리더십

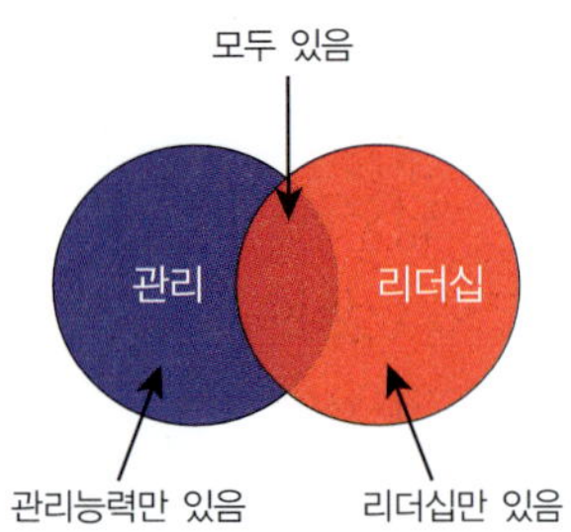

표 5-2 **관리와 리더십의 차이**

	관리	리더십
계획	결과를 성취하기 위해서 필요한 구체적인 단계 및 계획표를 설정하고 자원을 분배	미래의 비젼을 제시하고 비전을 성취하기 위해서 필요한 전략을 개발
조직	계획을 수행하기 위한 조직을 만들고 인적 자원을 배치하여 권한을 위양	의사소통에 의해서 조직원들이 비전과 전략을 이해하도록 함으로써 협동과 팀워크를 창출
수행	계획이 잘 수행되는지 계속 탐색하고 오차를 수정하는 통제를 하며 문제가 발생하면 이를 해결	욕구를 만족시키는 변화를 이루는 데 있어 방해요소가 발생하였을 때 이를 극복하도록 사람들에게 에너지를 부여
성과	계획에 따른 예상된 결과 (예 : 제시간에 배식)	변화를 창출 (예 : 고객이 원하는 새 상품 개발)

자료 : Kotter, 1990

이다. 따라서 조직에는 관리와 리더십이 모두 필요한데 항상 좋은 결과를 성취하기 위해서는 관리가 필요하며 바람직한 변화를 위해서는 리더십이 필요하다.

2.1 리더십과 권력구조

리더는 권력(힘)을 소유하고, 힘은 종업원의 행동에 영향을 주는 리더의 수단 중의 하나다. 따라서 리더십을 충분히 이해하기 위해서는 권력의 근원에 대한 이해가 필요하다. 하지만 권력은 영향력 행사에 대한 잠재력이기 때문에 그 권력을 실제로 행사할 필요는 없다. 권력은 실제적인 사용보다는 권력이 있다고 인지하는 것에서 존재한다. 권력의 근원에 대하여 후렌치와 레이븐(French & Raven)은 다음과 같이 설명하고 있다.

1) 지위권력

종업원에게 보상을 하고 처벌을 할 때 사용되는 권력으로 이와 같은 힘은 조직에서 나온다.

합법적 권력 : 합법적(legitimate) 권력은 조직 내의 공식적인 관리 직위에서 오는 영향력으로 관계보다는 지위와 역할에 의존한다. 관리자가 상

권능부여(employee empowerment)

관리자는 종업원에게 권력의 일부를 줌으로써 강한 동기부여를 할 수 있다. 권능부여는 문제점과 해결방안에 대해 통찰력을 가진 종업원에게 의사결정을 하게 하는 것이다.

권능부여를 위해서는 종업원이 지지를 해 주어야 하며(동조; alignment), 종업원이 의사결정을 하는 데 필요한 역량을 지녀야 하고(capability), 관리자와 종업원 간의 신뢰(mutual trust)가 필요하다.

사로서 종업원에게 업무를 할당하는 것은 합법적 권력에 의하여 이루어질 수 있다.

보상적 권력 : 보상적(reward) 권력은 관리자가 임금 인상, 승진 등의 공식적인 보상이나 칭찬, 인정 등의 비공식적 보상을 하는 것으로, 종업원은 관리자가 자신에게 보상을 할 수 있는 능력이 있음을 알게 된다.

강제적 권력 : 강제적(coercive) 권력은 보상적 권력의 반대 개념이며, 처벌할 수 있거나 처벌을 명령할 수 있는 권한이다. 예를 들어, 관리자의 명령을 따르지 않을 경우 감봉을 당하거나 처벌을 받을까봐 두려워서 명령을 따른다면 강제적 권력이 작용했다고 볼 수 있다.

2) 개인권력

외부적 원천에서 오는 것이 아니라 개인의 내부적 원천에서 나오는 권력을 말한다. 이때 추종자들의 반응은 몰입(commitment 헌신성)으로 표현된다. 그런데 지위권력에 비해 보복에 대한 두려움이 없기 때문에 지속기간이 짧고 변화되기 쉽다.

전문적 권력 : 전문적(expert) 권력은 종업원이 수행하는 업무와 관련된 전문적 기술 및 정보에서 나오는 권력으로 리더가 그 분야의 전문가로서 믿을 만하고 적합하고 능력 있음이 증명될 때 종업원은 리더를 따른다.

준거적 권력 : 준거적(reference) 권력은 추종자들이 본받고 싶은 대상이 될 만한 특성에서 나오는 권력(카리스마)이다. 이는 상대방의 충성심이나 친밀감을 기본으로 하여 영향력을 행사하는 것이므로 추종자들이 소중히 여기는 가치, 이상, 열정을 자극하여 감성적 영향력을 행사할 수 있다.

정보 소유 권력 : 정보 소유(information) 권력은 정보에 쉽게 접근할 수 있고 정보를 많이 가지고 있는 리더가 가지는 권력이다. 리더가 가지고 있는 이와 같은 정보를 원하는 종업원은 리더가 가치 있게 느껴지므로 정보를 소유한 리더를 따르게 된다.

연결 권력 : 연결(connection) 권력은 내·외부의 영향력이 있는 사람과 연결하는 능력으로 인한 권력이다. 이와 같은 연결에 포함되기를 원하는 사람은 연결 권력을 가진 리더에게 충성심을 보인다.

쉬어가기

함께 일하고 싶은 리더로 46%가 덕장 꼽아…
카리스마형 용장은 8%로 가장 낮아

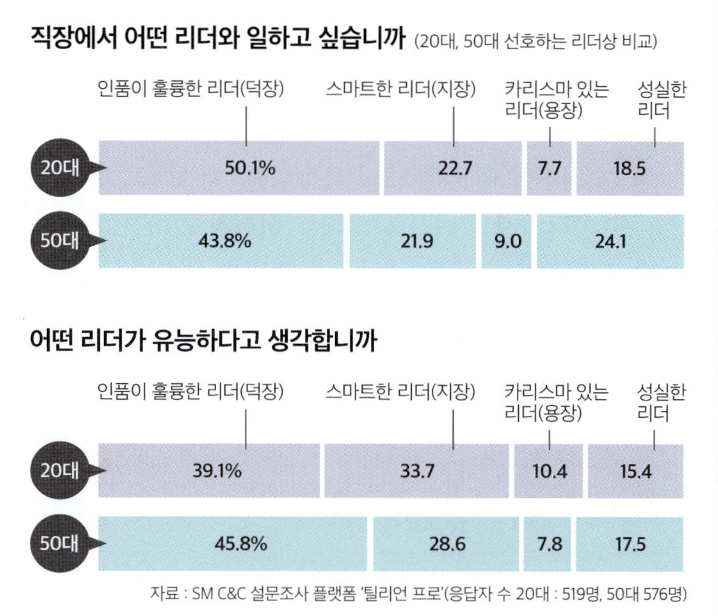

20~50대 직장인 2,252명은 리더십에 대해 다음과 같이 답했다. 함께 일하고 싶은 리더로는 '인품이 훌륭한 리더(덕장)'를 꼽은 응답자가 46.4%로 가장 많았다. '스마트한 리더(지장)'와 '성실한 리더'가 각각 23%, 21.1%로 뒤를 이었다. '카리스마 있는 리더(용장)'는 8%로 가장 인기가 낮았다. 세대별로는 20대가 가장 덕장을 선호했다. 20대 50.1%, 30대 47.5%, 40대 44.6%, 50대 43.8%로 연령대가 낮을수록 덕장을 선호했다. 50대는 유일하게 스마트한 리더(21.9%)보다 성실한 리더(24.1%)를 동료로 선호했다.

'어떤 유형이 유능한 리더인가'라는 질문엔 세대별로 정도 차가 있었다. 20대에선 덕장(39.1%)과 지장(33.7%)이 비슷한 반면 50대에선 덕장(45.8%)을 지장(28.6%)보다 훨씬 더 능력 있게 봤다. 20대는 상대적으로 인품이 훌륭한 리더와 일은 하고 싶지만 똑똑한 상사를 능력 있게 보고, 50대는 성실한 리더와 일하기를 원하지만 덕장을 유능한 리더로 보는 경향이 강했다. 덕장은 '저 직원에게 임무를 맡겨 최대한의 성과를 끌어올리기 위해 내가 뭘 도와야 하는가'를 고민하며, 경청하고, 기쁨과 아픔을 공감하는 진정성 있는 리더라고 할 수 있다.

(출처 :조선일보 2019-06-22)

급식시설 관리자는 지위에 의해 주어지는 합법적, 보상적, 강제적 권력 외에도 전문적인 지식과 기술에 의한 전문적 권력을 가지고 있어야 종업원의 수행수준을 증가시킬 수 있다. 탁월한 리더는 지위권력에 대한 의존도를 낮추고 개인권력을 활용하여 종업원에 대한 영향력을 높이는 사람이다.

2.2 리더십 이론

근대 리더십 이론은 크게 특성이론, 행동이론, 상황이론으로 분류된다(표 5-3). 현대적 리더십 이론에는 변혁적 리더십과 섬김의 리더십 이론이 있다.

CHAPTER 5

표 5-3 리더십 이론의 분류

구분	특징	관련 이론
특성이론	리더의 지능, 성격, 육체적 특성이 리더십 발휘에 중요	리더의 지능, 자신감, 결단력, 성실성, 사교성 등과 관련한 연구
행동이론	리더의 효율적인 행동유형에 관심을 갖는 이론	아이오와 대학 모형 미시간 대학 모형 오하이오 대학 모형 관리 격자도 모형
상황이론	효율적 리더십에 작용하는 상황 요소에 관심을 갖는 이론	피들러의 이론 허시와 블랜차드의 이론

1) 특성이론

특성이론
지적 능력, 성취욕구, 확고함, 풍부한 어휘사용 능력, 인상, 자신감 등의 리더 특성이 있다고 하는 이론.

특성이론은 사람이 가지고 있는 어떤 특성이 리더십을 발휘하는 데 중요하다는 이론이다. 성공적인 리더는 남과 다른 특성을 가지고 있다는 것으로 리더십을 신체적 특성, 성격, 능력, 결단력 및 사회적 특성에 있어서의 차이로 설명한다. 즉 지적능력, 성취욕구, 확고함, 풍부한 어휘사용 능력, 업무와 관련된 지식, 경청 능력, 인상, 자신감, 성실성, 사교성, 적응성, 개방성 등의 리더 특성이 있다고 하는 이론이다(부록 4).

하지만 어떤 특성을 가진 리더가 어떤 상황에서 높은 리더십을 보였다고 다른 상황에서도 똑같은 리더십을 나타낼 수 있는 것은 아니다. 예를 들면, 군대에서라면 매우 성공적인 리더의 특성이 회사에서는 실패의 원인으로 작용할 수도 있다.

2) 행동이론

행동이론은 리더의 다양한 행동 유형이 종업원의 업적에 영향을 준다는 이론이다.

행동이론
리더의 다양한 행동 스타일이 종업원의 만족이나 업적에 영향을 준다는 이론.

(1) 아이오와 대학 모형

아이오와 대학 연구팀은 리더의 스타일을 전제적(autocratic 권위적) 리더, 방임적(laissez-faire) 리더, 민주적(democratic) 리더로 분류하였는데 이 중에서 민주적 리더가 가장 바람직한 형태라고 하였다.

전제적 리더 : 전제적 리더는 권위를 사용하여 다른 사람들을 지휘하며 업적에 대하여는 이익을 얻으면서도 잘못된 일에 대해서는 다른 사람에게 책임을 전가하고, 종업원은 의사결정과정에 거의 참여하지 않는다. 이러한 리더는 일반적인 사람들이 책임감도 없고 일하기 싫어한다고 하는 맥그리거의 X이론을 믿는 리더다. 일반적으로 스포츠팀 감독은 스포츠 선수의 전제적 리더인 경우가 많다.

전제적 리더
리더는 권위를 사용하여 다른 사람들을 지휘하고 하위자들은 의사결정과정에 거의 참여하지 않음.

민주적 리더 : 힘이나 두려움보다는 설득에 의해서 다른 사람들을 지휘하여 종업원을 의사결정에 참여시키고 조직의 목표달성을 위해서 권한위임, 자기책임, 작업환경에서의 자기통제를 기초로 일한다. 이러한 리더는 맥그리거의 Y이론을 믿는 리더다.

민주적 리더
힘, 두려움보다는 설득에 의해서 다른 사람들을 지휘하고 하위자들을 의사결정에 참여시킴.

자유방임적 리더 : 종업원에게 완벽한 자유를 주고 그들 스스로 문제를 해결하도록 방임한다. 일반적으로 병원장, 연구소장은 의사, 연구원의 자유방임적 리더인 경우가 많다.

(2) 미시간 대학 모형

미시간 대학에서는 어떤 유형의 리더행동이 종업원의 만족과 직무 수행도 증가를 가져오는지에 대한 연구결과, 대비되는 두 개의 리더십 유형을 확인하였다. 즉, 직무 수행력 및 일의 기술적 특성에 관심을 가지고 과업

X이론과 Y이론 태도

다음 문항에 대해 어떤 특성이 자신의 태도이며, 신념인지에 따라 각 쌍별로 5점을 분배해 보자. 첫 번째 문항이 자신의 태도를 전적으로 나타내고 두 번째는 그렇지 않다면, 첫 번째 문항에는 5점을 두 번째 문항에는 0점을 준다. 만약 반대의 경우라면 0점과 5점을 각각 주면 된다. 아래 문항 각 쌍의 점수배분을 참고한다.

0-5/5-0 문항 중 하나는 나와 일치하지만, 다른 것은 전혀 일치하지 않는다.

1-4/4-1 문항 중 하나는 대체로 나와 일치하고, 다른 것은 그렇지 않다.

2-3/3-2 두 문항 모두 나와 같다. 둘 중 하나가 나와 더 맞는 것 같다.

___ 1. 사람들은 일하는 것을 즐긴다.
___ 사람들은 일하기를 좋아하지 않는다.
___ 2. 종업원은 그들의 업무를 잘 수행하기 위해 밀접한 관리감독을 받을 필요가 없다.
___ 종업원은 그들을 밀접하게 관리감독하지 않는다면 일을 잘 수행하지 않을 것이다.
___ 3. 종업원에게 부탁하면 당신을 위해서 과업을 잘 수행해줄 것이다.
___ 만약 뭔가를 제대로 되게 하려면, 당신은 스스로 그것을 할 필요가 있다.
___ 4. 종업원은 의사결정에 개입하는 것을 원한다.
___ 종업원은 관리자가 의사결정을 해 주기를 원한다.
___ 5. 종업원은 그들의 방식대로 일을 할 수 있도록 허락된다면 최상의 성과를 낼 것이다.
___ 종업원은 하나의 최상의 방법으로 일하는 법을 배운다면 최상의 성과를 낼 것이다.
___ 6. 관리자는 기밀이 아닌 정보에 대한 충분한 접근 권한을 종업원에게 주어야만 한다.
___ 관리자는 업무를 수행하는데 알 필요가 있는 정보만 종업원에게 주어야만 한다.
___ 7. 관리자가 주위에 없어도, 종업원은 열심히 일할 것이다.
___ 관리자가 주위에 없다면, 종업원은 감시할 때보다도 더 느긋하게 일할 것이다.
___ 8. 관리자는 집단구성원과 경영책임을 공유해야 한다.
___ 관리자는 집단을 위한 관리기능을 수행해야 한다.

각 쌍의 첫 번째 문항의 숫자를 더해 보자. 두 번째 문항은 더할 필요가 없다. 총점은 0~40 사이에 있어야 한다.

X이론 0-5-10-15-20-25-30-35-40 Y이론

점수가 높을수록 Y이론적 태도가 높다.

(출처 : 차동욱 등, 2010

CHAPTER 5

완수에 초점을 두는 **직무 중심적**(production-oriented) **리더십** 유형과 인간관계 유지에 관심을 두는 **종업원 중심적**(employee-oriented) **리더십** 유형이다(부록 5).

직무 중심적 리더십
직무 수행력 및 일의 기술적 특성에 관심을 가지고 과업완수에 초점을 두는 리더십 유형.

종업원 중심적 리더십
인간관계 유지에 관심을 두는 리더십 유형.

(3) 오하이오 대학 모형

오하이오 대학 연구는 미시간 대학의 연구와 거의 같은 시기에 이루어졌는데 이 연구에서는 구조 주도(initiating structure)와 배려(consideration)라는 두 가지 개념으로 리더의 행동을 분석하였다(그림 5-3). 구조 주도는 일을 정의하고 리더와 종업원 간의 명확한 업무수행관계를 설정하는 행동특성이며, 배려는 상호 믿음과 존경을 기초로 하급자와 강한 유대관계를 형성하는 행동특성이다. 미시간대학에서 두 개의 대비되는 직무 중심적 리더 유형과 종업원 중심적 리더 유형으로 나눈 것과는 달리 오하이오 대학의 연구는 이 두 가지 특성을 각각 독립적인 XY축으로 하여 리더십을 4가지의 형태로 분류하였다.

리더십의 4가지 유형 중에서 리더가 효과적으로 리더십을 발휘하기 위해서는 높은 구조주도와 높은 배려를 동시에 보여줄 수 있어야 한다. 이 연구는 관리격자도(리더십 그리드) 연구의 기초가 되었다.

(4) 관리격자도 모형

관리격자도(managerial grid 리더십 그리드) 모형은 블레이크와 무튼

관리격자도
X축(9개 눈금)을 직무에 대한 관심, Y축(9개 눈금)을 종업원에 대한 관심으로 표시하여 5가지의 기본 리더십 스타일로 나타낸 것.

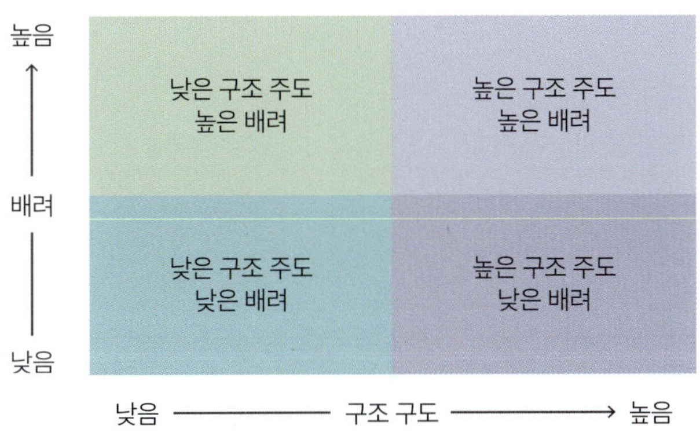

그림 5-3 **오하이오대학 리더십 모형**
자료 : Fleishman, 1957

(Blake & Mouton)이 오하이오 대학의 리더십 이론을 발전시켜서 X축(9개 눈금)을 직무에 대한 관심, Y 축(9개 눈금)을 종업원에 대한 관심으로 표시하여, 그림 5-4와 같은 81개의 구체적 리더십 스타일을 5가지의 기본 리더십 스타일로 나타낸 것이다. 즉 리더십의 기본형은 컨트리클럽형(country club management), 무기력형(impoverished management), 과업형(authority-compliance), 중도형(middle of-the-road management), 팀형(team management)으로 구분되는데 이 중 팀형이 이상적인 리더라고 한다.

컨트리클럽형(1,9) : 직무에 대한 관심이 낮고 종업원에 대한 관심이 높

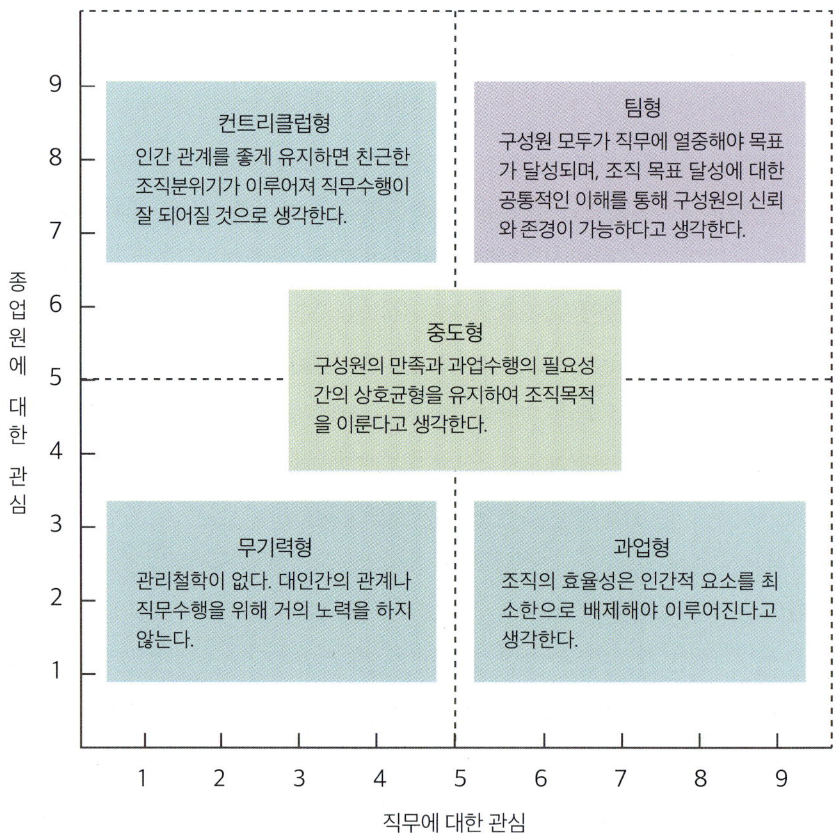

그림 5-4 **관리격자도**
자료 : Blake·Mouton, 1986

은 리더십 유형으로 종업원의 개인적 욕구와 사회적 욕구가 충족되도록 하여 종업원을 만족시킨다.

무기력형(1,1) : 직무에 대한 관심이나 종업원에 대한 관심이 모두 낮은 리더십 유형으로 일에 상관하지 않고 소극적이며 종업원과도 거의 접촉하지 않고 확실한 의견을 표시하지 않는다.

과업형(9,1) : 직무에 대한 관심이 높아 과업완수를 강조하고 종업원을 목표달성의 수단으로 생각한다.

중도형(5,5) : 직무에 대한 관심도 중간정도이며 종업원에 대한 관심도 중간 정도로 갈등을 피하고 적당한 정도의 성과와 대인관계를 유지한다.

팀형(9,9) : 직무에 대한 관심과 종업원에 대한 관심이 모두 높으며 팀워크를 강조한다. 팀형 리더는 조직의 목표달성을 강조하고 상호 신뢰와 존경을 바탕으로 한 종업원의 헌신을 통해 목표를 달성한다.

3) 상황이론

리더십 **상황이론**이란 리더십 행동이론을 확대한 것이다. 하지만 리더십 행동이론과 달리 상황이나 종업원의 특성에 따라 리더의 행동이 달라져야 한다는 것이다. 이 이론에는 피들러(Fiedler)의 **상황적합이론**(contingency theory), 허시와 블랜차드(Hersey & Blanchard)의 이론(situational leadership Ⅱ) 등이 있다.

(1) 피들러의 상황적합이론

이 이론은 리더의 특성과 행동적 접근을 연결한 것으로, 리더는 자신의 행동적 스타일(과업지향형인지 관계지향형인지)을 확인하고 상황을 조절해야 한다. 피들러의 상황적 요소에는 **리더-부하관계**, **과업구조**, **지위권력**이 있다. 리더-부하관계는 리더와 종업원 간의 관계의 특성을 나타내는데 만일 상호 신뢰, 존경, 확신이 있다면 좋다고 보고, 그렇지 않는 경우에는 나쁘다고 한다. 과업구조는 과업이 잘 규정되어 있는지를 나타내는 것으로 일상적이고 쉽게 이해되며 모호하지 않는 것은 구조화되어 있는 것이다. 지위권력은 리더가 가지는 지위권력의 크기를 의미하는 것으로 리더가 종업원에게 업무를 할당하거나 종업원에게 상벌을 주는 경우에 다른 사람

상황이론
리더십 행동이론을 확대한 것으로 상황이나 종업원의 특성에 따라 리더의 행동이 달라져야 한다는 것.

상황적합이론
리더는 자신의 행동적 스타일을 확인하고 이에 맞게 상황을 조절해야 한다는 이론.

리더-부하관계
리더와 종업원 간의 관계의 특성을 나타내는 것.

과업구조
과업이 잘 규정되어 있는지를 나타내는 것.

지위권력
리더가 가지는 지위권력의 크기.

피들러의 상황적합 이론

집단 내에서 같이 일하기가 매우 어렵고 싫은 사람에 대해 1-8점 사이 점수로 평가하고 총점을 계산한다.

가장 덜 좋아하는 사람(LPC)에 대한 평가 (8점 척도)

	8 7 6 5 4 3 2 1		점 수
유쾌한 사람		유쾌하지 않은 사람	___
친절한 사람		불친절한 사람	___
긍적적인 사람		부정적인 사람	___
친근한 사람		거리를 두는 사람	___
지원적인 사람		적대적인 사람	___
재미있는 사람		재미없는 사람	___
여유로운 사람		긴장하고 있는 사람	___
명랑한 사람		침울한 사람	___
솔직한 사람		폐쇄적인 사람	___
온화한 사람		냉정한 사람	___
믿음직한 사람		신뢰할 수 없는 사람	___
화목한 사람		화 잘 내는 사람	___
교양 있는 사람		비열한 사람	___
성실한 사람		성실하지 않은 사람	___
동조하는 사람		반대하는 사람	___
사려 깊은 사람		이기적인 사람	___
충성하는 사람		배신하는 사람	___
인정있는 사람		인정없는 사람	___

LPC(Least-preferred coworker)에 대하여 평가하여 그 점수를 가지고 지도자 유형을 결정한다.
- 점수 64점 이상(high LPC leader)은 관계지향적 리더
- 57점 이하 (low LPC leader)은 과업지향적 리더
- 57~63점은 중간형

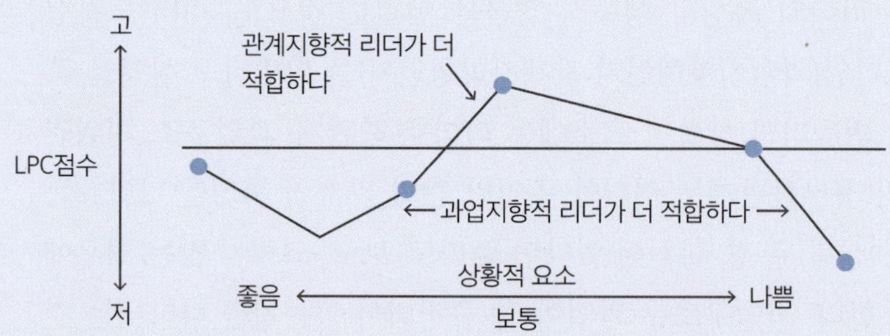

관계지향적 리더는 중간 정도의 상황에서 성공적이고, 과업지향적 리더는 상황이 아주 좋거나 나쁠 때 성공적임

자료 : Fiedler, 1972

CHAPTER 5

의 허락을 받아야 한다면 지위권력이 약한 것이다.

가장 덜 좋아하는 사람(LPC)에 대한 평가점수를 낮게 주는 리더는 **과업지향적 리더**인데 이러한 리더는 상황적 요소가 아주 좋거나 나쁠 때 성공적이며, 가장 덜 좋아하는 사람에 대한 평가점수를 높게 주는 리더는 **관계지향적 리더**로 이러한 리더는 중간 정도의 상황에서 성공적으로 일을 수행할 수 있다. 이처럼 상황에 따라 가장 덜 좋아하는 사람에 대한 평가점수가 낮거나 높은 사람이 효과적일 수 있으므로 리더 특성에 맞게 리더-부하 관계, 과업구조, 지위권력 등의 상황을 적절히 변화시켜야 한다.

LPC(least prefered coworker) 점수
가장 덜 좋아하는 동료에 대한 평가점수.

과업지향적 리더
과업완수와 성과에 초점을 두는 지도자.

관계지향적 리더
인간관계 유지에 관심을 두는 지도자.

(2) 허시와 블랜차드의 이론

이 이론은 오하이오 대학의 배려와 구조 주도 개념과 유사한 개념인 **과업행동**(task behavior)과 **관계성 행동**(relationship behavior)으로 리더십을 설명하였다.

과업행동이란 리더가 개인이나 전체의 임무와 책임에 관하여 언급하는 행동을 말하며, 관계성 행동이란 리더가 듣기, 도와주기 등 다양한 의사소통에 참여하는 행동을 의미한다.

과업행동
리더가 개인이나 전체의 임무와 책임에 관하여 언급하는 행동.

관계성 행동
리더가 듣기, 도와주기 등 다양한 의사소통에 참여하는 행동을 의미.

이 이론은 과업행동과 관계성 행동의 개념에 효과성(effectiveness)개념을 도입하여, 주어진 상황에서 적절한 리더십을 효과적인 것으로, 적절하지 못한 리더십을 비효과적인 것으로 규정하면서, 효과성 여부는 리더의 행동에 따른 것이라기보다는 리더의 행동이 상황에 맞는지에 따라 결정된다고 하였다. 즉 비슷한 환경에서는 같은 유형의 리더행동을 해야 하지만 상황이 바뀌면 리더행동도 달라져야 한다는 것이다. 상황이라는 것은 종업원, 리더, 관계자, 조직, 직무 요구도 등 여러 가지 변수에 의해 달라질 수 있으나, 이 이론은 특별히 종업원의 업무에 관련된 성숙 수준에 맞춰 리더십 행동을 결정해야 한다고 했다. 종업원은 성숙 수준이 다르기 때문에 리더는 종업원의 성숙 수준에 따라 리더십 행동을 달리 해야 한다. 성숙수준의 측정기준은 업무수행 능력과 업무수행의 자발성이다. 이와 같은 모델을 적용할 경우 종업원의 성숙수준을 진단하여 지시적(telling), 지원적(selling), 참가적(participating), 위양적(delegating) 리더 스타일 중에서 어떤 리더행동 스타일이 적합한지를 결정한다.

표 5-4 상황이론의 비교

이론가	상황적 요소	리더행동	특징
피들러	• 리더-부하관계 • 과업구조 • 지위권력	• 과업지향적 리더 (낮은 LPC 리더) • 관계지향적 리더 (높은 LPC 리더)	• 리더의 특성에 따라 효과적인 상황이 다름 • 리더 특성에 맞게 리더-부하관계, 과업구조, 지위권력을 변화 시켜야 함
허시와 블랜차드	종업원의 성숙 수준	• 지시적 리더 • 지원적 리더 • 참가적 리더 • 위양적 리더	• 종업원의 성숙 수준에 따라 효과적인 리더 행동이 필요함 • 상황에 따라 리더행동이 바뀌어야 함

CHAPTER 5

이 이론에 따르면 리더십의 유형은 종업원과 상황의 요구에 따라 적응하고 탄력성 있게 변화될 수 있어야 하며, 효과적인 리더는 종업원이 발전하고 변화하거나 상황이 요구할 때 유형을 변형할 수 있는 리더이다. 예를 들어, 급식시설의 관리자도 경험이 없는 종업원을 지도할 때에는 지시적 리더십을 발휘하는 것이 적합하나 이 종업원이 급식업무에 익숙해지면 통제도 줄이고 관계성도 낮추는 위양적 리더 유형이 바람직하다.

4) 변혁적 리더십과 섬김의 리더십

(1) 변혁적 리더십

변혁적 리더십
차원 높은 이상이나 도덕적 가치를 통하여 종업원을 동기부여하고 보다 나은 자신이 되도록 변형시키는 리더십.

변혁적 리더십(transformational leadership)은 리더가 종업원과 함께 모두의 동기부여수준과 도덕수준을 높이는 리더십이다. 변혁적 리더는 차원 높은 이상이나 도덕적 가치를 통하여 종업원을 동기부여하고 보다 나은 자신이 되도록 변형시키는데, 이 말에는 그 종업원과 조직을 변화시키고 고양시킨다는 의미가 포함되어 있다. 변혁적 리더는 훌륭한 역할 모델로, 변화담당자로, 조직을 위해 명확한 비전을 만들고 이를 설득력 있는 의사소통을 통해 종업원에게 제시하여, 종업원이 높은 수준의 업적을 성취할 수 있도록 권한을 위양하고 조직생활에 활기를 불어넣는 사람이다.

거래적 리더
개인적 이해관계(공포, 욕망, 안전 등)에 기대어 종업원을 동기부여하는 지도자.

이와 달리 개인적 이해관계(공포, 욕망, 안전 등)에 기대어 종업원을 동기부여하는 지도자는 **거래적 리더**(transactional leader)라고 하였으며, 기

나는 거래적 리더인가, 변혁적 리더인가

다음에 대해 찬성과 반대의 정도를 결정해보자.

반대	1	2	3	4	5	찬성

내용	점수
1. 변화를 즐기며 내 자신을 변화 대리인이라 생각한다.	
2. 구성원들이 현재의 업무를 더 잘하도록 동기부여하는 것보다 새로운 미래를 향해 영감을 불어넣는 것을 더 잘한다.	
3. 한 조직이 더 좋아지기 위한 변화 방법에 대한 비전을 가지고 있다.	
4. 스스로 다른 사람이 나와 다른 아이디어와 견해를 표현하도록 격려하는 것이 편안한 사람이라고 본다.	
5. 위험을 즐긴다. 그러나 무모하지는 않다.	
6. 현재 있는 해결책을 시행하기 보다는 새로운 해결책을 개발하기 위해 시간을 쓰기를 즐긴다.	
7. 행동하기 전에 조심스럽게 숙고한다. 즉 충동적이지 않다.	
8. 심지어 아이디어가 성공하지 않을 때도 변화주도를 지지하길 좋아한다.	
9. 자기의 경험으로부터 학습한다. 즉 같은 실수를 반복하지 않는다.	
10. 최종 결과물이 실망스럽다 할지라도 더 좋아지기 위해 무엇인가를 변화시키려는 노력은 보상받아야 한다고 믿는다.	

1-10번1의 답을 합해서 자신의 점수를 아래 척도에 표시해보자. 숫자가 클수록 변혁적 리더의 자질이 더 많은 것이다.

10	20	30	40	50
거래적 리더십				변혁적 리더십

(출처 : 차동욱 등, 2010)

변혁적 리더십 실천방안

- 설득력 있고 이해하기 쉬운 비전과 조직의 가치를 제시한다.
- 탁월한 목표를 설정하고 이를 위한 나의 임무와 역할을 솔선수범한다.
- 윤리적인 사업 방식을 개발하고 실천한다.
- 긍정적으로 생각하고 희망적으로 이야기한다.
- 종업원에게 강하게 끌릴 수 있는 특성을 개발한다.
- 종업원이 자아효능감을 증진하도록 돕는다.
- 종업원에게 관심을 갖고 정보를 공유하며 공감한다.
- 종업원을 인격적으로 존중하고 다른 점을 인정한다.
- 성과에 대한 보상을 공정하게 한다.
- 권한위임(권능부여)을 하는 경우 신뢰하고 결과를 기다린다.

존의 이론이 분석하고 있는 리더십의 모델은 대부분 이러한 거래적 리더에 관한 것이라고 보았다. 즉, 이러한 리더들은 기본적으로 당근과 채찍을 가지고 관리를 하며, 경제적 보상이나 승진과 종업원의 노력을 거래한다는 것이다. 이에 반하여 변혁적 리더는 이성적인 수단과 감성적인 수단을 동시에 사용하여 종업원을 고무하고 동기부여하며 그들의 행동 양식을 변화시킨다. 또한 종업원은 리더에 대하여 신뢰, 선망, 충성심, 존경 등의 감정을 가지며, 이에 고무되고 동기부여 되어 본래의 기대 가능한 수준 이상의 성취를 이루게 된다.

(2) 섬김의 리더십

섬김의 리더십(servant leadership)은 하인과 리더를 합한 개념으로 종업원의 성장을 돕고 팀워크와 공동체를 형성하는 리더십이다. 섬김의 리더는 이타적 윤리의식을 가지고 종업원의 욕구에 관심을 갖고 그들의 입장에서 느끼고 생각하며 보살펴서 종업원이 더 지적이며 자유롭고 풍요롭게 해 준다. 즉 자기이익에 앞서 다른 사람에 대해 봉사하며 다른 사람이 내면적 강점을 발휘하도록 돕는다.

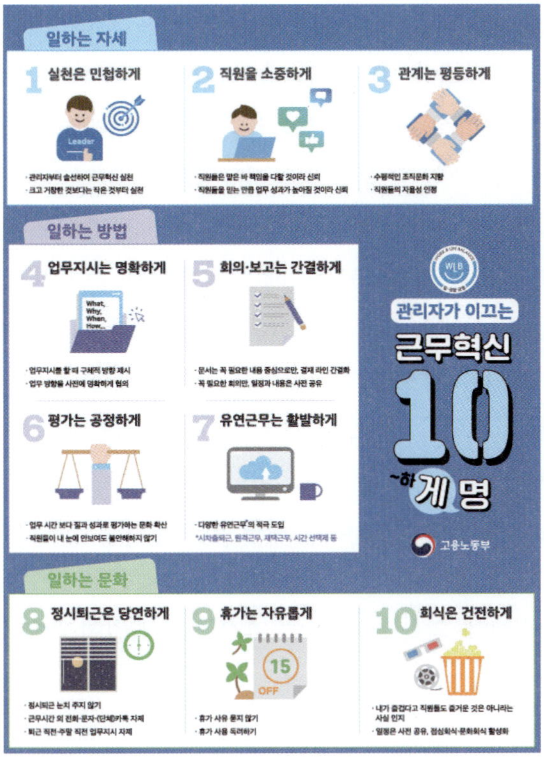

그림 5-5 관리자가 이끄는 근무 혁신
자료: 고용노동부

성공적인 리더가 되기 위해서는 주어진 환경 요소와 자신의 리더십 스타일을 함께 고려해서 그 중의 어느 하나를 적절히 변화시키거나 조정하여 환경적 요소와 리더십 스타일이 잘 조화되도록 하여야 한다. 바람직한 리더십을 가진 관리자는 종업원에 대한 믿음을 가지고, 종업원에게 비전을 제시하면서 약간의 위험에 도전한다. 또한 종업원의 요구사항에 대하여 계속 귀를 기울이며, 의사소통을 통하여 의사결정 사항에 대한 수행이 효과적으로 이루어질 수 있도록 노력해야 한다.

2.3 코칭과 리더십

코칭
적극적인 경청과 관찰로 종업원을 이해하여 종업원의 강점을 살리고 셀프리더십을 키워주는 과정.

최근에는 리더십을 발휘할 때 코칭기술이 많이 활용된다. **코칭**은 의사소통 중 피드백에 기반을 두고 있으며, 코칭 받는 사람의 내면에 셀프리더십을 키워주는 과정이다. 즉 코칭은 동기부여를 일으키는 피드백을 제공하여 코칭 받는 사람이 스스로 성과를 달성하도록 돕는 과정이다. 동기부여를 일으키는 피드백은 종업원의 강점을 최대로 하고 약점을 최소화하기 위한 것이므로, 종업원에 대한 이해가 필요하다. 종업원에 대한 이해는 적극적인 경청과 관찰을 통한 공감과 배려를 통해 이루어진다.

새로 입사했거나 새로운 직책을 맡은 종업원에게는 코칭이 더욱 중요하다. 효과적인 코칭을 달성하기 위해서는 칭찬과 인정을 하고, 구체적이고 설명이 포함된 피드백을 하며, 모델링과 훈련을 제공해야 한다. 사람을 비난하거나 난처하게 해서는 안 된다. 비난은 사람들에게 방어적 태도를 갖게 하고, 다른 사람 탓으로 돌리며, 바람직한 피드백도 듣지 않게 할 뿐 아니라 일 자체까지 싫어하게 만든다. 따라서 종업원의 실수를 개인적인 실패가 아니라 경험에 의한 학습으로 여기고 종업원이 독립적으로 문제를

플레잉코치(playing coach)형 리더십을 개발하라

원래 플레잉코치는 경기에 정식 선수로 나서면서 소속 팀 선수를 지도하는 일을 병행하는 사람이다(네이버 지식백과 체육학사전 참조). 즉 조직에서 리더가 기획하고 실행하고 통제하는 역할에서 직접 현장에서 발로 뛰면서 성과도 내고 솔선수범할 뿐만 아니라 직원들에게 피드백과 코칭을 제공하는 리더십을 발휘하는 것을 말한다. '플레잉코치' 리더십은 리더 혼자서 모든 문제를 해결하기보다는 구성원의 참여와 협업을 통해 같이 해결하여 변화하는 조직환경과 구성원들의 욕구와 기대를 충족할 수 있다.

플레잉코치의 구체적인 역할? 그에 대한 답은 몇 년 전 한 언론 인터뷰에서 흥국생명 배구팀 선수들이 당시 소속팀에서 플레잉코치로 활동하던 이수정 코치에 대해 언급했던 내용에서 찾을 수 있다. "다양한 공격 루트로 경기 흐름을 바꿨다", "뭔가 안정되어 있어서 부담감도 없었고 편했던 것 같아요", "믿음이 많이 더 컸던 것 같아요", "미안한 마음도 있었고 고맙기도 했어요," " 선수들과 함께 호흡하고 함께 땀 흘리는", "선수들과 스스럼없이 소통하는"

(출처: 데일리경제 2019-11-06)

해결하도록 격려하는 것이 필요하다.

멘토링은 경험이 풍부한 선임자가 경험이 적은 종업원을 도와주는 코칭의 한 형태이다. 특히 장기적인 멘토링이 이루어질 때 멘토는 자부심을 가지게 되며, 멘티는 멘토에 대한 감사와 신뢰를 가지게 된다. 대부분의 조직은 고참 직원이 신참 직원을 돕는 비공식적인 멘토링의 형태로 이루어지고 있으나, 최근 많은 조직에서 지도능력을 가진 멘토를 직원에게 할당하는 공식적인 멘토링 프로그램을 진행하고 있다. 반면 최근 패션이나 유통 산업계 기업들은 10~20대 고객층을 잡기 위해 기업의 임원이 한참 후배격인 신입사원들에게 그들의 문화를 전수 받아 사업에 반영시키는 역멘토링을 하고 있다.

멘토링
경험이 풍부한 선임자가 경험이 적은 종업원을 도와주는 코칭의 한 형태.

기업들의 '역멘토링' 실시

HDC현대산업개발이 밀레니얼 세대(1980년대 초반~2000년대 초반 출생한 세대로 IT에 능통함)로 불리는 2030세대와 경영진 간 소통을 늘려가기 위해 2019년 8월부터 매달 90년대생 직원들이 경영진과 트렌드를 공유하는 '역멘토링'을 진행했다고 밝혔다. 앞으로도 HDC현대산업개발은 '역멘토링'의 대상 직군과 규모를 늘려나갈 예정이며, 매니저와 경영진 간 소통과 교류의 장을 점차 확대할 계획이다.

한편, KT에는 'KT그룹의 청년이사회' '청년중역회의'(일명 블루보드)라는 제도가 있다. '2030' 직원들의 창의력을 높이고 경쟁력 강화를 돕기 위해 그룹 내 35세 이하의 직원 200여 명을 모아 회사의 주요 경영과 사업 혁신 아이디어를 발굴하는 데 적극 나서고 있다. 분기별로 프로젝트를 진행하면서 나중에 임원진 앞에서 보고가 이뤄지고 실제로 사업화까지 이어진다.

삼성전자의 가전사업부에도 밀레니얼위원회가 있다. 제품을 내놓기 전 20~30대 30여 명으로 구성된 이들의 의견을 듣는다. 맞춤형 가전인 '비스포크 냉장고'의 색상 역시 밀레니얼위원회를 거쳐서 나왔다.

(출처 : 경향비즈 2019-10-13, 뉴시스 2019-10-21)

나는 훌륭한 코치인가?

아래의 질문 중 7개 이상의 긍정적인 대답을 얻는다면 훌륭한 코치라고 할 수 있다.

내용	점수
1. 나는 조직의 비전과 목표를 명확히 알고 설명할 수 있다.	
2. 내가 해야 할 임무와 역할을 잘 알고 있다.	
3. 나의 주장보다는 상대방의 말을 우선하여 듣고자 노력한다.	
4. 모든 일을 긍정적으로 생각한다.	
5. 담당업무와 관련된 모든 일에 솔선수범하고 상대방을 배려한다.	
6. 동료들과 많은 대화를 수시로 나누고 정보를 공유한다.	
7. 하루 한 명 이상의 동료나 후배에게 칭찬의 말을 건넨다.	
8. 일단 업무위임을 하게 되면, 그를 신뢰하고 결과를 기다린다.	
9. 기회균등을 보장하며, 객관적인 평가를 통해 성과보상을 공정하게 한다.	
10. 상대방을 인격적으로 존중하고 나와 다르다는 점을 인정한다.	

CHAPTER 5

연습문제

1. 허즈버그의 이요인 이론을 설명하고 급식산업에서의 종업원의 동기부여에 활용하여 설명하시오.
2. 브룸의 기대이론에 대하여 설명하고, 어떻게 적용할 수 있는지에 대하여 예를 들어 설명하시오.
3. 현재 우리나라의 급식시설에서 요구되는 바람직한 리더에 대하여 논의하시오.

참고문헌

1. 강정애, 권순원, 김현아, 양혜연, 조은영, 태정원 (2009) : 조직행동론, 시그마프레스, 서울
2. 강정애, 이상욱, 이상호, 이호선, 차동옥 옮김 (2009) : 현대조직의 리더십 이론 / Yukl, Gary A. Leadership in organizations(6th ed.) 시그마프레스, 서울
3. 권구혁, 박광태, 박주영, 장정주, 최우석, 최진남, 홍광현 옮김 (2012) : 경영학의 이해 / McHugh 등 Understanding business(9th ed.) 생능출판사, 파주시, 경기도
4. 김광점, 박노윤, 설현도 옮김 (2011) : 조직행동론(Robbins S.P.: Essentials of organizational behavior 11th ed), 시그마프레스, 서울
5. 김남현, 김정원 (2002): 리더십-이론 · 응용 · 비판 · 측정 · 사례, 경문사, 서울
6. 김남현 (1998) : 신경영학원론, 경문사, 서울
7. 김성국 (1998) : 조직과 인간행동, 명경사, 서울
8. 신유근 (2012) : 경영학원론, 다산출판사, 서울
9. 신재정 (1994) : 경영학원론, 법영사, 서울
10. 이학종, 박헌준 (2005) : 조직행동론, 법문사, 서울
11. 임소영, 이나영, 장혜자, 곽동경 (2010) : 사업체 급식소에서 종합적품질경영 수행이 영양사의 직무만족도 및 직무몰입도에 미치는 영향, 대한영양사협회학술지 16(4): 353-368
12. 조병만 (2009) : 역사 속 명장면 리더십, 신아출판사, 서울
13. 차동옥, 심원수, 서재현, 이호선 옮김 (2010) : 리더십 / Christopher F. Achua, Robert N. Lussier Leadership 서울 : 한경사
14. Blake RR, Mouton JS (1986) : Executive Achievement, New York, NY : McGraw-Hill, Inc
15. Evans MG(1970) : The effects of supervisory behavior on the path-goal leadership, organizational behavior and human performance, 5(3) : 277-298
16. Fleishman EA (1957) : A leader behavior description for industry. Bureau of Business Research, Ohio State University
17. Fiedler FE. The effects of leadership training and experience : A contingency model interpretation, Administrative Science Quarterly 17(4)
18. Hersey P, Blanchard, KH (1988) : Management of Organizational Behavior, 5th ed., Prentice Hall, Englewood Cliff
19. Gregoire MB (2017) : Foodservice Organizations, a managerial and systems approach, 9th ed., Boston : Pearson

20. Kotter JP (1990) : What leaders really do, Harvard Business Review, May-June 1990 : 103-111
21. Payne-Palacio J, Theis M (2016) : Foodservice management, principles and practices, 13th ed., London : Pearson
22. Smith PC Kendall ML Hulin CL (1969) : The measurement of satisfaction in work and retirement : A strategy for the study of attitudes, Rand Mcnally, Chicago
23. Sullivan CF (1990) : Management of Medical Foodservice, 2nd ed., New York, NY : Van Nostrand Reinhold
24. Tannenbaum R, Schmidt WH (1973) : How to Choose a Leadership Pattern, Harvard Business Review 51(3):162
25. http://biz.khan.co.kr/khan_art_view.html?artid=201910132115015&code=920501#csidx8d17b14263522539e2d564cf7636566
26. http://www.kdpress.co.kr/news/articleView.html?idxno=93345
27. http://news.chosun.com/site/data/html_dir/2019/06/21/2019062102659.html
28. http://www.newsis.com/view/?id=NISX20191021_0000804906&cID=13001&pID=13000
29. http://www.worklife.kr/website/index/m1/suggest_work.asp

CHAPTER

06

의사소통과 의사결정

들어가며

한촌설렁탕, 우수 매장 선정 및 모범 경영 사례 공유

외식 기업 이연에프엔씨의 한촌설렁탕은 점주와의 커뮤니케이션 활성화를 위해 매월 정기적으로 점주 교육을 진행하고 있다. 이번 달은 우수 매장 선정과 가맹점들이 본받을 만한 모범 경영을 한 사례를 공유하는 자리를 마련했다. 매출이 가장 높은 매장 15개를 우수 매장으로 선정해 시상식을 진행했으며, 이와 함께 이들의 운영 노하우를 듣는 시간을 가졌다. 여기에 배달 서비스를 도입해 매출이 증가한 매장, 기부 및 선행으로 지역의 민심을 얻는 진정성 마케팅을 실천해 나가고 있는 매장 등 모범 경영 사례도 함께 공유했다. 이번 교육을 통해 점주들은 같은 입장의 가맹점 사례를 본인 매장에 적용하여 잘 운영할 수 있다는 자신감을 가질 수 있게 되었다며 높은 만족도를 나타냈다.

(출처 : 데일리안 2019-11-21)

교육목표

조직의 목표를 효율적으로 달성하기 위해 효과적으로 의사소통을 하기 위한 원칙을 이해하고, 의사결정을 합리적으로 할 수 있도록 의사결정과정과 기법을 이해하며 이를 급식경영에 활용한다.

학습목표

- 의사소통의 의의를 설명한다.
- 의사소통의 과정을 설명한다.
- 효과적인 의사소통의 기법을 설명한다.
- 프로그램화된 의사결정과 비프로그램화된 의사결정을 비교한다.
- 급식소에서의 대기이론 사용을 설명한다.
- 집단의사결정방법을 3가지 이상 열거한다.

1. 의사소통

의사소통(communication)은 조직의 구성원들이 서로의 정보, 의견 및 지식을 상호 교환하는 과정으로, 조직 내의 여러 활동을 지휘하고 조정하며 정보를 공유하는 데 필수적인 과정이다. 누구나 의사소통을 하지 않고는 자기의 업무를 원만하게 수행할 수 없다.

의사소통
조직의 구성원들이 서로의 정보, 의견 및 지식을 상호 교환하는 과정.

리더가 다른 사람들에게 자신의 의도를 알리고 영향력 행사를 위한 기반을 조성하는 일도 의사소통으로 가능하므로 의사소통 없이는 리더십 발휘도 불가능하다. 실제로 의사소통 역량과 리더십 성과 사이에는 정(+)의 상관관계가 있다고 한다. 리더는 의사소통을 통해서 대인간 역할 뿐 아니라 정보역할과 의사결정자로서의 역할을 효과적으로 수행한다. 기업의 목표를 알리고, 목표를 달성하기 위한 계획을 수립하며 자원을 가장 효과적이고 능률적인 방법으로 조직화하고 충원을 하며 사람들을 지휘하고 동기부여하며 성과를 평가하기 위해서도 의사소통이 필요하며, 대인간의 정보교환과 공통된 이해를 위해서도 의사소통이 필요하다. 특히 조직 내에서 수신자의 피드백이 있는 **쌍방향 의사소통**은 일방적 의사소통보다 시간이 더 많이 걸리지만 정확성과 수신자의 만족도 측면에서 효과적이다. 최근에는 많은 기업에서 SNS(Social Network Service) 등을 활용하여 쌍방향 의사소통을 하고 있다.

쌍방향 의사소통
의사소통과정에서 수신자가 피드백을 하면서 송신자와 수신자가 바뀜.

한편 급식산업에서는 고객의 기호도를 파악하기 위한 종업원과 고객과의 의사소통이 매우 중요하며, 이러한 의사소통의 결과가 조직 내에서 다시 적절한 의사소통의 경로를 거쳐 전파됨으로써 마케팅 전략 등에 적절히 반영되어야만 한다. 이와 같이 고객을 만족시킬 수 있는 마케팅 전략이 완성되기 위해서는 고객의 주의를 끌 수 있으면서도 설득력 있는 메시지를 만들어 내어 가장 효과적이고 효율적인 매체를 통하여 고객에게 전달하는 의사소통이 필요하며, 고객과의 의사소통 역시 쌍방향 의사소통이 더욱 효과적이다.

쉬어가기

직장인, 업무방식하면 떠오르는 단어

'업무방식'하면 떠오르는 단어
자료: 대한상공회의소

대한상공회의소는 직장인 4,000여명을 대상으로 국내기업 업무방식의 비효율성을 지적하는 내용의 '국내기업의 업무방식 실태 보고서'를 발표했다. 업무방식에 대해 떠오르는 단어로는 '비효율', '삽질', '노비', '위계질서' 등의 부정적인 단어가 86%를 차지했고, '합리적', '열정', '체계적'과 같은 긍정적인 단어는 14%에 그쳤다.

직장인들은 조사에서 국내 기업 업무방식 종합점수를 100점 만점에 45점으로 평가했다. 100점에 가까울수록 합리적이라는 뜻이며 0점에 가까울수록 비합리적이라는 뜻이다. 부문별로는 업무 방향성(업무의 목적과 전략이 분명하다) 30점, 지시 명확성(업무지시 시 배경과 내용을 명확히 설명한다) 39점, 추진 자율성(충분히 권한위임을 한다) 37점, 과정 효율성(업무추진 과정이 전반적으로 효율적이다) 45점으로 모두 50점 이하로 조사됐다. 국내기업의 일하는 방식이 전반적으로 비합리적이라는 뜻으로 풀이된다.

이러한 원인과 관련해 보고서는 'Why에 대해 고민과 협의하지 않는 리더십'과 'Why를 설명하거나 질문하지 않는 소통문화'가 근본 원인이라고 설명했다. 모호하게 지시해도 '척하면 척' 알아야 하고, 질문하면 역량이 부족한 것으로 간주하는 소통문화 때문에 불필요한 일이나 업무과정 전반의 비효율이 가중된다는 것이다.

(출처 : 아웃소싱타임스 2018-10-10.)

1.1 의사소통과정

의사소통은 발신자가 의미를 가진 정보인 메시지를 수신자에게 전달함으로써 이루어진다. 효과적인 의사소통은 노이즈를 최소화하여 발신자가 의도한 의미와 가장 가까운 의미의 정보가 수신자에게 전달되어 수신자와 발신자 간의 이해를 증진시키는 것이다(그림 6-1).

1) 발신자

생각을 메시지로 만드는 사람으로, 발신자가 메시지를 명확화하는 능력

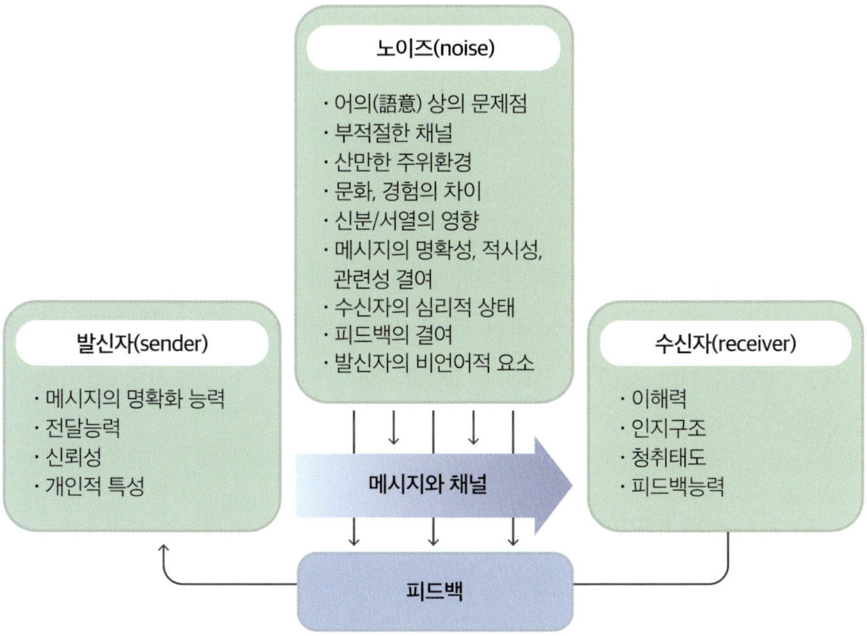

그림 6-1 의사소통과정
자료 : 김남현, 1998. 신유근 2012

과 전달 능력이 있을 때, 수신자에게 신뢰성을 줄 때 효과적 의사소통이 가능하다. 발신자는 메시지를 전달할 때 수신자가 이해하기 쉬운 단어를 사용하여 복잡하지 않은 문장으로 표현하고, 말로 메시지를 전달할 때는 충분히 알아들을 수 있도록 발음과 목소리 크기를 조절해야 한다.

2) 수신자

메시지를 받는 사람으로, 수신자의 이해력과 인지능력이 뛰어나고, 적극적으로 경청하며, 피드백 능력이 있을 때 효과적 의사소통이 가능하다. 그런데 수신자가 자신의 의견과 다르거나 기대하지 않았던 메시지는 무시하고 듣고 싶은 내용만 듣는 경우가 발생할 수 있다.

3) 메시지(전달내용)

발신자가 만든 의사소통의 내용이다. 발신자의 의도를 잘 반영하면서 수신자의 이해능력에 맞는 메시지를 만들어야 한다. 수신자가 상사일 경우 상사가 듣고 싶어 하지 않은 메시지는 전달되지 않는 경우가 있다. 이 경우에 의사소통이 효과적으로 되려면 의견 제안함 등 익명 건의 시스템이 필요하다.

4) 채널(경로)

채널은 메시지의 전달통로로서, 발신자는 메모, 편지, 보고서, 전화, 회의, 이메일, SNS 중 어떤 채널을 택할지, 공식적인 채널을 택할지, 비공식적인 채널을 택할지를 결정하며, 몇 단계를 거쳐서 전달할지를 결정하여야 한다.

5) 의사소통 타입(형태)

표 6-1에서와 같이 각 의사소통 타입에는 장·단점이 있으므로 상황에 따라 적절한 타입을 선택해야 하는데, 간단하고 개인적인 경우에는 말로 의사소통을 하고, 복잡한 경우에는 글로 의사소통을 한다. 전달될 메시지가 모호한 경우에는 말로 의사소통을 하여 해석을 돕도록 하고, 메시지가 명확할 때에는 문서로 의사소통을 하는 것이 좋다고 한다. 가능하면 중요한 경우에는 말과 글을 같이 사용하는 것이 좋다. 예를 들어, 급식시설에서 다음날 필요한 식품을 주문할 때 전화로 주문할 수도 있지만 정확한 주문을 위해서는 문서로 다시 확인하는 것이 바람직하며 공급

표 6-1 **의사소통 타입의 비교**

형태	장점	단점
말을 사용한 의사소통	• 즉각적인 피드백, 의문점에 대한 해결책을 얻기가 용이 • 눈의 접촉, 얼굴표정, 몸짓 음성의 강약 등으로 구두 전달 내용을 강조	• 갈등야기 • 공식적인 기록보존 불가능 • 전달과정에서 메시지의 왜곡 가능성
문서를 사용한 의사소통	• 공식기록 - 권위적 • 광범위한 곳에 전달 • 시간을 가지고 정보 확인-정확한 정보	• 해석의 다양성, 피드백 기회의 결여 • 문서작성기술에 의존 • 긴 문서작성으로 인한 시간 소모
비언어 의사소통	• 구두를 사용한 의사소통을 이해하는 데 도움이 됨	• 구두를 사용한 의사소통 내용과 다를 때 오해를 일으킬 수 있음

업체가 물품대금을 청구할 때는 문서를 이용해야 한다. 최근에는 이메일, 메신저 등 컴퓨터 기반을 활용하는 경우가 늘고 있으며, 이동통신도 활용하고 있다.

6) 노이즈

메시지가 정확하게 전달되는 것을 방해하여 의사소통의 정확도를 감소시키는 요소들이다. **노이즈**에는 어의 상의 문제, 부적절한 경로, 산만한 주위환경 등이 있다(그림 6-1). 발신자와 수신자 간에 메시지에 사용한 단어의 뜻을 다르게 생각할 때, 부적절한 채널로 전달될 때, 주위환경이 소란

노이즈
전달과 수신 사이에서 의사소통의 정확도를 감소시키는 요소들.

기업에서의 다양한 의사소통 활성화 방안

창의성이 기업 성장력과 직결된다고 믿는 기업들은 창의성을 저해하는 강한 위계질서와 획일적 분위기를 타개하기 위한 다양한 체질 개선 노력을 하고 있다.

아주그룹은 사내 커뮤니케이션 플랫폼으로 '무지개'를 운영한다. 7가지의 다채로운 색깔을 지닌 무지개처럼 임직원들의 많은 생각과 아이디어, 일상적인 이야기까지 버무려 집단지성이 제대로 발현될 수 있는 공간으로 탄생시키겠다는 추진 의지를 담고 있다. '무지개'는 임직원 누구라도 아이디어 제안뿐만 아니라 자발적인 목표설정부터 실행, 지원까지 쌍방향 참여가 가능하다.

올리브영은 본사를 '지원센터'라고 부른다. 고객과의 접점인 영업 현장을 적극 지원한다는 의미다. 매장의 직원들을 격려하고 원활한 쌍방향 커뮤니케이션을 위해 지원센터 임직원과 매장 직원을 1대 1로 매칭하는 '짝꿍매장'과 '사내방송'도 운영 중이다. 이를 통해 현장에서의 고충을 토로하고 효과적인 매장 운영에 대한 아이디어를 공유한다.

(출처 : 동아 2017-06-12, 매일경제 2017-05-25)

하거나 산만할 때 메시지가 왜곡된다. 발신자와 수신자 사이에 문화적 배경이나 경험의 차이가 있거나 신분/서열이 다를 때, 메시지가 부정확하거나 부적절한 시기에 전달되거나 수신자와 관련성이 적을 때, 수신자의 심리적 상태가 좋지 않을 때도 의사소통에 문제가 발생하며, 피드백이 없거나 발신자의 비언어적 요소가 메시지와 일치하지 않을 때도 메시지가 왜곡될 수 있다. 효율적인 의사소통을 위해서는 노이즈를 제거하기 위한 노력이 필요하다.

피드백
수신자가 메시지를 해독한 후 메시지를 발신자에게 다시 전달하는 과정.

7) 피드백

수신자가 메시지를 받아들인 후 메시지를 발신자에게 다시 전달하는 과정으로, 이를 통해 발신자는 자신의 의도가 제대로 전달되었는지 알 수 있다.

1.2 의사소통의 기법

효율적인 의사소통을 위해서는 다음의 다양한 기법이 필요하다.

1) 적극적 경청

전달자의 정보를 정확하게 파악하기 위해서는 비언어적 요소까지 주목하여 적극적으로 경청해야 한다. 적극적 경청을 위한 가장 기본적 조건은 주위환경이 소란하지 않아야 한다는 점이다. 특히 전달자가 정보를 전달할 때 다른 생각이나 행동을 하여 산만해지는 일이 없도록 해야 한다. 경청은 말하는 사람으로 하여금 자신이 가치 있는 내용을 전달하고 있다고 믿도록 해준다. 잘 듣는 것은 전달자의 말과 의미에 집중하여 잘 이해하고 공감하며 적절한 질문을 할 수 있는 것을 의미한다. 부록 6의 경청기술 설문 문항으로 나의 경청기술을 측정해보자.

2) 피드백

정확한 의사소통을 위해서 피드백은 꼭 필요하며 긍정적인 피드백뿐 아니라 개선이 필요한 부분을 알아낼 수 있는 부정적인 피드백도 이루어질 수 있도록 장려해야 한다. 피드백은 빠를수록 좋으며 쌍방향 피드백에 의한 쌍방향 의사소통이 더 효과적이다.

피드백을 주고받는 것은 효과적인 의사소통에 결정적으로 필요하기 때문에 리더는 부정적인 피드백에 대하여 보복하지 않는다는 것을 종업원들에게 인식시켜야 하며, 이때 가장 필요한 것은 의사소통 전달자에 대한 신뢰를 확보하는 것이다.

3) 다양한 채널과 수단 사용

여러 가지 의사소통 채널을 이용하여 의사소통하면 명확하게 메시지를 전달할 수 있다. 또한 사람마다 정보를 받아들이는 능력이 다르기 때문에 다양한 수단으로 하는 것이 좋다. 특히 분명하고 적절한 언어를 사용하고, 사례를 들어 설명하면 이해도를 높일 수 있다.

4) 상대방 심리상태의 고려

다른 사람의 관점에서 생각하는 태도를 갖는다. 사람은 화가 나 있거나 긴장하거나 흥분해 있을 때 메시지를 잘못 해석하거나 자신이 전달하려는 메시지도 정확하게 표현하지 못할 수 있다. 또한 바쁘거나 다른 일에 집중할 때는 메시지에 집중하기 어렵다. 따라서 상대방의 심리상태를 파악하여 공감해주고 적절한 시기에 메시지를 전달하는 것이 필요하다.

5) 정확한 언어 사용

말은 같은 단어를 다르게 인식할 수 있는 어의 상의 문제점이 있으므로 정확한 언어를 사용하여 메시지를 전달한다. 수신자가 발신자의 의중을 미리 파악하기를 기대하며 '적당히', '알아서', '빨리' 등을 사용하는 경우가 많은데 이는 사람에 따라 다르게 해석할 수 있는 문제점이 있는 단어로 오해를 일으킬 수 있다. 따라서 '200g', '30분 이내' 등 분명하고 정확한 단어를 사용한다. 또한 불필요한 전문용어나 수식어를 사용하지 않고 문장을 단순하게 하는 것이 효과적인 의사소통에 필요하다.

1.3 조직 의사소통의 채널

1) 수직적 의사소통

수직적 의사소통
권한계층이 다른 사람 간의 의사소통.

수직적 의사소통(vertical communication)은 하향적 의사소통(downward communication)과 상향적 의사소통(upward communication)으로 분류한다.

(1) 하향적 의사소통

조직의 권한계층에 따라 상사로부터 하급자에게 전달되는 의사소통이다. 주로 정보를 제공하는 것으로서 작업지시, 주요 정책 설명, 절차 및 지침서 전달 등이 이에 해당된다.

(2) 상향적 의사소통

권한계층의 하급자로부터 상사에게로 메시지가 전달되는 것으로서 이를 통하여 종업원에 관한 정보 및 종업원의 작업에 대한 생각을 들을 수 있다. 이를 수행하는 방법으로는 의견 제안함, 성과보고서, 고충처리, 설문지, 옴부즈맨(종업원의 불평을 들어주고 적절한 조치를 취해 주는 사람)제도 등이 있다.

2) 수평적 의사소통

수평적 의사소통
권한계층은 같으나 부서나 직무단위가 다른 사람 간의 의사소통.

수평적 의사소통(horizontal communication)은 권한계층은 같으나 부서나 직무단위가 다른 사람 간의 의사소통으로서, 조정을 하는 데 도움이 된다. 예를 들면 생산 부서와 서비스 부서 간의 수평적 의사소통은 두 부서의 업무분담을 명확하게 하여 부서간의 갈등을 예방할 수 있다. 수평적 의사소통을 촉진하기 위해서는 주기적으로 공식적 또는 비공식적인 모임을 갖거나 부서 간 인사이동을 할 수 있다.

3) 대각적 의사소통

대각적 의사소통
직무단위가 다르고 권한계층도 다른 사람들 간의 직접적인 의사소통.

대각적 의사소통(diagonal communication)은 직무단위가 다르고 권한계층도 다른 사람들 간의 직접적인 의사소통으로 중간 단계를 거치지 않기 때문에 시간과 노력이 절약되어 효과적인 의사소통이 될 수 있다. 예를 들면, 급식부서의 매니저가 구매부서의 부서장을 경유하지 않고 구매담당 직원에게 주문내용을 알리는 경우가 대각적 의사소통에 해당된다.

4) 공식적 의사소통과 비공식적 의사소통

조직의 의사소통은 공식적으로 이루어지기도 하지만(공식적 의사소통 ; formal communication) 많은 경우에 비공식적 방법을 통해서 이루어진다(**비공식적 의사소통** ; informal communication ; grapevine communication). 비공식적 의사소통은 전체 조직에 펴져 있는 비공식적 의사소통망으로 조직의 권한계층과 상관없이 이루어질 수 있다. 최근 많은 조직에서 비공식적 의사소통이 증가하고 있는데 직접대화, 전화, SNS 등을 통해서 이루어진다.

비공식적 의사소통
조직에 퍼져있는 비공식적 의사소통망(그레이프바인)을 통한 의사소통.

비공식적 의사소통은 조직 내의 의사소통을 촉진시켜 수시로 정보를 얻는 유용한 수단으로 사용되어야 한다. 경영자는 작업장에서 또는 업무가 끝난 후 회식할 때 종업원 주위에서 배회하다가(배회관리) 종업원과 함께 비공식적 의사소통을 함으로써 좋은 아이디어를 얻을 수 있으며, 종업원에

나는 상대에게 얼마나 솔직하고 명료한 언어를 구사하는가?

커뮤니케이션의 기본은 서로에게 명확한 메시지를 전달하는 것이므로 상대가 눈치 보지 않고 이야기할 수 있도록 만들어야 한다. '상사'는 아랫사람이 응당 자신의 의중을 미리 파악하기를 기대하는데, 이러한 커뮤니케이션 방식은 소모적일 뿐더러 비효율적이다. 솔직하고 명료한 언어를 구사할 때, 불필요한 '눈치 게임'은 끝이 나고, 비로소 동등한 존재 간의 대화를 할 수 있다.

[출처 : 한경머니 제173호(2019년 10월)]

협상

협상은 쌍방향 의사소통 중 하나이며, 갈등관계에 있는 둘 이상의 개인이나 집단이 합의에 이르는 과정이다. 협상에서 중요한 것은 상대방과 관계를 구축하여 서로 도움을 주고받는 윈-윈(win-win)을 이루어 상대방도 만족할 수 있도록 하는 것이다. 윈-윈을 이루기위해서는 협상할 때 자신의 목표와 상대방의 목표를 고려해서 협상 결과에 대한 가장 바람직한 대안을 미리 준비해야 한다. 또한 자신의 목표를 지지할만한 문서나 자료를 제공하여 상대로부터 타당성을 인정받아야 한다. 협상의 마지막은 협의안을 공식화하고, 협의안을 실행하고 모니터링하는 데 필요한 구체적인 절차를 만드는 것이다. 잘 계획된 협상은 자신이 얻고자 하는 것을 획득할 수 있도록 한다.

예를 들어 급식소에서는 식품구매가격을 결정할 때 협상이 이루어진다. 이 때 시장가격, 다른 업체의 납품가격 등 충분한 정보를 가지고 식품 공급자도 만족할 수 있는 합리적인 가격에 대한 계획을 세우고 협상을 진행하도록 한다.

부록에 있는 협상에서의 의사소통 능력을 평가해보고, 어떤 점이 부족한지 평가해보자.

대한 이해를 증진시킬 수 있다. 또한 배달하는 사람, 납품업자, 고객 등과의 비공식적 의사소통도 경영자에게 좋은 아이디어를 줄 수 있다.

2. 의사결정

의사결정(decision making)은 목표에 대한 성과와 효율성을 결정하는 가장 근본적인 요소이며, 조직이든 개인이든 설정된 목표를 성공적으로 달성하기 위해서는 신속하면서도 합리적인 의사결정을 해야 한다. 조직의 모든 영역과 계층의 관리자들은 의사결정을 수행하며, 의사결정과 경영은 동의어라고 표현할 정도로 경영에 있어서 의사결정은 중요한 위치를 차지한다.

의사결정은 문제해결의 여러 대안 중 하나를 선택하는 것이며, 올바른 의사결정을 위해서 의사결정자는 과거 그 어느 때보다도 더 많은 지식을 필요로 한다. 현대에는 컴퓨터, 테블릿, 스마트폰 등의 사용 확대로 많은 양의 정보에 접근이 가능하였으나 이러한 정보가 가치를 가지기 위해서는 자기의 목적에 비추어 다양한 정보로부터 어떤 필요한 사실을 찾아내고 이 사실을 사용 가능한 지식으로 전환할 수 있어야 한다. 보다 나은 의사결정을 위해서는 이러한 지식을 활용할 수 있어야 하는데, 이런 지식은 의

쉬어가기

1956년 카네기멜론 대학교의 허버트 사이먼(H. simon) 교수는 '제한된 합리성(bounded rationality)'이란 개념을 제시하고 인간은 부분적으로만 합리적이라고 주장하였다. 의사결정이 제한된 합리성에 의해 이루어질 수밖에 없는 이유를 바늘이론으로 설명하였다.

마른 풀 더미 속에 수백 개의 바늘이 있을 때, 그 중에서 가능한 한 가장 좋은 바늘을 찾아 쓰려 하지만 가장 좋은 것을 찾기에는 너무 시간이 걸리고 비현실적이기 때문에 시간과 경비 등을 고려하여 차선책으로 최고의 것이 아니더라도 많이 녹슬었거나 부러지지 않고 사용하기에 큰 불편이 없는 바늘이면 그냥 사용하게 된다.

경영자의 의사결정과정에서도 완전하고 합리적인 의사결정은 마른 풀더미에서 완벽한 바늘을 찾는 것과 같이 어려운 일이며 비현실적인 일이다. 따라서 제한된 합리성을 갖는 즉, 완전한 합리성을 갖추고 있지는 않지만 현실적으로 받아들이기에 적합한 제한된 합리성을 갖는 의사결정 안을 선택하게 된다.

(출처 : Simon, HA. 1987. Making management decision : the role of intuition and emotion. Academy of Management Executive. 1:57-64)

사소통을 통해서 얻을 수 있고, 이렇게 결정된 의사결정 결과는 의사소통을 통해 조직 내에 전파되어 잘 수행될 수 있도록 해야 한다. 예를 들어, 어느 단체급식소에서 제공되는 음식의 1인 분량이 너무 많다는 정보에 기초하여 잔반량을 줄이고 이익을 늘리기 위해 1인 분량을 5% 줄이기로 한 경우, 이러한 의사결정 사항을 실천하기 위해서는 배식하는 종업원들에게 이 사실을 잘 전달해야 한다.

2.1 의사결정의 의의

의사결정이란 조직에 주어진 문제를 성공적으로 해결하기 위해 여러 개의 대안을 설정하고 그중에서 가장 효율적이고 합리적인 것을 선택하는 과정을 의미하며, 조직경영에서 나타나는 문제점이나 기회를 찾아내어 이것을 해결하는 과정이다. 따라서 조직에서의 의사결정은 자원의 분배를 지배하며, 조직의 구조를 결정하게 되는 중요한 역할을 하게 된다.

2.2 의사결정의 유형

CHAPTER 6

리더들은 여러 형태의 의사결정을 한다. 의사결정의 범위는 단순한 것에서부터 복잡한 것까지, 일상적인 것에서부터 특수한 것까지 다양하다.

1) 프로그램화된 의사결정과 비프로그램화된 의사결정

프로그램화된 의사결정
일상적이고 구조화되어 있으며 반복적으로 일어나는 문제를 해결하기 위한 의사결정.

프로그램화된(정형적 : programmed) **의사결정**은 일상적이고 구조화되어 있으며 반복적으로 일어나는 문제를 해결하기 위한 의사결정이다. 이와 같이 일상적인 문제에 관해서는 이미 조직 내에 설정되어 있는 정책이나 절차에 따라서 의사결정이 내려진다. 어떤 급식시설에서 언제 어느 만큼의 쌀을 주문할지를 결정하는 문제에 관해 한 달에 한 번, 전달의 사용량에 50kg(여유분)을 더하고 재고량을 감하여 주문한다고 정해 두었다면 이것이 그러한 예라고 하겠다.

이러한 결정은 조직의 하위 경영자가 주로 담당하게 되며, 조직의 일상적인 절차나 기본적인 운영상의 의사결정 등이 이에 해당한다. 이 경우 미래에 유사한 문제가 발생할 것에 대비해 기본 정책, 절차, 규칙, 매뉴얼 등을 개발하는 것이 필요하다.

비프로그램화된(비정형적 : nonprogrammed) **의사결정**은 특수하며 비교적 비구조화되어 있고 윤곽이나 한계가 애매한 문제를 해결하기 위한 의사결정이나 새로운 정책을 수립하는 일의 경우의 의사결정이다. 이것은 대부분 조직에 중요한 결과를 초래할 수 있는 문제를 해결하기 위한 의사결정이다.

비프로그램화된 의사결정
특수하며 비교적 비구조화되어 있는 문제를 해결하기 위한 의사결정.

이 경우에는 문제의 해결을 위한 표준적인 절차나 규칙이 없으며, 고도의 기술과 지식 및 창의력이 요구되어 상위 경영자가 주로 하게 된다. 예를 들면, 새로운 환경보호법 제정으로 음식물쓰레기 처리 방안을 결정해야 하는 경우 이전에 같은 의사결정을 하였던 자료가 없으므로 리더는 고도의 창의력과 정보를 가지고 비프로그램화된 의사결정을 해야 한다.

2) 전략적, 관리적, 업무적 의사결정

전략적(strategic) **의사결정**은 기업의 내부 문제보다는 기업과 외부 환경과의 관계에 관한 결정으로서 기업의 경우 이를 통해 기업목표의 시스템이 결정되고 다른 세부계획이 결정된다. 주로 최고 경영자들이 수행하는 기업목표 결정, 신제품 개발 계획, 새로운 환경변화에 대한 적응대책 등이 이에 해당한다.

전략적 의사결정
기업의 내부 문제보다는 기업과 외부 환경과의 관계에 관한 결정.

관리적(administrative) **의사결정**은 기업의 내부 문제에 관한 결정으로 전략적 의사결정을 구체화하는 데 필요한 의사결정이다. 조직편성, 권한 및 책임관계 체계, 교육훈련과 개발, 재무·시설에 관한 결정 등이 이에 해당한다.

관리적 의사결정
기업의 내부 문제에 관한 결정으로 전략적 의사결정을 구체화하는 데 필요한 의사결정.

업무적(operating) **의사결정**은 업무의 구체적 수행에 있어서 능률 또는 수익성을 높이기 위한 의사결정이다. 각 부문 예산 배분, 생산일정의 계획수립, 업적의 평가와 통제, 생산량과 재고수준 결정 등이 이에 해당한다. 하위 경영자들이 주로 업무적 의사결정을 많이 한다.

업무적 의사결정
업무의 구체적 수행에 있어서 능률 또는 수익성을 높이기 위한 의사결정.

2.3 의사결정과정

과거의 의사결정은 직관적 의사결정이었다. 직관적 의사결정은 과거의 경험을 토대로 결정하므로 현재의 상황이 과거와 유사한 경우에 정확도가 높다. 빠른 시간 내에 결정을 해야 할 경우에 주로 직관에 의해서 의사결정을 하는 데 경험이 부족한 경우에는 문제를 잘못 판단하여 부적절한 의사결정을 할 수도 있다. 이와 같은 문제점을 제거하기 위해 과학적 의사결정을 하게 되었다. 과학적 의사결정은 과학적 접근방법에 의해 문제를 분석하여 의사결정을 하는 것이다.

의사결정은 일반적으로 다음의 과정을 거쳐 이루어진다(그림 6-2).

1) 문제의 발견과 확인

의사결정의 필요성은 조직의 업적이 설정된 목표치에 미달했거나 현재의 업적 수준을 능가할 가능성이 있을 때에 발생한다. 이때 조직의 외부 환경과 내부 환경의 정보를 수집하고 이 정보를 기초로 문제를 파악해야 한다. 예를 들어, 급식부서의 식재료 비율이 높은 문제를 발견하고 정보를 수

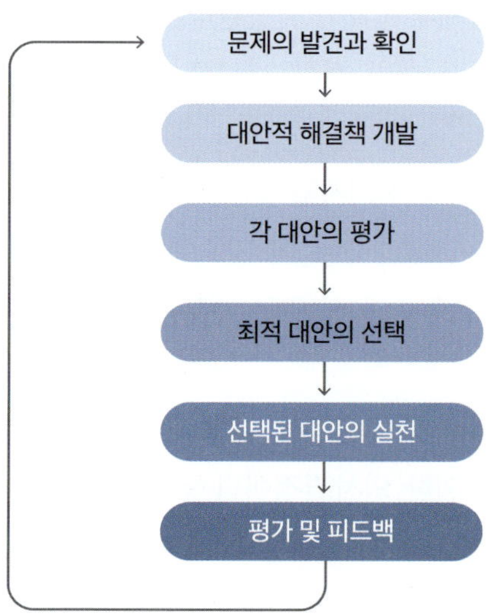

그림 6-2 의사결정의 단계

집·분석해 본 결과, 그 원인이 식재료비 단가가 다른 급식업체에 비해 높은 것으로 인한 것임이 밝혀질 수 있다.

2) 대안적 해결책 개발

의사결정자가 문제를 해결할 수 있는 실행 가능한 대안들을 찾아내는 것이다. 의사결정자는 충분한 시간을 가지고 창의적인 대안을 마련하는 것이 필요하며 대안들은 평가되지 않고 리스트화된다. 예를 들어, 식재료비 단가가 높은 문제를 해결하기 위해서 납품업체를 다변화하거나 단가가 낮은 하나의 다른 납품업체로 바꾸는 대안을 생각해 볼 수 있다.

3) 각 대안의 평가

조직의 수요와 제반 상황, 대안의 실행 가능성과 효과, 그 예견되는 결과 등을 고려하여 모든 대안을 평가하면 많은 경우 대부분의 대안이 배제되며 최종적으로는 몇 가지의 대안으로 압축되게 된다. 의사결정자는 이 중 가장 좋은 대안을 선택해야 한다. 같은 문제라도 그 조직이 처한 상황에 따라 대안의 효과가 달라질 수 있으므로 조직의 상황을 고려한 만족스런 대안이 유용성을 가진다.

4) 최적 대안의 선택

대안의 평가를 거쳐 최적의 대안을 선택한다. 때로 최적 대안이 분명하지 않은 경우 실행 가능성 기준, 효과성 기준 및 조직에 초래될 최소비용의 결과기준을 모두 고려하여 확률계산을 통해 최고의 성공확률을 가진 대안을 선택한다.

5) 선택된 대안의 수행

선택된 대안의 추상적 개념을 현실화하는 과정이다. 어떤 경우에는 수행과정이 쉬울 수도 있지만 어려울 수도 있다. 아무리 좋은 대안이라도 수행단계에서 문제가 발생하면 헛된 아이디어이므로 리더들은 필요한 자원, 에너지, 능력, 지식, 리더십 기술, 동기유발 등을 가지고 성원들의 참여를 바탕으로 성공할 수 있도록 해야 한다. 대안의 성공적인 수행을 위해서는 의사소통을 통해서 종업원들에게 동기부여를 하여 적극적 수행을 유도하는 것이 필요하다.

6) 평가 및 피드백

의사결정의 마지막 단계로 의사결정의 첫 단계에서 확인되었던 문제가 해결되었는지 여부를 판단하는 것이다. 처음의 상황보다 개선되었는지를 평가하고 만일 수행된 의사결정이 문제해결에 실패했거나 아직도 문제가 존재한다고 판단되면, 관리자는 무엇이 잘못되었는지 확인할 필요가 있다. 실패한 이유가 잘못 선택된 대안 때문인지, 의사결정과정이 잘못되었는지, 수행과정이 잘못되었는지 원인을 찾아내어 다시 해결한다.

2.4 의사결정 상황

의사결정자나 그 조직이 처해 있는 상황은 의사결정에 영향을 줄 수 있다. 의사결정 상황은 지적 수준이나 현재로부터의 시간 차이에 따른 확실성의 상황, 위험의 상황, 불확실성의 상황과 다수의 의사결정자가 경쟁적인 관계에 있는 상충하는 상황으로 구분된다(표 6-2).

표 6-2 **의사결정 상황의 유형**

상황	특성	의사결정 방법의 예
확실성의 상황	현재로부터 가까운 미래이거나 문제의 해결책과 결과에 대한 정보가 충분하여 정확한 결과 예측 가능	선형계획법
위험의 상황	불완전하지만 신뢰할 만한 정보를 근거로 결과에 대한 확률에 대한 계산 가능	의사결정나무
불확실성의 상황	현재로부터의 시간이 먼 미래거나 대안적 해결책에 대한 정보가 없어 결과 예측이 어려움	의사결정자의 주관적 판단, 예측
상충하는 상황	다수의 의사 결정자가 동시에 경쟁적인 관계에 있을 때 존재하는 상황	

1) 확실성의 상황

확실성의 상황(conditions of certainty)은 의사결정자가 문제의 내용, 그 문제의 대안적 해결책과 각 대안적 해결책의 예상되는 결과에 대한 충분한 정보를 가지고 있는 상황이며, 이 경우에는 문제의 해결 대안에 대해서 정확한 결과를 예측하여 의사결정을 내릴 수 있다. 그러나 이와 같은 경우는 매우 드물며, 확실한 상황이라고 생각되었던 경우에도 갑작스런 사고에 의해 불확실한 상황으로 되기도 한다. 예를 들어, 피자가게에서 최대 이익을 낼 수 있는 피자의 종류와 개수를 결정하는 경우에는 비용과 생산 시간에 대한 정보가 있고 계산에 의해 결과예측이 가능하기 때문에 확실한 상황이라고 할 수 있다.

확실성의 상황
의사결정자가 문제의 내용, 대안적 해결책과 예상되는 결과에 대한 충분한 정보를 가지고 있는 상황.

2) 위험의 상황

위험의 상황(conditions of risk)은 불완전하지만 신뢰할 만한 정보를 근거로 의사결정을 해야 하는 상황이다. 의사결정자는 대안적 해결책에 따른 미래의 결과를 확실히 알지 못하지만 결과에 대한 확률을 계산할 수 있는 충분한 정보를 가지고 성공확률이 높은 대안을 선택한다.

이 위험성의 상황은 확실성의 연속체 상에서 확실성과 불확실성 사이에 놓이게 된다. 예를 들어, 도심에 있는 사무실 내의 급식소의 경우 그 날의 비가 올 확률이 급식대상 인원에 영향을 줄 수 있다. 이는 과거 비올 확률과 식수에 대한 정보를 활용하여 확률적인 가능성을 알 수 있지만 실제 비가 올지에 대해서는 모르는 위험의 상황이라고 할 수 있다.

위험의 상황
불완전하지만 신뢰할 만한 정보를 근거로 의사결정을 해야 하는 상황.

3) 불확실성의 상황

불확실성의 상황(conditions of uncertainty)은 문제의 성질, 대안적 해결책, 각 대안적 해결책의 결과에 대한 실제 정보를 거의 갖고 있지 못하거나 전혀 가지고 있지 않은 상황이며, 각 대안적 해결책의 결과에 대한 확률을 계산할 수 있는 충분한 정보가 없다. 따라서 의사결정자의 논리적 사고, 독창력, 판단력, 경험 등을 활용하면서 가능한 한 신뢰를 주는 정보 수집을 위해 노력해야 한다. 예를 들어, 새로운 외식업체를 개점하는 경우에 어느

불확실성의 상황
문제의 성질, 대안적 해결책과 결과에 대한 실제 정보를 거의 갖고 있지 않은 상황.

정도의 면적을 확보해야 하고 주방기기 수와 용량은 얼마로 하고 종업원은 몇 명을 채용해야 할지를 결정할 때 불확실성의 상황에 직면할 수 있다. 이와 같은 불확실성 상황에서의 의사결정에서는 바람직한 성과를 기대하기 어렵지만 현대의 격변하는 상황에서는 자주 불확실성의 상황에 놓이게 되므로 불확실성을 극복하기 위한 방법을 개발해야 한다.

4) 상충하는 상황

상충하는 상황
다수의 의사결정자가 동시에 경쟁적인 관계에 있을 때 존재하는 상황.

상충하는 상황(conditions of conflict)은 다수의 의사결정자가 동시에 경쟁적인 관계에 있을 때 존재하는 상황이며 신제품에 대한 개발 전략, 시장개발 전략, 광고 전략 등을 개발해야 하는 상황이 이에 속한다. 예를 들어, 위탁업체가 사업진출을 할 때는 그 급식소 주변에 있는 음식점의 종류나 마케팅 전략 등을 고려해서 결정해야 한다.

2.5 의사결정의 기법

1) 의사결정나무

CHAPTER 6

의사결정나무
일련의 대안을 연결하여 가지로 도식화함으로써 마치 나무의 구조와 유사하게 나타낸 것.

의사결정나무(decision tree)는 일련의 대안을 연결하여 가지로 도식화함으로써 마치 나무의 구조와 유사하게 나타낸 것이다. 의사결정나무가 만들어지면 갈림길의 선택에 있어서 어떤 결정을 내렸을 때 어떤 결과가 올 것인가 예측할 수 있다.

의사결정나무 기법은 연속된 의사결정이 도식적으로 표현되어 문제를 쉽게 이해할 수 있고, 계산과정을 의사결정나무의 각 가지 위에 바로 기입할 수 있기 때문에 쉽게 각 의사결정 대안의 기대값을 산출할 수 있다. 또한 각 단계의 의사결정이 도식적으로 표현되어 위험요소를 알 수 있기 때문에 의사결정자가 쉽게 각 과정을 조정하여 보다 나은 결과를 구할 수 있다.

선형계획법
조직의 목표달성을 위해 어떻게 한정된 자원을 가장 합리적으로 배분할 것인가를 결정하는 기법.

2) 선형계획법

선형계획법(linear programming)은 단지히(Dantzig)에 의해 창시되

의사결정나무의 예

어떤 급식소에서 앞으로 배달 서비스를 할 것인지에 대해 의사결정을 하려고 한다. 경쟁업체는 배달 서비스를 도입할 가능성이 55%라고 하며, 배달 서비스를 도입하는 비용은 사백만원이라고 한다. 각 경우를 의사결정나무로 나타내면 다음과 같다.

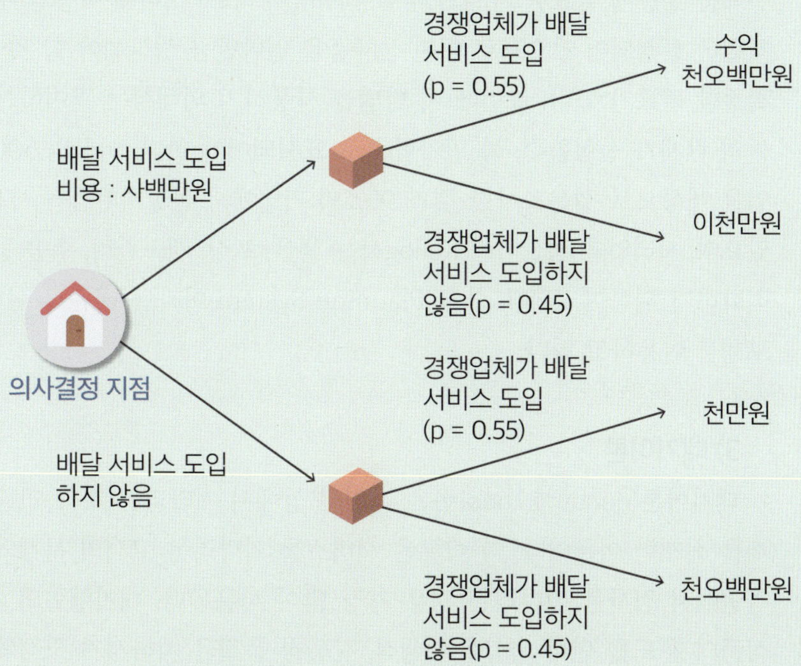

배달 서비스 도입할 때 기대수익 : 1,500×0.55+2,000×0.45-400=1,325만원

배달 서비스 도입하지 않을 때 기대수익 : 1,000×0.55+1,500×0.45=1,225만원

이 경우에 있어서는 배달 서비스를 도입하는 것이 기대수익이 높으므로 도입하는 것으로 결정한다.

었는데 처음에는 군수물자의 분배문제를 해결하는 데 사용되었다. 이것은 경영과학에서 가장 널리 사용되는 수학적 계획법의 하나로 조직의 목표달성을 위해 어떻게 한정된 자원을 가장 효율적으로 분배하여 투입시키는 것이며 생산계획, 예산편성에 사용할 수 있다. 즉 제한된 예산과 생산조건 하에서 최소의 비용 또는 최대의 이익을 남기도록 자원과 활동의 적절한 조합을 계산하는 과정이다. 예를 들어, 마케팅 부서에서 앞으로 시장성이 좋아 보이는 신제품들의 생산을 할 때 각 제품마다의 이익률이 다르고 신제품 생산에 필요한 자원의 투입량이 각기 다르다. 이때 사용할 수 있는 자원은 한정되어 있으므로 어떤 신제품을 얼마만큼 생산해야 할 것인가를 결정할 필요가 있다. 그런데 이 방법을 사용하기 위해서는 관여하는 변수들의 관계가 선형함수, 즉 일차함수로 표시되어야 한다. 미국의 500대 기업을 대상으로 설문조사한 결과 95%의 기업에서 선형계획법을 사용하고 있으며, 시리얼을 생산하는 Kellog사는 생산, 포장, 재고관리, 수송 등을 최적화하기 위하여 KPS(Kellog Planning System)이라는 대규모 선형계획 모형을 이용하고 있다.

3) 대기이론

대기이론
작업선상에서 기다리는 것과 연관된 관계를 전개하여 가장 합리적인 의사결정을 하는 이론.

대기이론(queuing theory)은 작업선 상에서 기다리는 것과 연관된 관계를 전개한 이론이다. 이 이론은 서비스를 기다리는 고객의 문제와 생산라인에서 검사를 기다리는 경우 가장 많이 사용된다. 대기행렬의 지연은 식품의 온도를 변화시키고, 위생적, 관능적 품질을 저하시켜 고객의 만족도를 떨어뜨릴 뿐만 아니라 고객을 짜증나게 할 수 있다. 특히 대기의 원인이 계속되는 경우에는 고객의 불만이 더 커지게 되고 고객의 불만족은 종업원의 사기를 저하시키며 서비스의 질을 떨어뜨리게 된다.

대기이론을 적용하여 의사결정을 하기 위해서는 기다리는 데 드는 비용과 기다리는 시간을 줄이기 위해 기기를 구입하는 데 드는 비용을 비교하여 본다. 예를 들면, 고객이 줄을 오래 서 있어야 하는 경우 다른 곳으로 갈 수도 있으므로 배식라인을 하나 더 늘려서 기다리는 시간을 줄여주는 것이 더 이익이 클 수도 있다. 고객에게 최상의 서비스를 제공하기 위해서는

대기에 대한 전략적 대응

- 대기시간 공지
- 유인물 제공 : 신문, 잡지, 음료수 등 제공
- 대기 시스템의 공정성 확보 : 나보다 늦게 온 사람이 먼저 서빙받았을 때 더 불만족(단일 창구로 하는 것이 공정함)
- 세분시장에 대한 대기관리 : VIP 전담 코너, 짧은 거래시간을 요하는 고객 구분(5개 이하 구매, 현금결재)
- 수요시간 관리 : 붐비는 시간에 대한 홍보, 비수기 가격 인하, 시간대별 가격 차별화
- 대기에 대한 보상(어떤 피자가게는 주문 후 배달까지 일정시간이 지나면 무료)

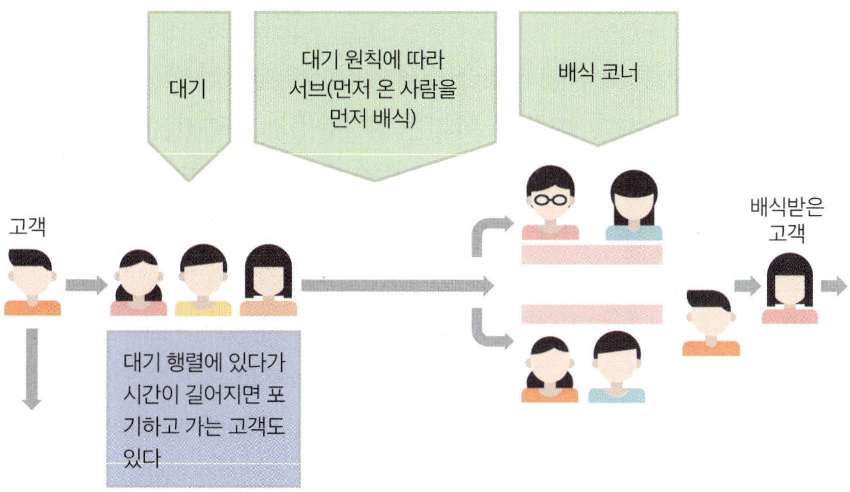

그림 6-3 대기 시스템의 기본구조
자료 : Loomba, 1978

고객이 가능한 한 짧게 기다릴 수 있도록 하는 것이 좋지만 이렇게 하려고 할 때는 많은 인력과 배식대 설치비용이 소요되므로 적절한 수준을 결정하는 것이 필요하다.

시뮬레이션
실제 상황에서 어떻게 되는지를 보기 위해 실험적인 방법으로 해결하는 기법.

4) 시뮬레이션

시뮬레이션(모의실험 : simulation)은 계량적인 모형에 의해서 쉽게 분석할 수 없는 문제를 실제 상황에서 어떻게 되는지 보기 위해 실험적인 방법으로 해결하는 기법이다. 의사결정 변수들 간에 복잡한 상호 연관성이 있고 매개변수들과 제약조건이 많아 계량적으로 나타내기 어려운 경우에 현실 상황과 유사한 조건을 만든 상태에서 결과를 예측해 보는 방법이다.

2.6 집단 의사결정

개인 의사결정
개인적으로 이용 가능한 정보를 모두 동원하여 스스로 의사결정을 하는 것.

집단 의사결정
여러 사람이 정보, 아이디어, 의견을 교류하여 의사결정을 내리는 것.

경영학적 의사결정에는 개인 의사결정과 집단 의사결정이 있다. 자기가 개인적으로 이용 가능한 정보를 모두 동원하여 스스로 의사결정을 하는 것을 **개인 의사결정**(individual decision making)이라고 하며, 여러 사람이 정보·아이디어·의견을 교류하고 집단적 상호작용을 통하여 의사결정을 내리는 것을 **집단 의사결정**(group decision making)이라고 한다.

현대 조직에서는 중요한 사안에 대해서 집단 의사결정 방식을 이용하는 경우가 점차 많아지고 있다. 그 이유는 의사결정과 관련되는 범위가 점점 넓고 복잡하며 전문적인 분야를 포함하게 됨으로써 여러 사람의 경험과 지식 및 판단력을 결합해야 할 필요성이 증대하고 있으며, 또한 이러한 의사결정 방식은 집단 전체의 동기부여 증가에 효과적이기 때문이다.

집단 의사결정은 더 많은 정보와 지식을 얻을 수 있으며 더 많은 대안을 만들어 낼 수 있고 더 좋은 결정을 할 가능성이 높으며 의사결정 사항을 수행할 수 있는 가능성도 높다는 장점이 있으나, 책임소재가 명확하지 않고, 충분한 토의가 어려우며, 의사결정에 소요되는 시간과 비용이 커지고, 합의가 이루어지기 어렵다는 단점도 있다. 그밖에 한 사람의 의견이 집단의 의견인 것처럼 나타날 수도 있고, 결정을 내릴 때 타당하고 조직에 도움이 되는 것보다는 집단의 이익에 도움이 되는 것을 선택하게 되기도 하며, 집단이 책임을 나눌 수 있다고 생각하여 무책임한 결정을 하기도 한다.

집단 의사결정이 필요할 때

- 다른 사람 또는 다른 부서와 합의가 필요할 때
- 종업원들의 수락이 필요할 때
- 종업원들 간의 마찰을 최소로 하고자 할 때
- 창조적인 아이디어나 건의, 대안이 필요할 때
- 다른 영역의 전문가 의견이 필요할 때
- 추가적인 자료를 조사하고 수집하고자 할 때
- 경험이 없는 종업원에 대하여 의사결정 훈련을 시키려고 할 때
- 특수한 의사결정을 위해서 협조를 받아야 할 때
- 여러 대안들로부터 마지막 의사결정을 해야 할 때
- 신중히 결정했다는 인상을 주고 싶을 때

1) 브레인스토밍

브레인스토밍(brainstorming)은 6~12명으로 구성된 집단이 탁자에 둘러앉아 리더에 의해 설명된 구체적인 문제해결을 위해 자유롭게 아이디어를 제출하는 방법이다. 즉 집단 구성원들이 문제해결을 위해 머리에 떠오르는 아이디어를 즉흥적으로 제안하도록 하는 기법이다.

브레인스토밍
6~12명으로 구성된 집단이 리더에 의해 설명된 문제해결을 위해 모두가 자유롭게 아이디어를 제출하는 방법.

이 방법의 목적은 제안된 아이디어의 실천 가능성 여부를 떠나 창의적인 아이디어를 많이 만들어내려는 데 있으며, 이를 성공시키기 위해서는 타인의 아이디어를 비판하지 말고, 자유분방한 아이디어를 환영하며, 되도록 많은 아이디어를 서로 내놓도록 해야 하며, 다른 사람들의 의견을 통해서 결합과 개선과정을 거쳐야 한다. 따라서 이 방법은 대안적 해결책의 개발을 위해 유용하게 활용될 수 있으며, 새로운 아이디어 창출에 많이 쓰인다.

노미널 집단기법
성원들이 독자적으로 적은 문제해결 아이디어를 돌아가며 제시한 후 구성원들이 평가하여 가장 높은 점수를 얻은 아이디어를 채택하는 기법.

2) 노미널 집단기법

노미널 집단기법(명목 집단기법 : nominal groups technique)은 구성원들이 하나의 집단으로 모여 문제해결을 위한 논의가 시작되기 전에 각

구성원들은 독자적으로 문제해결 아이디어를 적은 후 돌아가며 자기 아이디어를 제시한다. 모든 구성원의 의견이 완전히 제시된 후에 논의를 시작하여 아이디어를 평가하고 구성원들이 순위를 정하여 가장 높은 점수를 얻은 아이디어를 채택하는 기법이다. 모든 구성원들의 의견을 동등하게 투입함으로써 동조 압력, 적대감, 갈등을 피할 수 있다.

3) 델파이 집단기법

델파이 집단기법
설문지를 보내 익명의 의견을 수합한 후 분석 결과를 다시 각 성원에게 발송하는 것을 반복하여 의견이 일치되도록 하는 기법.

델파이 집단기법(delphi groups technique)은 노미널 집단기법과 달리 참여한 사람들의 대면적인 회합이 없이 설문지를 보내 익명의 의견을 수합한 후 분석 결과를 다시 발송하여 합의점을 도출해내는 방법이다.

이 방법은 시·공간적 제약을 넘어서서 직접 대면접촉을 하지 않고도 전문가 그룹의 의견을 모을 수 있다는 장점이 있고, 산재되어 있는 특정 주제에 대한 의견들에 대해 체계적이고 최종적인 판단을 이끌어내는 데 유용하다. 익명이라 부담은 적으나 설문지 발송, 회신, 자료의 분석, 정리작업으로 많은 시간이 소요된다. 그러나 애매한 문제에 대해 의견을 달리하는 경우 전문가의 의견을 수집할 수 있는 유용한 기법이다. 예를 들어, HMR(Home Meal Replacement, 가정간편식) 신제품 개발 의견 조사를 위한 전문가 집단을 구성한 후, 전문가들에게 필요성을 조사한다. 1차 라운드 분석 결과를 반영하여 2차 라운드 설문지를 작성하여 다시 전문가들에게 보내어 의견을 수렴하여 공통된 의견에 이를 때까지 이 과정을 반복하는 것이다.

4) 포커스 집단

포커스 집단
10~20명의 중요 고객을 대상으로하여 2시간 정도 만나서 문제점을 토론한 후에 의견을 제시하도록 하는 방법.

포커스 집단(focus groups)은 질적인 마케팅 방법에 주로 사용되며, 10~20명의 중요 고객을 대상으로 하여 2시간 정도 만나서 문제점을 토론한 후에 의견을 제시하도록 한다. 식품회사들은 신제품 개발을 위해 포커스 집단의 의견을 반영하여 제품을 출시하고 있다.

연습문제

1. 의사소통의 장애요소에 대하여 설명하시오.
2. 비공식적 의사소통이란 무엇이며, 조직 내에서 이를 어떻게 활용할 수 있을지 논의하시오.
3. 급식소에서 배식 시 서비스 라인을 몇 개로 할지에 관해 의사결정을 할 때 사용할 수 있는 기법을 설명하시오.
4. 집단 의사결정을 하는 것이 바람직한 경우에 대하여 토의하시오.

참고문헌

1. 강정애, 권순원, 김현아, 양혜연, 조은영, 태정원 (2015) : 조직행동론, 시그마프레스, 서울
2. 권구혁, 박광태, 박주영, 장정주, 최우석, 최진남, 홍광현 옮김 (2016) : 경영학의 이해 / McHugh 등 Understanding business(10th ed.) 생능출판사, 파주시, 경기도
3. 김광점, 박노윤, 설현도 옮김 (2018) : 조직행동론 / Robbins S.P.: Essentials of organizational behavior (14th ed.) 시그마프레스, 서울
4. 김남현 (1998) : 신경영학원론, 경문사, 서울
5. 김성국 (2008) : 조직과 인간행동, 명경사, 서울
6. 김영규 (2006) : 제2판 경영학원론, 박영사, 서울
7. 신유근 (2018) : 통합 경영학원론, 다산출판사, 서울
8. 신재정 (1994) : 경영학원론, 법영사, 서울
9. 이상문 (2002) : 개정 신경영과학, 형설출판사, 서울
10. 이성혜 (1994) : 현대인의 인간관계론, 학문사, 서울
11. 이학종 (2011) : 조직행동론, 법문사, 서울
12. 이한검 (2001) : 인간 행동론, 형설출판사, 서울
13. 임익순, 소영일 (1997) : 현대경영학원론, 박영사, 서울
14. 차동옥, 심원수, 서재현, 이호선 옮김 (2010) : 리더십 / Christopher F. Achua, Robert N. Lussier Leadership 한경사, 서울
15. Burack EH & Mathys NJ (1983) : Introduction to Management, New York, NY : John Wiley & Sons, Inc
16. Gregoire MB (2017) : Foodservice Organizations, a managerial and systems approach, 9th ed., Boston : Pearson
17. Griffin RW (2014) : Fundamentals of Management. 7th ed. Boston, MA : Houghton Mifflin Company
18. Kasavana Michael L (1984) : Computer Systems for Foodservice Operation, New York, NY : Van Nostrand Reinhold
19. Kreitner R (2012) : Management, 12th ed., Boston, MA : Houghton Mifflin Company
20. Payne-Palacio J, Theis M (2016) : Foodservice management, principles and practices, 13th ed., London : Pearson

21. Simon A (1977) : The New Science of Management Decision, Englewood Cliffs : Prentice Hall Inc
22. Stephen P. Robbins & Mary Coulter (2017). Management, 14th ed. Upper Saddle River, NJ: Pearson Press
23. Sullivan CF (1990) : Management of Medical Foodservice, 2nd ed., New York, NY : Van Nostrand Reinhold
24. https://www.mk.co.kr/news/business/view/2017/05/350934/
25. https://bizn.donga.com/3/all/20170612/84820724/2
26. http://www.dailian.co.kr/news/view/845466/?sc=naver
27. http://www.outsourcing.co.kr/news/articleView.html?idxno=83073

CHAPTER

07

인적자원관리

들어가며

직원들 워라밸 추구! 근무혁신 방향은?

워라밸이란 최근에 등장한 직장 내 신조어 이다. 직장 에서의 업무 생활(Work)과 퇴근 후 직장 밖에서의 생활(Life)간의 균형(Balance), 즉 일과 삶의 균형을 의미한다.

전국 성인 남녀 1천명을 대상으로 실시한 여론조사에서 응답자의 75.5%가 노동 강도가 높고 고액 연봉을 주는 회사 보다는 낮은 연봉이라도 일·생활 균형을 지켜 주는 회사를 선택했다. 고액 연봉만 바라보던 과거와는 크게 달라진 세태이다.

직원의 행복과 기업 성장 간의 관계를 추적해 온 영국 옥스퍼드대학 얀 에마뉘엘 드느브 교수는 "일에서 행복을 찾는 직원은 소수에 불과하다"고 지적하였다. 소냐 류보머스키 UC리버사이드 심리학과 교수도 "직원의 행복은 그저 근로시간을 줄인다고 높아지는 게 아니라 근로시간 보다 내가 의미있는 일을 한다는 만족감에 영향을 받는다"고 말했다. 따라서 "직원들이 업무를 통해 성취와 자긍심을 느낄 수 있는 근무 환경 혁신을 통해 생산성도 높아질 것"이라고 주장했다.

그렇다면 워라밸을 강조하는 직원으로부터 업무 성과를 유도하기 위해선 어떻게 해야 할까?

현장에서 체감한 건 시간관리가 아니라 성과관리 라고 한다. 한 예로 배달의 앱 '배달의 민족'은 주 4.5일, 35시간 근무제를 도입하고 있다. 언뜻 보면 '워라밸'을 훌륭하게 지키는 기업으로 보이지만 기업관계자는 "우리는 워라밸을 추구하지만 대한민국에서 가장 성과를 중시하는 회사"고 한다. "비효율적인 시간을 모두 덜어내고 알맹이만 남겼더니 일·생활 균형이 자연스럽게 이뤄졌다. 근로시간 단축을 앞둔 기업들이 고민해야 하는 것은, 자사 특성에 맞는 업무 방식의 설계도를 마련이다" 라고 했다. 즉 목표 자체가 일·생활 균형이 아니라 회사에 적합한 업무 시스템을 설계하는 과정에서 업무 방식, 의사소통 방식, 공간의 방식을 도입하여 결과적으로 일·생활 균형이 이루어지고 생산성이 높아졌다고 한다.

(출처 : 한국경제 보도자료; Bloter 보도자료) 저자재구성

교육목표

조직에서 가장 중요한 자원인 인적자원을 경쟁력 높게 관리하기 위하여 인적자원관리의 확보, 개발, 유지 및 보상 관리에 관한 개념과 기능, 관리 방법을 학습한다. 또한 법적 테두리 안에서 인적자원관리를 실행할 수 있도록 관련법을 파악하고 노사관계관리를 이해한다.

학습목표

- 인적자원관리를 정의하고 중요성과 관리의 범위를 설명할 수 있다.
- 인적자원의 채용과정을 설명할 수 있다.
- 직원 모집 방법에서 내부 모집과 외부 모집의 형태, 장단점을 설명할 수 있다.
- 직무 분석 방법과 결과물을 설명할 수 있다.
- 직무명세서와 직무기술서 비교하여 설명할 수 있다.
- 훈련과 개발의 차이점을 설명할 수 있다.
- 훈련 프로그램의 종류의 특성을 설명할 수 있다.
- 인적자원의 개발 프로그램의 종류와 특성을 설명할 수 있다.
- 직무설계 방법을 기술할 수 있다.
- 인사고과를 정의할 수 있고 고과방법을 설명할 수 있다.
- 인사고과 시 평가 오류를 설명할 수 있다.
- 인사단행의 종류를 설명할 수 있다.
- 직무평가 방법을 설명할 수 있다.
- 보상체계를 설명할 수 있다.
- 노사관리의 목적과 기능을 설명할 수 있다.
- 노동조합의 가입 제도를 설명할 수 있다.
- 노동조합의 형태를 설명할 수 있다.
- 단체교섭의 정의와 협상 사안을 설명할 수 있다.

1. 인적자원관리의 의의

조직에서 인적자원관리의 중요성은 간과할 수 없다. 오늘과 같은 인공지능시대에서 기술 발달에 의해 운영시스템이 자동화 된다하더라도 이를 통제하고 관리하는 것은 인력에 의해 일어난다. 급식산업에서 구매, 생산, 서비스, 위생, 재무관리 등 운영 전반을 계획하고 실행하는 데 조직 구성원의 역량이 무엇보다 중요하다.

1.1 인적자원관리의 기능 및 특성

1) 인적자원관리의 기능과 정의

인적자원관리(human resource management)는 인간을 대상으로 하는 관리이다. 여기서 관리란 관리적 기능과 운영적 기능을 갖는다. 인적자원의 관리적 기능이란 인적자원에 관한 업무를 계획하고, 조직, 지휘, 조정 및 통제하는 과정이며, 반면에 운영적 기능은 인적자원을 확보하고, 개발, 유지, 그리고 보상하는 과정이다. 따라서 **인적자원관리**는 개인과 조직의 목표를 달성할 수 있도록 인적자원의 확보, 개발, 유지 및 보상의 과정을 계획하고 조직, 지휘, 통제하는 과정으로 정의할 수 있다. 더 나아가 노동자와 고용자 간의 이해상충적인 관계를 협력관계로 구축하는 노사관계 관리도 포함된다(표7-1).

인적자원관리는 학자에 따라 다르게 정의된다. 요더와 헤너먼(Yoder & Heneman)은 인적자원관리를 **수평적 인사**와 **수직적 인사**로 분류하였다. 수평적 인사는 인적자원을 계획하고 이에 따라 직원을 모집, 선발하며, 적재적소에 배치하고, 이직관리를 하는 활동을 포함한다. 이에 반해, 수직적 인사는 승진, 좌천, 전직, 직무설계 및 조직의 설계와 관련된 관리 내용이며, 교육·훈련, 보상관리, 상담 등의 활동을 포함한다.

인적자원관리
개인과 조직의 목표를 달성할 수 있도록 인적자원의 확보, 개발, 유지 및 보상의 과정을 계획하고 조직, 지휘, 통제하는 과정.

수직적 인사
승진, 좌천, 전직, 직무설계 및 조직의 설계와 관련된 관리 내용.

수평적 인사
인적자원을 계획하고 이에 따라 직원을 모집, 선발하며, 적재적소에 배치하고, 이직관리를 하는 활동

2) 인적자원의 특성

인적자원은 물적 자원과는 다른 특성을 지닌다.

- 인적자원은 물적자원과 달리 반응과 변화를 쉽게 통제할 수 없다. 물적자원의 경우 미래를 예측하여 일정한 계획을 실행하기 용이하나, 인적자원은 실행 결과를 모니터링하고 피드백하며, 조직문화를 조성하는 활동의 여하에 따라서 성과가 다르게 나타난다.
- 인적자원의 역량은 인적자원의 개발 여하에 따라 크게 상승될 수도 감소될 수도 있다. 즉, 물적자원은 구입 시 가치가 결정되지만, 인적자원은 훈련과 개발을 통해 잠재능력을 크게 끌어올릴 수 있다. 그러므로 조직 특성에 적합한 인적자원의 채용 뿐 아니라 잠재능력을 향상시킬 수 있는 교육과 개발이 필요하다.
- 물적 자원은 관리에서 합리적 활용이 중요시된다면, 인적자원은 합리적 활용 뿐 아니라 구성원 개개인에 대한 존중이 요구된다.

따라서 인적자원관리는 법적인 테두리 안에서 인간의 존엄성을 바탕으로 잠재능력을 개발하는 방향으로 전개 되어야 한다. 이 장에서는 인적자원관리의 기능을 인적자원의 확보(procurement), 개발(development), 유지(maintenance), 보상(compensation) 및 노사관리(labor relation)로 나누어 살펴본다. 인적자원관리의 기능과 정의는 표 7-1과 같다.

표 7-1 **인적자원 관리의 기능과 정의**

기능	정의
확보관리	조직에 필요한 인적자원의 종류와 인원수를 조달하는 활동으로 필요인력 결정, 모집, 선발 및 배치를 포함
개발관리	인적자원의 확보 후에 훈련을 통하여 올바른 직무수행에 필요한 기술을 향상시키는 활동
유지관리	자발적이고 유능한 직원을 지속적으로 조직에 충성하도록 하는 상태의 관리
보상관리	조직의 목표를 달성한 공헌의 대가로 직원에게 주어지는 적정하고 공평한 반대급부에 대한 관리
노사관리	노동을 공급하는 근로자와 공급을 받는 사용자간의 대립적 관계를 특정 제도를 통해 조정, 완화시키고 협력관계를 형성하려는 일련의 계획적 시책

1.2 인적자원관리의 패러다임 변화

인적자원관리의 발전사는 근대적 관리시대, 현대적 관리시대로 구분할 수 있다. 근대적 인적자원관리 시대는 제 1차 세계 대전을 기점으로 발전한 과학적 관리, 인간관계적 관리의 경영 철학이 적용되었다. 과학적 관리에서는 근로자의 조직적인 태업을 막기 위해 시간연구, 동작연구를 통해 작업 표준을 설정하는 과학적인 접근 방법이 경영에 적용되었다. 인간관계적 관리에서는 인적자원을 특수한 자원으로 인식하고 인간성 존중, 인간의 심리적 요소를 중시하고 1930년 와그너법(Wager Act) 제정으로 근로자의 단결권, 단체교섭권, 노동쟁의권을 인정하여 노동자를 보호하는 활동이 경영에 적용되었다.

현대적 인적자원관리 시대는 민주적 관리시대, 종합적 품질경영시대로 발전하였다. 제2차 세계대전 후 인간존중과 민주적인 관리 방식을 강조하며 근로자의 직장내 삶의 질 향상을 유도하는 방향으로 발전하였다. 종합적 품질경영시대는 기업이 생산하는 제품의 품질에 경영의 초점을 두고, 전 조직원이 품질 개선에 참여하도록 유도하는 경영이다.

종합적 품질경영에서 인적자원관리 방식은 전통적인 인적자원관리 방식과는 여러 가지 면에서 차이점이 있다.

- 조직 문화 : 품질 향상에 중점을 두고 전 직원이 참여하여 지속적으로 품질을 개선하는 조직문화를 구축한다. 전통적인 인사 개념이 개인주의, 차별화, 전제적 리더십, 생산성을 강조했다면, 종합적 품질경영에서는 집단적 노력, 지도와 코칭, 소비자 만족, 품질을 우선시하는 문화를 육성한다.
- 직무 설계 : 전통적 인사관리의 직무설계는 효율성, 생산성, 표준, 특정 직무 기술에 초점을 두었다면 종합적 품질경영은 업무팀을 구성하여 자발적이며, 변화와 혁신을 통해 품질 개선하는 방향으로 직무를 설계하였다.
- 교육과 개발 : 전통적인 인사관리가 직무기술 향상에 초점을 둔 교육이었다면, 종합적 품질경영에서는 문제해결 중심의 다기능적이며 폭

쉬어가기

급식산업 현장에서 요구하는 인재상

급식업체가 보유한 인적자원의 역량에 따라 운영 성과가 달라지기 때문에 기업은 인재상을 정립하고 직원 역량을 개발한다. 미래에 요구되는 인재상에는 새로운 아이디어를 추구하는 인재, 글로벌 환경에 융합할 수 있는 인재, 감성기량이 뛰어난 인재, 법적환경을 이해하고 반영하는 인재, 외국노동인력을 다룰 수 있는 인재, 기업의 사회적 책임을 운영에 적용하는 인재 등이 다양하다.

국내 급식전문업체에서 원하는 인재상은 신뢰, 자부심, 열정, 재미, 열린 생각을 가진 인재 등이 있다. 일부 기업에서는 직무수행에 필요한 역량을 인재상으로 제시하기도 한다. 따라서 잠정적 구직자는 대학에서 전공과 관련된 전문 지식을 배양하는 것은 기본이고, 인문학적인 소양을 함양해야 한다.

아워홈	본푸드서비스
TRUST 신뢰 • 고객지향적인 사고를 바탕으로 행동하는 아워홈 직원으로서, 기본과 원칙에 충실하고, 자신의 역할을 다할 뿐 아니라 상대방을 존중하는 협력과 조화의 태도를 지닌 인재 **OPEN MIND 열린 생각** • 변화에 유연하게 대응하며, 고정관념에 얽매이지 않는 창의적 사고와 끊임없는 문제제기를 통해, 새로운 도전과 개척의 가능성을 찾아가는 인재 **PASSION 열정** • 자신의 일을 즐기며, 자신감과 전문성을 바탕으로 맡겨진 분야에서 지속적 경쟁우위를 확보하고, 무한한 자기혁신을 통해 '최고'가 되고자 하는 인재	**급식매니저 역량** 급식운영직무를 수행하는 급식매니저가 갖출 역량은 • 운영 영업에 대한 통찰력, 지점을 리드할 수 있는 리더십 • 본사와 급식브랜드 지점과 소통할 수 있는 커뮤니케이션 능력 • 수치 분석력 전략 수립과 문제해결 능력 • 식문화 트렌드를 분석할 수 있는 시장분석 능력 • 고객관리 능력, 고객사와의 협상 능력 **영양사 역량** 영양사 직무를 수행하는데 갖추어야 할 역량은 • 기본적인 조리기술 및 영양사 자격증 • 분석 관리 능력 • 지점 관리할 수 있는 리더십과 책임감 • 급식운영팀과 원활한 소통을 위한 커뮤니케이션 능력 • 전략과 목표 달성을 위한 경영자적 마인드 • 소양 습득을 기본으로 새로운 자신의 비전을 만들어 내는 사람

(출처 : (주)아워홈 홈페이지, 본푸드 홈페이지)

넓은 교육에 목표를 둔다.

- 인사고과 및 보상 : 전통적인 인사고과는 개인의 업무 수행력을 상사가 평가하는 방식이라면, 종합적 품질경영에서는 팀별로 목표를 설정하고 상사, 동료, 소비자가 다면적으로 평가한다. 보상방식은 개별적 보상 보다는 팀별로 보상하고 재정적 보상과 더불어 성과를 인정하고 공포하며 직원을 격려한다.

2. 인적자원의 확보

인적자원의 확보(procurement)는 조직에 필요한 인적자원의 적정 인원수를 확보하는 활동으로 정의된다. 인적자원의 확보는 채용계획 수립, 채용과정(모집, 선발, 오리엔테이션) 단계로 진행된다. 채용계획과 채용과정에 필요한 기초 자료는 직무기술서와 직무명세서이다. 이들 서류는 채용예정자가 담당할 직무명, 직무내용, 갖추어야 할 역량 등에 관한 내용을 기술한 것으로 직무분석을 통해 얻어진다. 따라서 인적자원의 확보에서는 채용계획, 채용과정, 직무분석을 살펴본다.

인적자원의 확보
조직에 필요한 인적자원의 종류와 인원수를 확보하는 활동.

표 7-2 인적자원의 확보

구분	정의
채용계획	인적자원 관련 행동을 사전에 계획하는 활동
채용과정	인적자원을 모집하고 구직자 중에서 우수 인재의 채용과 관련된 일련의 활동
오리엔테이션	신입직원이 빠른 시일 내에 조직에 적응할 수 있도록 관련 정보를 제공하는 활동
직무분석	직무와 관련된 활동, 과업 또는 책무 등과 같은 직무에 관한 정보를 분석하고 획득하는 것

쉬어가기

급식전문업체의 채용과정

급식전문업체 A사의 채용과정은 다음과 같이 진행된다.

- **1단계. 모집**
  캠퍼스 리크루팅, 워너비 패셔니스타를 통한 지원자 모집
- **2단계. 서류전형**
  자기 소개서, 교내 · 외 활동사항, 학교 성적, 외국어 능력 등을 기준으로 심사
- **3단계. 1차 면접(팀장)/인성검사**
  인성면접 : 이름, 학교명, 전공, 성적 등 속인적 요소를 배제한 Blind Interview를 통해 평가.
  인성검사 : 인성검사를 통해 당사 인재상에 부합하는 지원자 선별
- **4단계. 합숙면접**
  1박2일 간 진행되는 복수의 과업 수행을 통해 지원자의 역량을 심층적으로 평가
- **5단계. 2차 면접(임원)**
  인성, 역량, 성장 가능성 등 당사의 핵심가치에 부합하는 인재를 중심으로 선발
- **6단계. 인턴십 Program**
  입문교육 (1주) : 그룹 소개, 서비스 아카데미, 인성교육 등 인턴십 Orientation을 진행
  현장실습 (4주) : 현업 담당과 동일한 수준의 업무를 부여한 후, 실무역량을 평가
- **7단계. 교육 및 입사**
  교육 : 그룹사 공통교육 진행 후, 각 그룹사별로 자체 교육을 진행
  입사 : 인적성검사, 면접 결과 및 개인면담 결과를 활용하여 적재적소에 배치

(출처: 현대그린푸드 홈페이지)

CHAPTER 7

2.1 채용계획 수립

채용계획
조직의 목표에 맞춰 미래의 인적자원을 필요로 하는 인력의 수와 직무내용을 사전에 예측하고 계획을 수립하는 것.

채용계획(human resources planning)이란 인적자원과 관련된 행동을 사전에 결정하는 것이다. 채용계획의 목적은 조직에서 필요로 하는 업무를 담당할 인력이 갖추어야 할 자격요건을 파악하고 적정한 인원수를 결정하여 적소에 배치하는 데 있다.

인적자원의 채용 계획과정은 그림 7-1과 같이 진행된다. 조직의 목표에 맞춰 미래의 인적자원을 필요로 하는 인력의 수와 직무 내용을 사전에 예측하고 계획을 수립하는 것에서 시작된다. 필요한 인력에 대한 수요예측

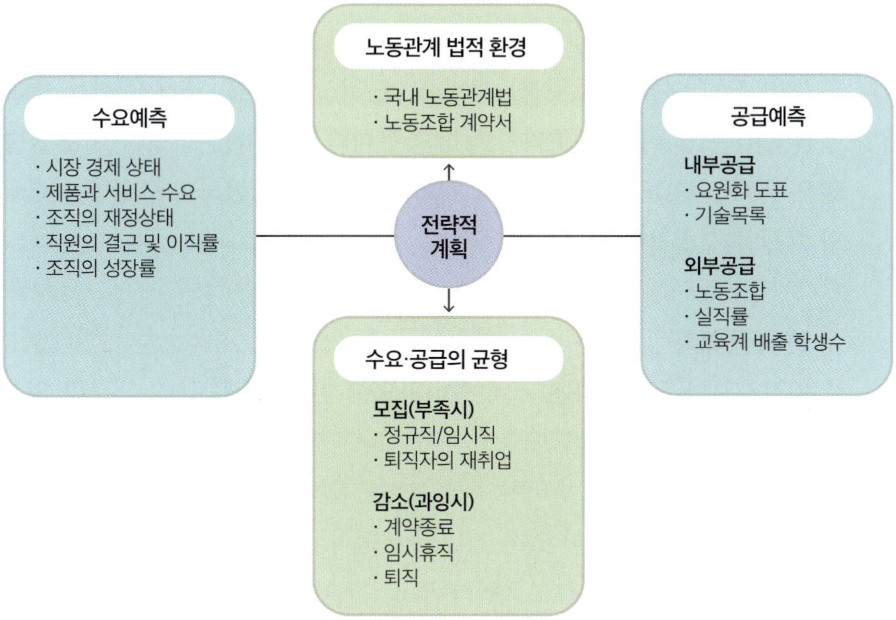

그림 7-1 **인적자원 계획과정**

과 공급예측을 통해 수요·공급의 균형을 맞추고, 법적인 환경에 적합한 테두리 안에서 이러한 활동을 전개해야 한다.

1) 전략적 계획

인적자원의 **전략적 계획**은 조직 내외의 환경을 인식하고 필요한 인력의 종류와 수를 계획하고 예상하는 과정이다. 기술 변화, 미래 트렌드는 전략적 계획과정에 영향을 주는 요소이다. 급식 기업이 조직의 경쟁력을 확보하기 위해서는 미래에 필요한 업무 유형을 전략적 계획을 통해 결정하고 자격을 갖춘 직원을 확보하기 위한 방안을 강구해야 한다. 훌륭한 인재를 끌어오기 위한 적정 수준의 임금과 보상 프로그램 설계, 기업 홍보 활동을 기획하는 한편, 현 직원에게 미래에 요구되는 직무 수행을 위해 필요한 교육 프로그램을 설계하는 활동을 계획한다.

전략적 계획
조직 내외의 환경을 인식하고 필요한 인력의 종류와 수를 계획하고 예상하는 과정.

2) 수요예측

인적자원의 **수요예측**은 특정 시점에 특정 직무를 수행하는 데 필요한

수요예측
특정 시점에 특정 직무를 수행하는 데 필요한 인력의 수, 유형, 자격을 결정하는 것.

인력의 수, 유형, 자격을 결정하는 것이다. 수요예측 시 검토할 사항은 제품/서비스에 대한 수요, 시장 경제 상태, 시장 요구도, 조직의 재정 상태, 직원의 결근 및 이직률, 조직의 성장률 등이다. 가장 기본적인 수요예측 방법은 현재 직원수를 기준으로 이직률과 퇴직률을 감안하여 필요한 인력수와 유형을 결정하는 것이다.

공급예측
조직에서 필요한 인적자원을 조직 내부와 외부에서 공급 가능한 정도를 예측.

내부공급 예측
가까운 장래에 조직에 남아 있을 직원의 유형과 수를 결근율, 인사이동, 승진 등을 감안.

외부공급 예측
노동력 시장에서 채용 가능한 인적자원의 유형과 수를 예측.

3) 공급예측

인적자원의 **공급예측**은 조직에서 필요한 인적자원을 조직 내부와 외부에서 공급 가능한 정도를 예측하는 것이다. 먼저 조직 내부에서의 공급 능력을 파악한 후, 외부로부터의 공급 능력을 살펴본다. **내부공급 예측**은 가까운 장래에 조직에 남아 있을 직원의 유형과 수를 이직률, 인사이동, 승진 등을 감안하여 이루어진다. 요원화 도표, 기술 목록을 작성하여 공급을 예측한다. **외부공급 예측**은 노동력 시장에서 채용 가능한 인적자원의 유형과 수를 예측하는 것이다. 일반적으로 노동조합, 경제단체 및 정부기관에서 발행되는 보고서, 지역에서 발행하는 정보지 및 관련 교육기관에서 배출하는 학생 수 등을 활용하여 예측한다.

쉬어가기

요원화 도표와 기술 목록

요원화 도표(Staffing table)

조직의 직무를 도식화하고, 미래에 충원해야 할 직무와 인원수와 현재의 직무별 인원수를 기입한 표이다. 직무별로 필요한 인원수는 생산성, 이직률, 결근율, 직무 간의 이동률 등을 감안하여 계산한다.

기술 목록(Skill inventory)

직무별로 필요한 인적자원에 관한 정보를 수록한 표로써 직원의 성격, 특성, 교육정도, 기술, 경험을 포함하여 희망 근무처, 적성, 상사의 평가 내용 등에 관한 정보를 담고 있다.

표준근로계약서

____________ (이하 "사업주"라 함)과(와) ____________(이하 "근로자"라 함)은 다음과 같이 근로계약을 체결한다.

1. 근로계약기간 : 년 월 일부터 년 월 일까지
   ※ 근로계약기간을 정하지 않는 경우에는 "근로개시일"만 기재
2. 근 무 장 소 :
3. 업무의 내용 :
4. 소정근로시간 : __시__분부터 __시__분까지 (휴게시간 : 시 분~ 시 분)
5. 근무일/휴일 : 매주 일(또는 매일단위)근무, 주휴일 매주 요일
6. 임 금
   - 월(일, 시간)급 : ____________원
   - 상여금 : 있음 ( ) ____________원, 없음 ( )
   - 기타급여(제수당 등) : 있음 ( ), 없음 ( )
   · ____________ 원, ____________원
   · ____________ 원, ____________원
   - 임금지급일 : 매월(매주 또는 매일) 일(휴일의 경우는 전일 지급)
   - 지급방법 : 근로자에게 직접지급( ), 근로자 명의 예금통장에 입금( )
7. 연차유급휴가
   - 연차유급휴가는 근로기준법에서 정하는 바에 따라 부여함
8. 사회보험 적용여부(해당란에 체크)
   □ 고용보험 □ 산재보험 □ 국민연금 □ 건강보험
9. 근로계약서 교부
   - 사업주는 근로계약을 체결함과 동시에 본 계약서를 사본하여 근로자의 교부요구와 관계없이 근로자에게 교부함(근로기준법 제17조 이행)
10. 기 타
    - 이 계약에 정함이 없는 사항은 근로기준법령에 의함

년 월 일

(사업주) 사업체명 : (전화 :)
주 소 :
대 표 자 : (서명)
(근로자) 주 소 :
연 락 처 :
성 명 : (서명)

(출처 : 고용노동부 2014)

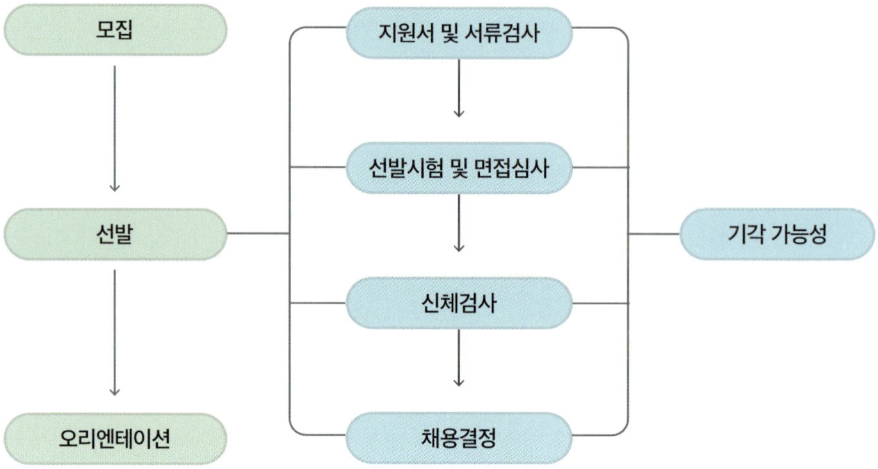

그림 7-2 **채용과정**
자료 : Spears, 2000

1) 모집

모집
결원을 보충하기 위해 지원자를 확보하는 과정.

모집은 결원을 보충하기 위해 지원자를 확보하는 과정을 의미한다. 모집은 직무 단위의 관리자가 직무명세서를 기초로 부서에서 필요로 하는 인력의 직무 내용, 인원수, 자격요건을 결정하고 이를 인적자원관리 부서에 제출하면서부터 시작된다.

모집에 영향을 주는 요소는 (1) 활용 가능한 직원의 수 (2) 인적자원관련 정책 (3) 결원 직종에 해당되는 인력의 자격요건 등이 있다. 인적자원의 모집 방법은 내부모집과 외부모집 2가지로 분류되며 각각의 장단점은 표 7-4과 같다.

CHAPTER 7

(1) 내부모집

내부모집
조직에서 근무한 경력이 있는 퇴직자, 시간제 근로자, 비정규직원 등을 대상으로 지원기회를 주고 고용.

내부모집(inside the organization)은 조직에서 근무한 경력이 있는 퇴직자, 시간제 근로자, 비정규직원 등을 대상으로 지원기회를 주고 고용하는 형태이다. 이 경우 임시직원을 정규직원으로 승진시킨다든지, 부서 간의 인사이동을 통해서 직원이 채용되므로 내부 직원들의 동기부여, 사기진작에 효과적이며 조직에 헌신도를 높일 수 있다. 또한 모집 비용이 저렴하며, 기업에 익숙하면서도 역량이 검증된 믿을 수 있는 인력을 채용할 수 있다는 장점이 있다. 반면에 단점은 조직에 익숙한 인력을 채용하기 때문에 새로운 아이디어를 내기 힘들 수 있다. 새롭게 부상하는 분야에서 요구하는 전문적 기술을 가진 인력을 채용하는 경우, 내부 모집을 통해 직원 채용하는 것은 바람직하지 않다.

(2) 외부모집

외부모집(outside the organization)은 조직 외부에서 적절한 인력을 채용하는 형태로 일반적으로 기업에서 직원을 채용하는 형태이다.

외부모집 방법에는 연고모집, 일반공고모집, 채용박람회를 통한 모집이 있다. **연고모집**은 현직 종업원을 통해 채용을 알리고 인력을 채용하는 방식으로 비공식적인 모집 방법이다. **일반공고모집**은 공개적으로 직원 모집을 공고하여 응시하는 모든 사람에게 기회를 주는 채용방식이다. 신문, 매스컴을 통한 광고, 정부기관, 교육기관, 협회, 민간의 구인구직 사이트(예: 대한영양사협회, 재치영양사, 영양사도우미)를 이용하여 채용공고를 내고 모집한다. 채용박람회를 통한 모집은 유사업종의 기업이 한 장소에 모여 취업희망자에게 채용 정보를 제공함으로써 구직자와 기업

외부모집
외부에서 적절한 인력을 채용.

연고모집
현직 종업원을 통해 채용을 알리고 인력을 채용하는 방식.

일반공고모집
공개적으로 직원 모집을 공고하여 응시하는 모든 사람에게 기회를 주는 채용 방식.

표 7-4 **모집방법 및 장·단점**

형태			장점	단점
내부모집		• 과거 회사 경험이 있는 퇴직자, 인턴사원, 시간제 근로자, 휴직자의 재고용	• 비용 저렴 • 승진, 인사이동의 개념으로 활용되어 직원의 사기진작, 동기부여, 조직 헌신도 향상 • 모집 비용 저렴 • 조직에 적응시간 단축 • 검증된 인력의 채용	• 전문기술을 요구하는 직원의 채용에 어려움 • 참신한 아이디어 부족 • 신기술 보유 인력, 신사업 직종의 인력채용에는 부적합
외부모집	연고 모집	• 비공식적인 모집 • 아는 사람을 통해 인력 채용 • 현직 직원을 통한 모집	• 채용비용 저렴 • 집단 내부의 유대 강화	• 조직의 헌신성보다 인간적인 끈에 연결되어 조직관리에 어려움 • 부적합자, 미숙한 기술자의 채용 가능성
	일반 공고 모집	• 신문, 매스컴을 통한 모집 • 직업소개소 • 교육기관	• 참신한 인물의 발굴 • 공정성 확보	• 채용비용 높음 • 채용과정, 기간이 김

을 연결시켜 주고, 회사관계자와 질문과 면접하는 한편 기업에 적합한 참신하고 유능한 인물을 채용하는 제도이다. 최근에는 취업박람회, 기업의 홈페이지 채용사이트, 구인·구직사이트를 통한 외부모집도 활발히 진행되고 있다.

2) 선발

선발과정
직무 수행에 적합한 기술, 지식과 인성을 지니고 조직의 목적에 적합한 인재를 결정하는 과정.

선발과정은 직무 수행에 적합한 기술, 지식과 인성을 지니고 조직의 목적에 적합한 인재를 결정하는 과정이다. 선발 기준은 해당 직무 명세서에서 요구하는 중요 요건, 윤리적 기준, 인적자원관리에 적용되는 법적 요구사항들이 포함하여 진행되어야 한다. 선발과정은 지원서 및 서류 심사, 선발시험 및 면접 심사, 신체검사로 진행된다(그림 7-2).

(1) 지원서 및 서류 심사

선발의 첫 단계는 지원자가 제출한 지원서, 자기소개서, 기타 제출 서류의 검토이다. 이 단계를 거쳐 인재 후보군을 선별한다.

지원서는 지원자의 기본 정보를 제공할 뿐 아니라, 지원자가 채용될 경

채용절차의 공정화에 관한 법률 시행

2019년 7월 19일자로 채용절차의 공정화에 관한 법률이 시행됨에 따라 채용에 관하여 부당한 청탁, 압력 등의 행위를 금지한다. 이를 위반할 경우 3,000만원 이하의 과태료가 부과된다. 또한 구인자가 근로자 모집 시 구직자에게 용모, 키, 체중, 출신 지역, 혼인 여부, 재산, 직계 존비속의 직위 등의 정보를 기초심사자료에 기재하도록 요구하거나 입증자료로 수집을 금지한다. 단 경력직에 한해 최종학위, 전공관련 서류를 요구할 수 있지만 학교명은 제외한다. 이 조항을 위반한 경우 5백만원 이하의 과태료를 부과한다.

(출처 : 고용노동부 2019-11-11)

우에 인사 관련 기본적 데이터베이스로 활용된다. 그러므로 인적자원관리자는 지원자의 보유 기술, 경험 정도, 학업성취 능력, 희망보수 등을 파악할 수 있도록 지원서를 설계해야 한다. 일반적으로 지원서를 통해 지원자의 나이, 성별, 이름, 인상, 교육 정도, 보유 기술, 경력, 학업성취도, 희망 보수 등을 파악할 수 있다. 자기소개서는 지원자의 관심분야, 인생관, 경험 등을 파악할 수 있는 중요한 단서가 되며, 인사 담당자 입장에서는 면접 시 질문 사항을 이끌어 내는 자료가 되기도 한다.

경력직 직원을 선발하는 경우, 지원자의 이력 점검 과정을 거치기도 한다. 지원자가 제출한 서류를 바탕으로 과거 직장 상사, 동료에게 경력이나 인성을 조회하거나 혹은 제출 서류의 진위 여부를 파악한다.

(2) 선발시험 및 면접 심사

선발시험은 형식에 따라 필기시험, 실기시험, 면접시험이 있고, 목적에 따라 지능검사, 적성검사, 성격검사가 있다. 기업에 따라 서류심사 후 별도의 선발시험을 치루지 않고 면접심사만 하는 곳도 있고, 서류 통과자에 한해 적성 검사 후 면접대상자를 확정하는 경우도 있다.

- 필기시험 : 기본적인 지식 능력을 평가하는 시험으로 주어진 질문에 따라 답안을 작성한다. 요즘은 인적성검사로 대체하는 추세이다.
- 인적성검사 : 인성검사와 직무능력이나 직무적성을 평가하는 시험이다. 지원자의 인적 성향, 직무에 관한 흥미와 적성을 평가함으로써 잠재능력을 확인한다. 인성검사는 개인의 동기, 대인관계능력, 자신감, 인내력 등을 측정하는 것으로 일관성 있게 솔직하게 답변해야 좋은 결과를 얻을 수 있다. 직무능력, 직무 적성은 지원자의 지능, 논리력, 언어 능력, 직무수행력 등을 평가하는 시험이다. 기업별 기출문제를 미리 학습해야 시험 성과를 높일 수 있다.
- 실기시험 : 직무와 관련된 기능·기술을 평가하는 시험이다. 영양사는 식단 작성 또는 식단 평가 시험이 있고, 조리사의 경우 조리실습이 있다.
- 면접시험 : 면접관이 준비된 혹은 돌발 질문 등을 통해 면접자에게 질문을 하고 대답을 하는 형식으로 지원자의 대응능력과 직무 적합도

쉬어가기

급식 전문업체에서 실시하는 다양한 면접 기법과 응시자의 대응요령

기업이 독창적인 면접을 도입하여 구직자의 열정, 열린 생각, 능력을 파악하려고 한다. 다양한 면접 기법을 이해하고 자기만의 스토리를 준비하여 면접에 임하면 좋은 결과를 얻을 수 있다.

• 구조화된 면접

면접관이 질문 내용과 방법을 미리 정해놓고 진행하는 면접방법이다. 표준화된 형식을 사용하여 신뢰성, 타당성, 객관성을 높일 수 있는 장점이 있다. 미리 예상 질문에 대한 답을 준비하여 가는 것이 좋다.

• 집단 면접

다수(5~6명)의 지원자를 한 자리에 불러 면접위원이 질문하고 지원자들의 응답 내용을 관찰하는 것이다. 자신의 생각을 정리하고 세련되고 정확한 대답을 하는 것이 좋다. 자신의 차례가 아닐 때도 평가받고 있다는 점을 잊지 말아야 한다.

• 기술 면접(프리젠테이션 면접)

서류전형에 일차적으로 합격한 응시생을 대상으로 사전에 주제를 알려주고 준비하게 한 후에 주제 발표를 하게 하는 방법이다. 주제, 발표, 내용 구성에 있어서 전문적인 식견을 반영하고 면접위원들의 관심을 사로잡는 기술이 중요하다.

• 스트레스 면접

압박면접이라고도 하는데 매우 황당한 질문이나 극도로 스트레스 받는 상황으로 유도한 다음 그러한 위기상황에서 응시자의 생각과 상황대응능력을 평가하는 방법. 지원자들은 이러한 상황에 대한 이미지 트레이닝을 미리 해보면서 긴장을 푸는 것이 중요하다.

• 요리 면접

식품업체인 샘표는 구직자 4~5명이 한 팀을 이루어 직접 재료와 요리 주제까지 정하는 '요리 면접'을 실시한다. 마케팅 지원자는 어떻게 요리를 판매할지, 연구팀 지원자는 어떤 음식을 만들 것인지를 함께 논의하고 발표하는 방식으로 진행된다.

• 미각 테스트

SPC그룹은 맛을 구별하는 능력을 측정하기 위한 미각테스트를 실시한다. 한 예로 소금물의 농도를 5단계로 구분해 진한 순서를 찾아내게 한다. 평소에 맛에 관심을 가지고 맛 성분의 농도를 달리하여 테스팅하여 감각을 익힌다.

(출처 : 메트로신문 2014-03-13 재구성)

를 평가한다.

면접은 직원을 선발할 때 큰 영향을 미치는 중요한 단계이다. 서류심사나 선발시험에서는 파악할 수 없는 개인의 특성, 직무 능력, 의사소통 능력, 인성을 면접과정에서 파악할 수 있으므로 채용 여부를 결정하는 데 중요하게 작용한다.

면접을 수행하기 이전에 면접자의 지식, 기술, 능력을 제대로 평가할 수 있도록 면접기법을 개발해야 한다. 면접개발과정은 2~3명으로 구성되는 팀을 만들어 채용하고자 하는 직무를 이해를 한 후 직무와 관련된 질문을 개발하고 후보자의 면접 후 결과 평가도구 준비까지 포함된다.

(3) 신체검사

신체검사는 지원자가 직무 수행에 적합한 신체적 능력을 가지고 있는지를 검사하는 단계이다. 특히 급식산업에 종사하는 인력은 식품위생법으로 규정하고 있는 질병, 즉 장티푸스, 폐결핵, 세균성 이질, 감염병에 노출되어 있는지 여부를 검사하기도 한다. 신체검사 결과 직무수행에 장애가 되는 질환 보유자, 약물 중독자는 후보군에서 제외한다.

신체검사
지원자가 직무 수행에 적합한 신체적 능력을 가지고 있는지를 검사.

한편, 신체검사 결과는 지원자가 채용되는 시점에 건강상태에 관한 자료로 활용됨으로써, 직장 고용 이후에 산업 재해로 인해 획득된 질병인지 그 여부를 판단하는 근거 자료로 활용될 수 있다.

(4) 채용결정

선발의 마지막 단계는 채용결정이다. 이상의 단계를 거쳐 최종적으로 통과된 인력에 대해 인적자원관리자가 채용 여부를 결정하게 된다. 지원자에서 채용결정 내용과 담당업무, 근로 일정, 급여 등에 관한 주요 정보를 알려주고, 이의 수락 여부를 일정시간 이내로 회신할 것을 요청한다. 만약 지원자가 수락하면 채용이 결정되고 수락하지 않는다면 차순위자로 기회가 넘어가게 된다.

3) 오리엔테이션

오리엔테이션 과정은 직원채용과정의 마지막 단계에 속하지만, 인적자원의 개발 측면에서는 첫 단계에 속하는 교육활동으로 볼 수도 있다.

오리엔테이션
신입직원이 빠른 시간 내에 조직에 적응하고 효율적으로 업무를 수행할 수 있도록 사전에 정보를 제공.

오리엔테이션은 신입직원이 빠른 시간 내에 조직에 적응하고 효율적으로 업무를 수행할 수 있도록 사전에 정보를 제공하는 프로그램이다. 그러므로 오리엔테이션 과정을 통해 회사의 연혁, 목표, 비전, 가치, 정책, 방침을 소개하고 경영진, 상사를 소개한다. 또한 작업 규칙과 업무규정, 기타 후생복리 제도에 관한 정보를 전달한다.

오리엔테이션 과정이 적절하게 수행되는 경우에 다음과 같은 장점이 있다. 신입직원이 조직의 발전 방향을 이해하고, 조직문화에 쉽게 동화되며, 신입사원 상호간의 친목 도모, 관리자의 접촉을 통한 인간관계 형성에 도움이 된다. 이로써 조직입장에서는 신입직원의 수습기간과 훈련비용을 줄일 수 있고, 이직률 예방 및 높은 성과 유도 효과를 거둘 수 있다.

2.3 직무분석

직무분석
직무와 관련된 활동, 과업 혹은 책무 등과 같은 직무에 관한 정보를 획득하는 과정.

직무분석(job analysis)은 인적자원관리의 기초로써 직무와 관련된 활동, 과업 혹은 책무 등과 같은 직무에 관한 정보를 획득하는 과정이다. 즉 조사, 연구, 관찰을 통해서 일정 직무를 효과적으로 수행하기 위해서 종업원에게 요구되는 지식, 능력, 숙련 정도 및 책임 등과 같은 인적요건과 직무의 성질을 알아내는 과정을 의미한다.

1) 직무분석 과정

직무분석의 과정은 그림 7-3과 같다. 일반적으로 소규모 조직에서는 상급자가 직무를 분석하는 반면 대규모의 조직에서는 외부에서 고용되는 직무분석 전문가에 의해 수행된다. 직무분석 전문가는 다양한 직무분석기법을 이용하여 직무를 구성하고 있는 과업의 내용, 수행력 기준, 종업원의 책무, 지식 정도, 기술 정도, 경험 정도, 작업 시 이용하는 기구 및 직무내용 등을 파악하고 이를 토대로 직무기술서와 직무명세서를 작성하게 된다.

직무분석 단계를 보면 1단계로 과업에 관한 자료 수집, 2단계는 수행력 기준 설정, 3단계로 작업 수행 시 요구되는 기술을 규명하는 순서로 조사된다.

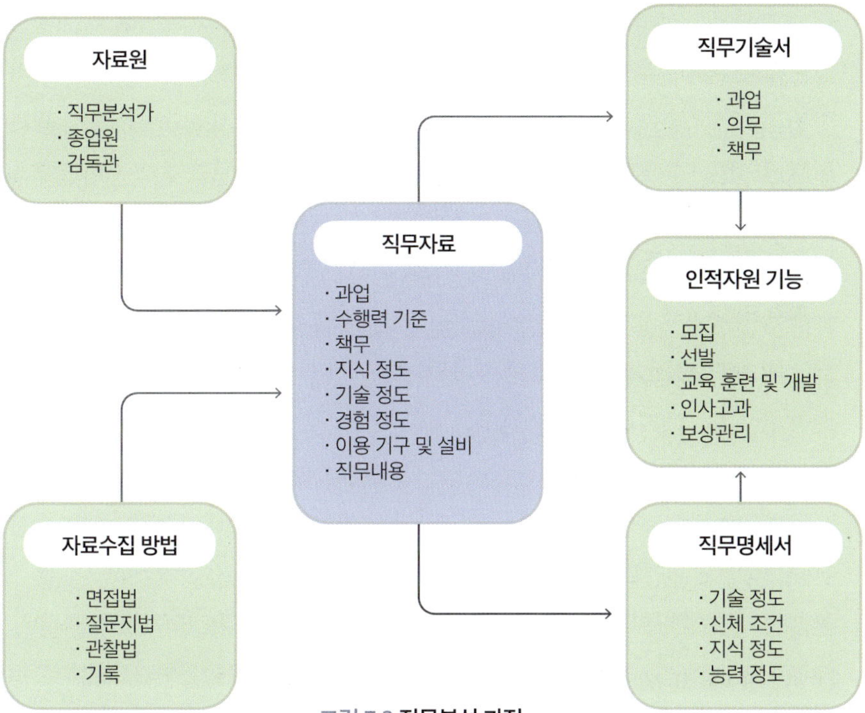

그림 7-3 **직무분석 과정**
자료 : Sherman et al., 1996

2) 직무분석 성과물

직무분석의 결과 얻을 수 있는 주요 산물은 직무기술서, 직무명세서, 수행력 기준 등이 있다.

(1) 직무기술서

직무기술서(job description)란 특정 직무에 있어서 주요 책무, 작업환경조건, 업무수행에 대부분의 직무기술서는 세 영역-직무명, 직무구분, 직무내용-으로 구성되어 있으나 별도로 직무명세서가 마련되지 않은 조직에서는 인적요건을 마지막 부분에 포함시키는 경우도 있다. 직무기술에 포함되는 구체적인 내용은 다음과 같다.

- 직무명(job title) : 조직 내부에서 위치, 지위 및 상태를 제시한다.
- 직무구분(job identification) : 일반적으로 직무명 아래에 기술하며 소속부서, 상위감독자, 조직구조, 조직의 규모 및 직무에 관한 고유번호 등과 같은 정보를 제공한다.

직무기술서
주요 책무, 작업환경조건, 업무수행에 사용되는 자원 혹은 기구 등에 관한 정보를 제공하는 서류.

직무기술서

직무명 : 일반식 조장(조리사)

직급 : 6급 이상

근무 형태 : 교대 근무

자격 요건

가. 연령 : 40세 이상
나. 학력 : 중학교 졸업 이상
다. 경력 : 조리원으로서 10년 이상 경력과 조리사로서 3년 이상 근무자
라. 특별한 조건 : 계수 능력, 문장력, 통솔력
마. 자격증 : 조리사 자격증

직무 요약

영양사의 관리, 감독하에 다음과 같은 업무를 수행

가. 환자일반식 조리업무 전반의 책임
나. 일반식 조리조(調理組)의 식품 및 소모품 사용관리의 책임
다. 일반식 조리구역의 시설 및 조리기구 사용관리의 책임
라. 일반식 조리원의 조리업무 지도

과업 및 임무

가. 식단표에 의한 환자일반식을 완전하게 조리하여 분배까지 업무 전반의 책임
  1) 당일 사용되는 식재료의 전처리(前處理) 업무
  2) 표준조리법에 의한 조리
  3) 조리된 음식 맛의 적정성 점검
  4) 식종별 환자식 인원통계 및 통계에 의해 식종별 조리업무의 전반적 관리
  5) 조리된 음식의 1인량 적정 분배
  6) 규정된 시간 내의 조리완료 및 배선준비 완료
나. 분배된 식품의 실사용에 대한 책임(위생적인 취급, 보관, 재고관리, 보고)
다. 배식 후 발생되는 환자일반식에 관한 누락상, 착오상 보완의 책임
라. 일반식 조리조의 필요물품에 대한 청구의뢰 및 인수, 사용의 책임
마. 일반식 조리구역의 시설 및 조리기구에 대한 사용과 위생상태 유지의 책임
바. 일반식 조리원의 구체적인 업무를 과내 작업일정표의 업무수순에 따라 지도
사. 담당 구역의 가스, 스팀, 전기 등 안전상태 점검의 책임
아. 담당 영양사에게 일반식 조리조 업무부문에 대한 보고의 책임
자. 과내 직무교육 프로그램에 참석하고 자신의 직무수행 능력을 배양
차. 기타 지시된 업무를 수행

기타 : 휴가 시 육류찬 조리사가 업무를 대행

그림 7-4 **직무기술서의 예**
자료 : 세브란스병원 영양과(대한영양사회, 2000에서 재인용)

- 직무의 내용 및 책임(job duties) : 수행되는 직무의 주요 책무 및 내용, 직무에 사용되는 자원, 작업조건 등으로 구성되며 구체적이고 상세한 정보를 준다. 경우에 따라서 직무담당자의 자격요건에 대한 기준(qualification standards)을 포함할 수도 있는데 이는 직무담당자의 기술, 경험, 교육 정도, 신체적·정신적인 요건 등을 명시한 것이므로 일반적으로 직무명세서에 기술한다.

(2) 직무명세서

직무명세서(job specification)는 직무를 성공적으로 수행하는 데 인적자원이 갖추어야 할 능력, 기술, 자질 등의 자격 요건을 명시한 것이다. 어떤 경우에는 직무명세서를 따로 만들지 않고 직무기술서에 포함하기도 한다. 앞에서 제시한 그림 7-4의 직무기술서에서 직무담당자가 갖추어야 할 자격 요건이 바로 직무명세서의 내용에 해당된다.

직무명세서
직무를 성공적으로 수행하는 데 필요한 능력, 기술, 자질 등의 자격 요건을 명시한 것.

(3) 수행력 기준

수행력 기준(performance standards)이란 특정 직무에 요구되는 일의 성과 표준이다. 주로 인사고과의 기초 자료가 된다.

3) 직무분석 방법

직무분석은 직무를 구성하는 과업의 종류와 내용을 조사하는 것으로 면접법, 질문지법, 관찰법을 통해 이루어진다.

(1) 면접법

담당자와 면담을 통해 직무를 분석하는 방법이다. 장점은 직무에 관한 정확하고 상세한 정보를 얻을 수 있다는 점이나, 단점은 직무수가 많거나 조직의 규모가 큰 경우에 직무분석에 많은 시간과 비용이 소요되고 광범위한 조사가 어렵다는 점이 있다.

(2) 질문지법

직무수행에 관련된 내용을 설문지로 작성하여 담당자에게 응답하게 하여 직무에 관한 정보를 얻는 방법이다. 장점은 다양한 자료를 신속하게 수집할 수 있다는 점이고, 단점은 질문지 내용의 구성이 어렵고 직무에 관한 완전한 정보를 획득하기 어렵다는 점이다.

(3) 관찰법

직무분석자가 담당자의 직무수행과정을 직접 눈으로 관찰하고 기록하여 분석하는 방법이다. 면접법과 질문지법의 단점을 보완한 방법이다. 일반적으로 질문지법을 이용하여 분석하고 부분적으로 면접이나 관찰을 통해 직무내용을 확인한다.

3. 인적자원의 개발

인적자원 개발은 직원 확보 후에 교육을 통해 직무 수행에 필요한 기술, 지식, 역량을 높이는 것을 의미한다. 최근 컴퓨터 기술 발전으로 직무환경이 급변하고 이에 빠른 적응을 위해 다양한 훈련과 개발을 요구하고 있다.

3.1 훈련 프로그램의 정의 및 목적

교육은 인적자원의 개발활동에 포함된다. 교육은 정해진 목적을 달성하는 데 필요한 지식, 기술의 학습을 조직화 하는 절차로 정의된다. 직원의 지식(knowledge), 태도(attitude) 및 기술(skill)의 개발과 변화를 목적으로 한다. 교육은 직원 훈련과 개발 영역으로 구분된다. **훈련**(training)은 업무 수행에 필요한 기술 습득에 초점을 둔 교육이며, **개발**(development)은 관리자의 기술적, 인간적, 개념적인 역량을 증진시켜 줄 목적으로 고안된 교육 프로그램이다.

훈련
업무 수행에 필요한 기술 습득에 초점.

개발
관리자의 기술적, 인간적, 개념적인 역량을 증진.

직장에서 교육을 실행하는 이유는 사고율 감소, 의사소통 개선, 동기부여, 조직에 대한 자부심 향상, 사기 앙양, 승진 기회 제공, 품질 개선, 불평 감소, 결근과 이직률 감소 및 기술습득시간의 단축 등의 효과를 거둘 수 있기 때문이다. 즉 교육을 통해서 직원에게 직무관련 지식과 기술의 향상뿐 아니라 정서적인 만족감을 줄 수 있다.

그림 7-5 **교육 프로그램 설계과정**
자료 : 이경희, 1998

3.2 교육 프로그램 설계

교육의 목적을 달성하기 위해서는 교육 프로그램의 개발과 수행, 평가 과정에 시스템적인 접근과 설계가 이루어져야 한다. 교육 프로그램의 설계 과정은 3단계로 진행된다(그림 7-5).

1) 교육 프로그램 필요성 진단

첫 번째 단계는 교육 프로그램의 필요성을 진단하는 과정이다. 이 단계에서는 조직, 직무, 개인 차원에서의 교육의 필요성을 분석하고 진단한다. 조직 수준의 교육은 조직체가 지니고 있는 문제, 조직 문화 육성 및 경영 효율성 제고 등 전 조직원 공통으로 적용되는 사항을 감안하여 진단한다. 직무 수준에서의 교육은 직원의 직무 유형별로 필요한 신기술, 역량이나 직무분석을 통해 부족한 부분을 보충되어야 할 사항으로 구성한다. 개인수준의 교육은 직원 개별 차원에서 필요한 사항을 진단한다. 직원을 대상으로 설문조사를 한 후 개인의 문제, 태도의 수정 등에 필요한 내용으로 확인한다.

2) 교육 프로그램 개발과 실행

두 번째 단계는 교육 프로그램 개발과 실행이다. 교육프로그램을 개발하고 이를 실행에 옮기는 과정이다. 교육 방법, 교육 장소, 교육 도구에 대한 개발과 실행이 이루어진다. 연수자가 교육 내용을 효과적으로 학습할 수 있도록 설계해야 한다(그림 7-6).

Keller의 ARCS 이론

교육효과를 높이기 위해서는 학습자의 동기를 유발하는 것이 중요하다 켈러의 ARCS 이론 - 관심, 관련성, 자신감, 만족감을 높일 수 있도록 교육 프로그램을 설계하면 학습자의 학습 효과는 크게 향상된다.

1) Attention(관심)

학습자의 관심을 이끌어 낸다. 학습 목표를 말로 기술하는 것 보다 관심을 끌 수 있는 이미지를 활용하여 학습자의 흥미로움을 유발하는 것이 필요하다. 학습목표를 포함하여 큰 그림을 보여 주고 학습을 시작한다.

2) Relevance(관련성)

학습자에게 교육의 필요성을 설명한다. 학습자는 직무 수행이 꼭 필요한 내용, 직무수행에 부족함을 느꼈던 내용을 교육받을 때 학습 의욕이 높아진다. 교육내용은 직무 향상에 도움이 되는 내용으로 구성하고 학습 내용에 친밀감을 느낄 수 있도록 설계한다. 또한 교육을 받으면, 교육 목표를 달성할 수 있고 직무 성과를 높일 수 있다는 동기가 부여되도록 설계한다.

3) Confidence(자신감)

학습자에게 교육 받게 되면 학습목표를 달성할 수 있다는 자신감을 주어야 한다. 자신감은 학습자가 학습을 완수하면 얼마나 목표를 달성할 수 있는가에 대한 확신감으로 이것이 높아질수록 자신감은 높아진다. 교육 후에 기대하는 성과 기준을 알려주고 이를 평가에 반영하거나, 성공을 거둘 수 있는 방법을 설명해 주면 자신감을 높일 수 있다.

4) Satisfaction(만족감)

만족감은 내재적 동기에 영향을 미치게 된다. 학습 결과에 대해 내적 만족감을 느낄 수 있게 교육프로그램을 설계하고, 외적 보상을 활용한다면 만족감을 높일 수 있다.

그림 7-6 **Keller의 ARCS 이론을 활용한 교육 프로그램 설계**

3) 교육 프로그램 평가

마지막 단계는 교육 실행 후 결과를 평가하는 과정이다. 교육의 필요성 진단과 프로그램 개발 과정에서 의도하였던 목적이 달성되었는지를 확인한다. 평가 결과는 교육프로그램의 설계과정에서 첫 단계인 필요성 진단 단계의 피드백 자료로 활용된다. 평가 내용은 피교육자의 지식, 태도, 행동의 향상 정도를 파악한다.

3.3 훈련 프로그램의 유형

직원의 훈련 프로그램은 신입직원 오리엔테이션을 포함하며 직장 내 훈련, 직장 외 훈련, 실습장 훈련, 이러닝(e-learning) 등이 있다.

1) 직장 내 훈련(on the job training : OJT)

직장 내부에서 수행되는 교육으로 주로 직무와 연관된 지식과 기술을 상사로부터 직접 배우는 훈련 방법이다. **직장 내 훈련**의 장점은 훈련 내용이 매우 실제적이므로 직무의 향상에 큰 효과를 볼 수 있고 교육 비용이 적게 든다는 특성을 지닌다. 그리고 교육과정 중에 감독자의 지식, 기능, 직무 수행방식을 따라 배우게 되며, 상사와 원활한 접촉이 가능하다는 장점이 있다. 그러나 다수의 직원을 대상으로 대규모로 수행할 수 없고 전문적인 고도의 지식과 기능을 가르치기에는 한계가 있다는 점이 단점이다.

직장 내 훈련
직무와 연관된 지식과 기술을 상사로부터 직접 배우는 훈련 방법.

2) 직장 외 훈련(off the job training)

직장 밖의 다른 공간에서 일정기간 동안 교육에만 전념할 수 있는 훈련이다. 협회, 연수기관에서 제공하는 교육이나 외부 기관의 파견이 이에 속한다. **직장 외 훈련**은 직장 내부 교육을 통해서 제공할 수 없는 새로운 기술 또는 복잡한 기술, 문화 등을 습득하게 할 목적으로 수행된다. 이 교육의 장점은 다수의 종업원에게 조직적으로 교육이 이루어지고 훌륭한 전문가의 지도를 받을 수 있다는 장점이 있다. 단점은 직장 외부로 벗어나기 때문에 직무수행에 지장을 주고 비용이 많이 소요된다.

직장 외 훈련
직장 밖의 다른 공간에서 일정기간 동안 교육에만 전념할 수 있는 훈련.

3) 실습장 훈련(vestibule training)

일명 near the job training 이라고 하며, 직무수행 여건과 유사한 설비를 갖춘 교육실습장을 마련하여 직원을 현장에 배치하기 전에 여기에서 직무방법, 수칙을 학습할 수 있도록 훈련한다. 예를 들어 급식회사 본사에 마련된 테스트 키친(test kitchen)에서 조리사가 현장에서 구사하게 될 조리스킬을 학습하게 한다.

4) 인턴십(internship)

일정한 자격요건을 갖춘 지원자를 선발하여 직무체험, 현장실습과정을 거쳐 조직을 경험하게 하는 제도이다.

5) 강의식(instruction)

교수자가 직무에 관련된 지식, 개념, 기술 등을 설명 방식으로 연수자에게 전달하는 훈련방법으로 대규모의 수강생을 대상으로 훈련이 가능하다.

쉬어가기

맥도널드 교육 사례

고객과 최접점에서 근무하는 직원의 교육은 고객만족에 큰 영향을 미친다. 맥도널드 교육 시스템을 통해 직원교육을 살펴보자.

1. 신입직원과 선임 직원의 교육 매칭은 높은 교육 효과와 책임감 증진에 기여

신입직원(First assist manager)은 입사 초기에 교육자를 지정받게 된다. 크루 트레이너(crew trainer)로부터 매장 전반에 관한 사항과 근무 방법을 소개 받는다. 이후 근무 위치(예; 그릴, 카운터 등)를 배정받으면, 지정 교육자 크루 트레이너(crew trainer)에 의해 3시간 이론 및 실습교육을 받는다. First assist manager는 근무 성적이 우수하고 일정 이상의 역량을 갖추게 되면 크루 트레이너로 진급된다.

2. 비정규직 대상 교육 매뉴얼, 교육 도구 구비

직원 교육은 직무 매뉴얼과 동영상, 포스터를 활용한다. 일상적인 바쁜 근무시간을 피해 동영상이나 매뉴얼 교육을 통해 업무 지침을 전달한다.

3. 비정규직원에 대한 투자는 바로 매장 경쟁력

교육을 통해 역량을 갖춘 직원의 보유는 매장의 QSC(quality, service, cleanness) 수준을 높이고, 매출과 수입을 높일 수 있는 최상의 방법이다. 따라서 신규 직원의 교육을 통해 기술을 갖춘 직원을 계속 보유하는 것이 새로운 직원을 고용하는 것 보다 효율적이다. 또한 직원을 선발할 때 유사한 직종에서 일한 경력자를 선발하는 것이 좋다. 그러면, 교육의 효과성이 높아져 매장 경쟁력 확보에 크게 도움이 된다.

(자료 : 김영철, 2019)

지식, 개념 훈련에 효과적이지만 하향식의 일방적 의사소통에 일어나므로 훈련 효과가 낮아질 수 있다.

6) 실연식(demonstration method)

연수생 앞에서 실제 수행 방법을 생생하게 수행해 보여 주는 방식이다. 작업 단계별로 구체적으로 방법을 설명하여 학습효과가 높다.

7) 프로그램식 학습(programmed instruction)

컴퓨터를 사용하여 훈련자 없이 연수자가 스스로 학습하는 방식이다. 학습능력에 따라 학습시간을 조절할 수 있고, 오프라인 강의 보다 시간을 단축할 수 있고, 편리한 시간대에 선택해서 학습할 수 있다는 장점이 있다. 단점은 프로그램 개발에 비용이 많이 소요되고, 교수와 학습자간에 상호작용이 적다. 최근에는 인터넷을 이용하여 온라인 교육(예: e-learning) 형태로 제공된다.

3.4 개발 프로그램의 유형

관리자가 조직을 잘 이끌어 가기 위해서는 의사소통 기술, 시간관리, 감정 조절 방법을 배워야 한다. 관리자를 대상으로 하는 교육은 주어진 상황에서 문제해결 능력을 기르거나, 부하직원 동기부여, 리더십 발휘와 같은 인간관계 기술을 키우고, 사업의 기획능력을 함양하는 것을 목적으로 수행된다. 관리자를 위한 개발 프로그램으로 많이 활용되는 방법은 다음과 같다.

- 직장 밖 교육(off-job training) : 대학 기관, 협회 등에서 전문 교육을 받게 함으로써 사내에서 학습할 수 없는 분야의 교육 내용이나 관리기법을 터득하게 한다. 교육에 참여하는 타 기관의 관리자와 네트워크를 구축할 수 있는 기회를 제공함으로써 업무의 효율성을 높인다.
- 코칭법(coaching) : 하급관리자에게 필요한 기능을 알려주고, 점검하여 올바른 방향으로 진행되도록 평가, 제안하여 도와주는 훈련방법이다.
- 대역법(understudy assignment) : 관리자가 수행하는 직무의 내용,

방법을 부하직원에게 알려 주어 유사시에 직무 대행할 수 있도록 후계자를 육성하는 방법이다.

- 사례연구(case study) : 조직에서 발생되는 실제 사례를 제공하고 해결방안을 모색하게 한다. 문제분석력, 의사결정능력, 보고서 작성능력을 함양하는 데 도움이 된다.
- 역할연기법(role playing) : 직무 중의 발생되는 상황을 연기를 통해 다른 사람의 역할을 수행함으로써 그 상황에 처한 사람을 이해하고 문제해결을 폭 넓은 시각으로 접근할 수 있도록 하는 방법이다.
- 서류함기법(in-basket) : 실제 상황과 유사한 업무 자료를 여러 가지 매체를 통해 전달한 후 피교육자의 일처리 하는 방식, 의사결정능력, 유연성, 문제해결 능력을 살펴보고 피드백을 제공하는 교육 방법이다.
- 집단 토의(group discussion) : 특정 집단에게 주제를 부여하고 이에 관한 해결책을 찾거나 논의하게 하여 팀워크, 리더십, 의사소통 기술 등을 학습하게 하는 교육방식이다. 리더가 없는 집단 토의(leaderless group discussion) 와 리더가 있는 집단 토의(assigned-leader group discussion)으로 구분된다.

최근에는 관리계층이나 비관리계층의 교육 방법이 엄격히 구분하여 적용하기보다는 교육 목표 달성에 효과적인 방법인지 그 여부에 따라 적용된다. 예를 들면 역할 연기법의 경우 종업원 교육뿐 아니라 관리자 교육에도 널리 사용된다.

4. 인적자원의 유지

인적자원의 유지 관리
자발적이고 유능한 직원이 조직과 직무에 애착을 느끼며, 조직에 충성하도록 하는 상태의 관리.

인적자원의 유지 관리는 자발적이고 유능한 직원이 조직과 직무에 애착을 느끼며, 조직에 충성하도록 하는 상태의 관리를 의미한다. 급식업체의 경쟁력 저해의 요인 중 하나는 근로의욕의 저하, 유능한 직원의 퇴사이다.

이 현상의 원인은 구성원을 동기의욕을 장려하지 못하는 직무 설계, 인사고과제도, 인사단행과 연관된다. 여기서는 직원의 만족을 유도하는 직무설계 방법, 인사고과, 인사단행에 관한 살펴본다.

4.1 직무설계

직무설계(job design)는 직원이 수행해야 할 과업을 조직 내 직무수행 방법과 다른 직무들과의 연계를 통해 구조화하는 것으로 정의된다. 직무설계를 효과적으로 수행할 경우 종업원이 수행하는 직무를 의미 있는 중요한 업무로 느끼고, 직원의 직무만족도가 높아지며, 효율적인 업무수행이 가능해진다. 그러므로 조직의 관리자는 직무 설계 요소를 고려하여 올바르게 직무 설계하는 것이 필요하다. 직무설계의 요소는 누가, 언제, 어디서, 무엇을, 왜, 어떻게 수행하는가로 구성된다. 요약하면, 직무설계는 직무수행자의 정신적, 육체적 특성요건을 파악하고, 이들이 수행하는 과업, 직무수행 장소와 환경, 직무수행 시간, 수행목적, 수행방법을 구조화하는 과정이다(그림 7-7).

직무설계
직원이 수행해야 할 과업을 조직 내 직무수행 방법과 다른 직무들과의 연계를 통해 구조화하는 것.

최근에는 직무를 설계할 때 직장 내 삶의 질(quality of work life :

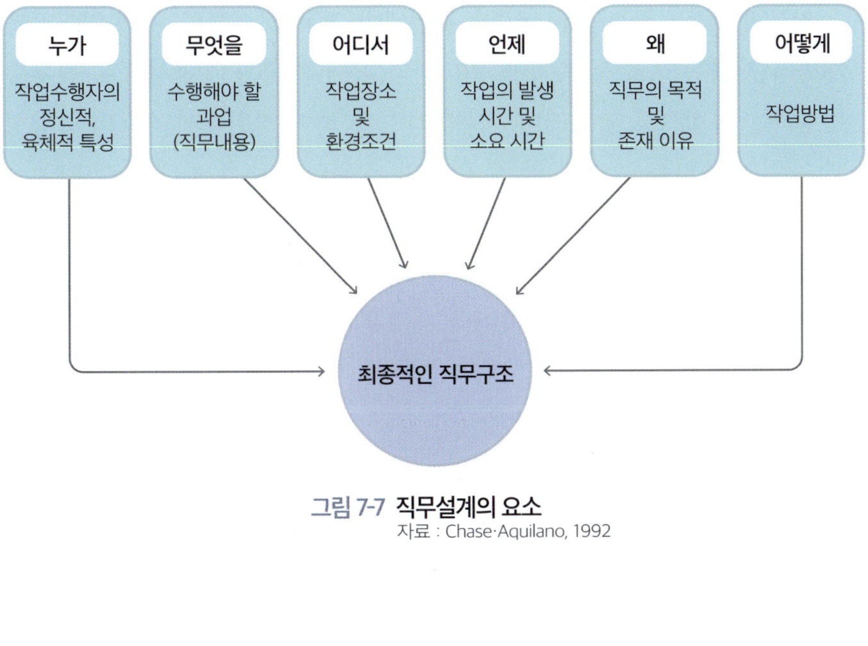

그림 7-7 직무설계의 요소
자료 : Chase·Aquilano, 1992

QWL)을 강조하고 있다. 직장 내 삶의 질을 증진시키는 데 필요한 5가지 요소는 직원에게 많은 통제와 자율 제공, 직무를 통해 조직의 목표달성과 발전에 기여한 사람을 인정, 조직에서의 소속감, 직무를 통한 개인적 성장과 발전 기회 제공, 작업에 대한 물질적 보상이다.

이와 같이 종업원의 작업생활의 질을 향상시킬 수 있도록 직무를 설계할 때 직원의 만족을 유도하면서 작업성과가 높아질 수 있다. 이를 위해 직무단순화, 직무순환, 직무확대, 직무충실화, 직무특성을 고려한 직무설계가 이루어져야 한다.

1) 직무단순화

직무단순화
작업절차를 단순화하여 전문화된 과업을 종업원이 수행하도록 설계하는 것.

직무단순화(job simplification)는 작업절차를 단순화하여 전문화된 과업을 종업원이 수행하도록 설계하는 것을 의미한다. 업무(work)는 직원이 수행하는 여러 가지 직무(jobs)로 구성되며, 직무는 일련의 과업(tasks)으로 이루어져 있다. 그래서 업무(work)를 관리 가능한 단위로 세분화한 후 이를 직원에게 할당하고, 직무수행에 오해가 없도록 직무내용을 명확하게 정립하는 것이 필요하다.

2) 직무확대

직무확대
종업원이 직무를 수행하는 데 일어나는 개별적인 활동의 수적 증가.

직무확대(job enlargement)란 종업원이 직무를 수행하는 데 일어나는 개별적인 활동의 수적 증가를 의미한다. 직무확대는 수평적으로 직무를 수정하는 방법으로 활용되며, 직무확대를 통하여 직원에게 직무의 다양성과 책임의 증가를 느끼게 할 수 있으며, 직원의 능력을 최대한 개발할 수 있다. 예를 들면, 조리과정에 전처리 업무만 담당하던 조리원에게 냉장고 관리나 창고관리업무를 부여한다. 이 직원은 직무 수가 한 가지였을 때 느꼈던 단조로움, 지루함에서 벗어나 새로운 업무에 관심이 높아지고 만족감을 느끼게 된다.

3) 직무순환

직무순환
여러 가지 직무를 주기적으로 순환하는 것.

직무순환(job rotation)은 여러 가지 직무를 주기적으로 순환하는 것으로 급식종사원에게 다양한 경험과 기회를 제공하는 전략이다. 다른 직무를 수행함으로써 타인의 직무를 이해하고 자신의 담당업무 성과를 높일 수 있는 방안 모색에도 도움이 된다. 직무순환은 직무확대 방안으로도 흔히 이용된다.

4) 직무충실화

직무충실화
과업의 수적 증가뿐 만 아니라 직무가 갖는 책임과 통제 범위를 늘리는 것.

직무충실화(job enrichment)는 과업의 수적 증가뿐 만 아니라 직무가 갖는 책임과 통제 범위를 늘리는 것이다. 이는 수평적인 업무의 추가와 수직적으로는 권한과 책임을 늘여 직무를 변화시키는 방법이다. 행동주의학파에서는 직무설계 시 직무충실화의 중요성을 강조했는데, 직무확대 만으로 직원의 동기를 유발하기 어렵고, 직무충실화가 병행되어야 한다고 주장하였다.

허즈버그(Herzberg)는 직무충실화를 유도하기 위해서 직무설계 시에 성취감(achievement), 인정감(recognition), 성장(growth), 책임(responsibility), 수행력(performance)의 5가지 요소를 직무내용에 반영해야 한다고 주장하였다.

5) 직무특성

직무특성
직무를 구성하는 특성으로 기술의 다양성, 과업의 정체성, 과업의 중요성, 자율성, 피드백의 특성이 있음.

직무특성(job characteristics)은 직무설계에 새롭게 등장한 요소로써 직무충실화의 노력을 보다 체계적으로 발전시킨 개념이다. 직무특성은 직무를 구성하는 요소들로 기술의 다양성, 과업의 정체성, 과업의 중요성, 자율성, 피드백의 5가지 요소로 대별할 수 있으며 그 정의는 표 7-5와 같다.

일반적으로 직무에서 인지되는 직무특성이 많아질수록 직무의 수행력과 직무의 만족도는 높아진다. 핵크맨과 올드함(Hackman & Oldham)이 제시한 직무특성 모형에 따르면, 직무설계시 5가지 핵심적인 직무 특성 - 즉 기술의 다양성, 과업의 정체성, 과업의 중요성, 자율성, 피드백 - 을 직무에 포함시키면, 직무담당자가 일에 대한 의미, 책임감을 느끼게 되고, 작업결과를 인지하고 일의 중요성을 인식하게 되며, 그 결과로 동기유발과 직무만족도가 상승되며 이직 및 결근율이 감소된다. 특히 기술의 다양성, 과

표 7-5 직무특성

요소	정의
기술의 다양성	직무 수행에 요구되는 작업자의 다양한 기술과 능력의 정도
과업의 정체성	직무의 시작에서 끝까지 유형적인 결과를 예상하면서 전체적인 업무를 수행하는 정도
과업의 중요성	직무가 다른 사람의 생활에 미치는 중요한 영향을 자각하는 정도
자율성	업무 수행 상에 필요한 의사결정에 부여되는 자유성, 독립성 및 재량권의 정도
피드백	업무의 과정, 결과의 효과성에 관하여 업무 자체, 상사, 또는 정보 체계 등으로부터 직원이 객관적인 정보를 획득할 수 있는 정도

자료 : Hackman·Oldham, 1980

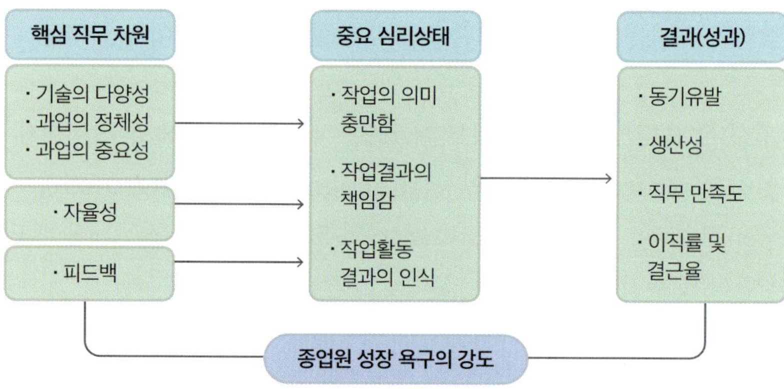

그림 7-8 직무충실화를 위한 직무특성 모델
자료 : Hackman·Oldham, 1980

CHAPTER 7

업의 정체성, 과업의 중요성은 작업자가 직무의 중요성을 느끼게 해주며, 자율성은 직무에 대한 책임감을 유발한다. 피드백은 결과에 대한 인식, 기대치를 형성하게 함으로써 직원의 마음속에 동기를 유발하고 수행력을 강화시킨다(그림 7-8).

4.2 인사고과

인사고과
일정기간 동안의 조직 구성원의 잠재 능력, 성격, 근무 태도, 업무성과 등을 평가하는 제도.

인사고과(performance appraisal)는 일정기간 동안의 조직 구성원의 잠재 능력, 성격, 근무 태도, 업무성과 등을 평가하는 제도를 의미한다. 특히 개인이 맡은 과업(tasks)에 한해 달성 정도를 평가할 경우 수행력 평가(performance rating)라고 부른다.

인사고과는 월급관리와 인센티브 지급, 수행력에 대한 피드백, 직원의 장·단점 규명, 인사단행의 기초 자료, 열등한 수행력 규명, 목표 설정을 위한 기초 자료로 활용된다.

1) 중요성

인사고과가 갖는 중요한 이유는 표 7-6과 같다.

표 7-6 **인사고과의 중요성과 활용**

중요성	활용
업무 수행력 인지	• 직장 상사, 관리자로부터 직무 수행내용을 평가받음으로써 자신의 장점, 부족한 점을 파악. • 직원의 수행력 개선 방안 모색 • 인사고과 결과에 대해 직장 상사와 면담하는 과정에 양자 간의 원활하게 의사소통하는 계기가 됨. • 새로운 목표 설정의 계기
직무 향상을 위한 기초자료	• 인사고과의 피드백을 통하여 잘못된 작업관행을 개선
직원의 능력 개발	• 수행력 평가 결과에 따라 부족한 부분의 보완 및 자기 개발의 방향 정립
인사단행의 기초자료	• 승진, 인사이동, 강등 등의 인사 단행에 기초자료로 활용됨. • 연공서열식보다는 능력 위주의 인사정책 제도의 기초자료 • 월급관리, 인센티브 지급의 기초자료

2) 인사고과 방법

인사고과는 일반적으로 직속상관이 부하직원을 평가하는 방식으로 진행된다. 최근에는 360도 다면 평가제도가 도입되어 직속상관에 의한 평가를 기초로 하되 평가자 자신이 스스로 평가(자기고과), 동료에 의한 평가, 부하직원에 의한 평가, 고객으로 부터의 평가를 반영하여 다각적인 측면으로 평가하고 있다. 인사고과의 방법은 표 7-7, 평가 사례는 그림 7-9와 같다.

표 7-7 인사고과 방법과 특성

방법	특성	장점	단점
체크리스트법 (checklists)	직무표준을 점검표의 질문 사항으로 제시하고 이의 수행여부를 평가하는 방법	• 평가가 쉽고, 현혹효과가 적음	• 종업원의 특성 및 공헌 정도를 계량화할 수 없음
평가척도법 (graphic rating scales method)	직무수행 시 직원의 성격, 능력, 자질 및 특성등을 정해진 평가척도에 따라 평가	• 평가결과의 점수화가 가능(3점척도, 5점척도, 7점 척도로 평가)	• 평가요소의 선정이 어렵고, 평가자의 오류가 발생되기 쉬움.
서열법 (ranking method)	직무수행력을 순위로 매기는 방법	• 평가가 용이하고 비용이 적게 듬	• 대상이 많아지면 분석이 어려워지고, 평가에 구체적인 기준이 없음 • 순위가 종업원의 공헌도를 전적으로 반영해 주지 못함
서술법 (descriptive essays)	업무성과, 행동 특성 등 피고과자의 장점, 단점, 능력 등을 자유롭게 서술하는 방법	• 피고과자에 관한 솔직하고 자세한 정보 제공	• 객관성이 부족, 피고과자 간의 평가결과를 비교할 수 없음
주요사건기술법 (critical incident technique)	조직의 목표달성 성패에 영향을 주는 주요 사건을 기록하여 피고과자의 직무태도와 업무수행능력을 평가하는 방법	• 실행이 용이함. • 승진에 중요한 자료를 제공 • 피고과자의 장점과 공헌점을 명확하게 파악할 수 있음	• 평가자의 세심한 주의가 필요함 • 평가자의 주관에 따라 평가기준을 일방적으로 설정할 수 있음
행동기준고과법 (behaviorally anchored rating scales: BARS)	직무를 구성하는 과업과 책임 내용을 선정하고 이의 표준행동을 평가척도에 따라 구체적으로 기술한 점검표를 개발하여 평가하는 방법	• 주요 사건기술법, 평가척도법의 단점을 보완 • 평가내용에 관한 구체적인 사례를 제시하므로 객관성 확보 • 고과자의 개인적인 판단을 배제할 수 있음.	• 인사고과 시스템 설계에 많은 시간과 노력이 소요
평가센터법 (assessment center)	평가 전문 기관을 설립하고 이곳에서 다양한 자료를 이용하여 고과를 수행하는 방법	• 여러 가지 도구를 사용하여 피고과자를 체계적으로 평가할 수 있으므로 인사고과의 타당성을 높일 수 있음	• 피고과자가 평가기관에 대한 심리적인 부담감을 갖고 행동이 부자연스러워질 경우, 제대로 평가되지 않음
목표관리법 (management by objective: MBO)	피평가자와 평가자가 서로 협의하여 직무 목표를 결정하고, 그 성과를 함께 측정, 평가하는 방법	• 인사고과 설계과정에 피고과자를 참여시키므로 피고과자가 인사고과 결과를 쉽게 수용함. • 성과에 중심을 둔 평가 프로그램	• 협의과정에 많은 시간과 노력이 요구됨

쉬어가기

효과적인 인사고과 시스템 유지를 위한 전략은?

1) 직무 관련 기준

수행력 검토는 반드시 수행할 직무 내용과 직접적으로 연관성이 있는 기준으로 구성해야 함

2) 수행력 기대

평가기준에 포함될 업무의 기준은 반드시 사전에 충분히 논의되어야 함

3) 표준화

동일한 평가도구를 이용하여 같은 빈도로 동일한 관리자가 부하직원의 수행력을 평가해야 함.

4) 평가자 훈련

인사고과 담당자는 정확성, 일관성, 객관성, 평가 과정과 기준에 관한 교육을 받고 객관적으로 평가할 수 있도록 훈련되어야 함.

5) 원활하고 지속적인 의사소통 확립

수행력에 대한 피드백을 지속적으로 제공함으로써 원활한 의사소통 확립

6) 수행력 검토

특정한 날을 정해 직원 수행력의 평가 결과에 대해 인사담당자와 함께 검토, 논의해야 함.

7) 정당한 불평 처리 절차 마련

공식적인 불평처리 절차가 마련되어야 함.

[출처 : Mondy, Noe, and Premeaux(2002)]

3) 평가 오류

관리자는 인사고과 시 다음의 오류가 발생될 수 있음을 인식하고 인사고과가 공정하게 수행되도록 평가 시 유의한다.

(1) 상동적 태도

상동적 태도(stereotype)
사람에 대한 고정관념.

상동적 태도(stereotype, 편견)는 사람에 대한 고정관념, 혹은 선입관이

1) 체크리스트법

	가	부
업무수행능력	______	______
조직 헌신성	______	______
개선계획실천	______	______
반응성	______	______

2) 평가척도법

	1	2	3	4	5
업무수행능력					
조직 헌신성					
개선계획실천					
반응성					

3) 행동기준 고과법

업무수행 능력	업무수행능력에 문제가 많고 즉각적인 교육과 훈련이 필요함 (1점)	업무수행능력이 다소 떨어지며 교육과 훈련이 필요함 (2점)	업무 수행능력과 업무에 관한 지식 정도는 부하 직원을 지도하기에 무리가 없음 (3점)	업무수행능력이 우수하며 직원을 지도할 수 있는 정도의 지식을 갖추고 있음 (4점)	업무수행능력이 매우 뛰어나고 업무의 관한 고도의 지식을 갖추고 있음 (5점)
	☐	☐	☐	☐	☐
조직 헌신성	끊임없이 불평하며 주어진 일을 잡음 없이 수행하는 경우가 드묾 (1점)	가끔 주어진 일을 불평하며, 직장 동료의 관계에서도 가끔 마찰이 생김 (2점)	주어진 일은 불평 없이 수행함 (3점)	직무, 직장 동료 및 회사에 대해 적극적임 (4점)	직무, 직장 동료 및 회사에 대해 매우 열성적임 (5점)
	☐	☐	☐	☐	☐

그림 7-9 **인사고과 평가 사례**

다. 성별, 연령, 혈연, 지연, 경제, 정치, 종교 등의 요소에 의해 근거 없는 판단이나 편견을 가지고 평가하는 오류이다.

(2) 현혹효과

현혹효과
(halo effect)
한 분야에 있어서 특정인의 호의적 혹은 비호의적인 인상으로 말미암아 다른 분야의 평가에 영향을 주는 것.

현혹효과(halo effect)는 한 분야에 있어서 특정인의 호의적 혹은 비호의적인 인상으로 말미암아 다른 분야의 평가에 영향을 주는 것을 의미한다. 어떤 직원이 인간관계에 뛰어난 수완을 지녔다면 다른 분야, 예를 들면 구성원간의 상호 협력심, 단결심도 뛰어나다고 평가하는 오류이다. 또는 어떤 분야에서 한 번 실수한 적이 있는 직원에 대해 다른 분야에서도 좋지 않게 평가하는 예이다.

현혹효과를 줄이는 방법 중 하나는 평가 시 부하직원, 동료에 의한 평가 결과를 검토하여 반영한다. 다른 방안은 평가 시 피고과자의 전체 항목을 한꺼번에 평가하는 것을 삼가하고, 한 가지 평가항목에 대하여 피고과자 전원을 평가하고 나서 다음 평가항목으로 진행하는 방식으로 평가한다.

(3) 논리적 오류

논리적 오류(logical errors)는 고과자가 바르지 못한 논리적 과정을 통해 생겨난 추리나 판단을 의미한다. 논리적으로 상관관계가 있다고 생각하는 특성 사이에 나타나는 오류로서 평가요소 가운데 어떤 요소가 우수하게 평가되면 다른 요소를 과장되거나 비약하거나 단정 지음으로 나타나는 오류이다.

논리적 오류
고과자가 바르지 못한 논리적 과정을 통해 생겨난 추리나 판단.

(4) 관대화 경향

관대화 경향(leniency errors)은 평가자가 평가 대상자 수행력을 실제보다 더 높게 평가하는 오류이다. 관대화 경향이 나타나는 원인은 부하직원을 나쁘게 평가하여 자신과 적대적인 관계가 될 필요가 없다는 점과 부하 직원의 낮은 인사고과점수는 바로 평가자 자신의 지도 부족이나 책임으로 간주될 수 있다는 점에서 비롯된다.

관대화 경향
평가 대상자 수행력을 실제 보다 더 높게 평가하는 오류.

(5) 중심화 경향

중심화 경향(central tendency errors)은 평가자가 극단의 좋은 평가나 나쁜 평가를 피하고 중간 점수를 부여하는 오류이다. 그 원인은 고과자가 평가방법을 이해하지 못한다든지, 피고과자에 관한 정보 부족으로 낮은 점수 혹은 높은 점수를 주었다가 문제가 되는 경우를 피하기 위해서이다.

중심화 경향
평가자는 일반적으로 극단의 좋은 평가나 나쁜 평가를 피해서 중간 점수를 부여하는 오류.

(6) 시간적 오류

시간적 오류(recency errors)는 인사고과자가 평가대상자의 업무 수행력을 평가기간의 전체가 아니라 쉽게 기억되는 최근의 실적 중심으로 평가하는 데에서 나타나는 평가 오류이다.

시간적 오류
평가자가 평가 대상자를 평가할 때 평가기간의 전체가 아니라 최근의 실적이나 능력을 근거하여 평가하는 오류.

(7) 대비오류

대비오류(contrast errors)는 평가의 순서에 따른 오류이다. 만약 열등한 피고과자를 먼저 평가한 후 평균수준의 피고과자를 평가할 경우 보통

대비오류
평가의 순서에 따른 오류.

쉬어가기

인사고과 사례

A급식업체의 인사고과는 업적고과와 능력고과로 구분하여 실시한다. 업적고과는 4급 이상자는 업적고과표를 이용하고, 4급 이하의 경우 인사고과표에 준해 평가한다. 능력평가는 4급 이상자에 한해 실시하며 능력고과표를 근거로 평가한다.

인사고과점수를 산출한 후 강제배분법에 따라 고과등급을 부여한다. A급 5%, B급 10%, C급 70%, D급 10%, E급 5%으로 할당한다. 강제할당법은 우수집단의 구성원에게 불이익이 될 수 있으나 흔히 사용되는 방법이다.

<업적고과표의 예>

평가 요소	내용
양적 목표	매출 손익 평가
질적 목표	고객만족도
목표달성도	팀별 전년도 대비 향상율
노력도	개인별 노력도

<인사고과표의 예>

평가 요소	내용
태도	35%
업무 능력	35%
인간 관계	10%
업적	20%

<능력고과표의 예>

평가 요소	내용	5점	4점	3점	2점	1점
직무지식	직무수행에 필요한 지식 정도, 기술 정도	☐	☐	☐	☐	☐
직무이행도	기간 내 정확하게 처리	☐	☐	☐	☐	☐
판단력	문제 본질 이해를 명확히 판단	☐	☐	☐	☐	☐
개선능력	문제점 파악하고 해결방안을 효과적으로 제시	☐	☐	☐	☐	☐
혁신능력	문제해결에 혁신적 방법을 적용하여 개선	☐	☐	☐	☐	☐
도전의식	어려운 일에 과감하게 도전하여 성취	☐	☐	☐	☐	☐
기획력	목표 설정과 방법, 절차를 논리적으로 전개	☐	☐	☐	☐	☐
책임감	목표를 완수하고, 일에 대한 책임감을 느끼는 정도	☐	☐	☐	☐	☐
협조성	동료, 부서간의 협력 및 발전	☐	☐	☐	☐	☐

인사고과의 문제점을 개선하기 위해 업적고과 점수화 방식 폐지, 능력고과 평가 항목 개선, 다면평가제 도입, 현행 부서장에게 고과권을 위임하고 있다.

점수 이상의 평가를 내리게 되고 우수한 피고과자를 먼저 평가하는 경우에는 반대 현상이 나타난다.

4) 고과면접

고과면접(appraisal interviews)은 관리자가 부하직원의 수행력을 평가한 후 그 결과를 피부하직원과 면담을 통해 알려주는 활동이다. 고과면접은 수행력 개선을 위한 계획수립의 목적도 있으므로 관리자는 과거 사실보다 미래 개선 방향에 중점을 두어야 한다. 고과면접 시 관리자는 인사고과 평가자인 동시에 상담자로서의 역할을 담당할 수 있어야 한다.

고과면접
관리자가 부하직원의 수행력을 평가한 후 그 결과를 피평가자와의 면접을 통해 알려주는 활동.

한편 고과면접의 이점은 종업원 관점에서 자신의 업무수행력에 대한 결과에 이의 또는 긍정적 반응을 보이는 기회가 된다. 이를 통해 평가과정의 공정성이 강화되고 자신의 부족한 면을 객관적으로 파악하고 수용할 수 있다. 또한 인사고과자가 평가 시 부정확한 방법, 개인의 편견이나 평가 오류를 범하지 않도록 도와주는 장치가 된다.

4.3 인사단행

인사단행(personnel actions)은 승진, 좌천, 이동, 해고, 그리고 징계와 같은 5가지 활동으로 구성된다. 인사고과 혹은 종업원의 수행력 평가 결과는 여러 종류의 인사단행을 위한 기초 자료가 된다.

1) 승진

승진(promotion)은 조직도상에서 현 직위보다 높은 수준의 직위로 이동을 의미한다. 승진은 더 많은 급여와 직위를 제공하고, 한편 더 많은 기술과 책임을 요구한다. 또한 승진은 우수한 수행력에 대한 인센티브로 작용할 수도 있다.

승진
조직도상에서 현 직위보다 높은 수준의 직위로 이동.

2) 좌천

좌천(demotion)은 일명'강등'으로 불리며, 기술, 책임, 직위, 봉급 등의 측

좌천
기술, 책임, 직위, 봉급 등의 측면에서 하위 단계로의 이동.

면에서 하위 단계로의 이동을 의미하며 정신적, 경제적인 손실이 동반된다.

3) 전직

전직
동일 혹은 유사한 직무 수준의 다른 직무로의 이동.

전직(transfer)은 동일 혹은 유사한 직무 수준의 다른 직무로의 이동을 의미한다.

4) 이직

이직
자발적 또는 비자발적으로 조직을 떠남.

이직(separation)에는 자발적 또는 비자발적인 이직이 있다.

① 자발적 이직

- 퇴직 : 종업원 자신의 자발적 의사에 의해 고용관계가 단절
- 휴직 : 개인적인 사정에 의해 일시적 혹은 무기한의 단절

② 비자발적 이직

- 해고 : 조직체와의 비자발적인 단절

5) 징계

그림 7-10에 제시된 바와 같이 징계는 직원의 출근문제, 불성실과 관련된 문제 및 작업 중의 행동에 관련된 내용으로 나뉘어서 설명할 수 있다.

징계 시 유의할 사항은 다음과 같다.

쉬어가기

해고 시 유의 사항

해고 통보를 받는 직원은 상당한 정신적 충격을 받게 되므로 인사담당자는 해고를 단행할 때 다음의 사항을 유념한다.

- 해고에 관한 의사결정은 신중하게 결정함. 해고대상자는 해고 수당을 받게 될지라도 해고에 관한 부정적 인식으로 경제적, 심리적 부담감이 크다는 것을 인식하고 신중하게 결정해야 함.
- 해고결정은 반드시 정부의 규제, 정책에 저촉되지 않는 법적 테두리 안에서 단행되어야 함.
- 해고에 관한 의사결정과정은 신속히 단행해야 함.
- 해고 사유는 솔직, 명백, 간단하게 전달해야 함.

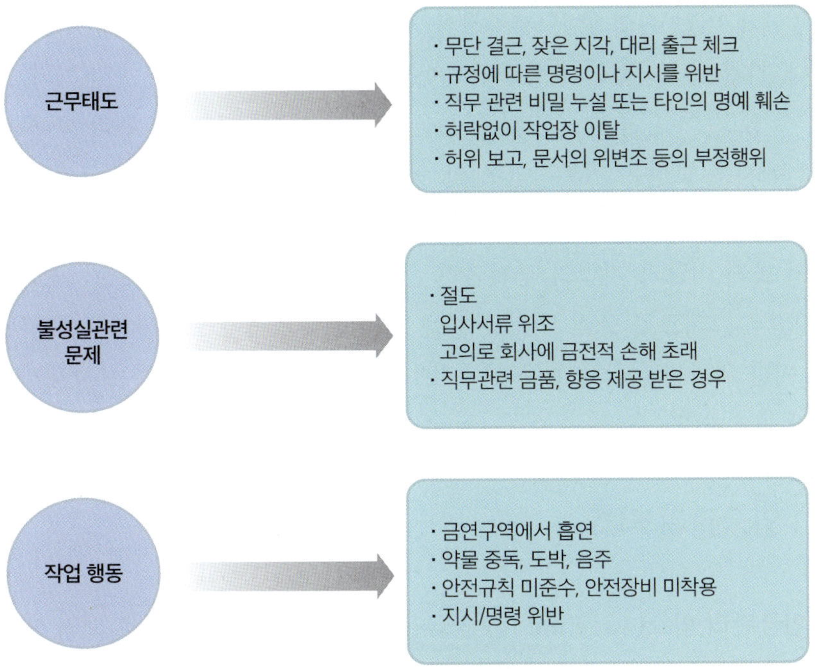

그림 7-10 **급식에서 징계 사유**
자료 : 교육부, 2013

첫째, 같은 상황에서는 처벌이 일관성이 있게 이루어져야 한다.

둘째, 징계의 사유는 간단, 명료하게 제시해 주어야 하며 가능한 조건을 붙이지 않는다.

셋째, 징계의 내용은 개인에게만 알려주도록 하는 것이 좋다.

그러나 다른 직원의 경각심을 불러일으켜야 할 경우에는 공식적으로 알리는 것이 좋다.

5. 인적자원의 보상

보상관리
조직이 조직 구성원에게 어떤 손실 혹은 부족분을 채워주기 위한 목적으로 제공하는 것.

인적자원의 **보상관리**(compensation management)는 조직이 조직구성원에게 어떤 손실 혹은 부족분을 채워주기 위한 목적으로 제공하는 것이다. 기업에서 적절한 보상관리체계를 갖추면 경쟁력이 있는 인재의 확보할 수 있고 이를 통해 조직의 목적을 달성과 성장에 도움이 된다. 근로자 관점에서는 보상은 기본적인 생활 영위에 원천이고 조직 목표 달성을 위한 동기 유발의 원천이 된다. 그러나 부적절한 보상체계가 가동될 경우 인재의 조직 이탈과 기업의 금전적인 손실 유도, 조직문화의 퇴보가 초래될 수 있다. 그러므로 조직 내외 환경을 고려한 합리적인 보상관리가 요구된다. 이를 위하여 임금체계 구축에 기초자료가 되는 직무평가와 보상체계관리가 필요하다.

5.1 임금관리 믹스

임금관리 믹스
임금을 결정하는 주요 요소.

임금관리 믹스(wage mix)는 임금을 결정하는 주요 요소들로 외적 요소와 내적 요소로 구성된다(그림 7-11).

(1) 내적 요소

임금결정에 영향을 주는 내적 요소는 회사의 지급능력, 직무가치, 직원 역량, 인센티브, 조직의 보상능력 등을 들 수 있다. 만약 기업 조직에 보상 프로그램이 없는 경우 직무의 가치는 직무에 익숙한 사람에 의해 결정되며 임률(pay rate)은 노동시장 여건과 단체교섭에 큰 영향을 받는다. 반면에 보상 프로그램을 갖추고 있는 조직에서는 임률은 직무평가를 통해서 결정

CHAPTER 7

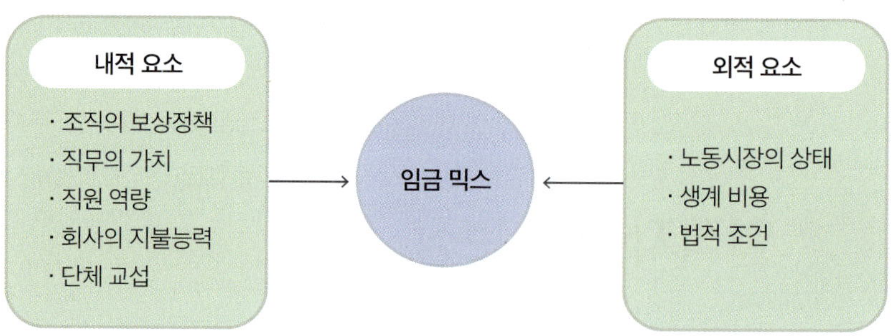

그림 7-11 **임금 믹스**
자료 : Spears, 2000

된다. 동일한 직무에 대해 동일한 임금을 지급(직무급)한다는 것을 전제로 하고, 동일한 직종, 직급이라도 직원의 역량에 따라 직무성과가 달라진다면 다양한 인센티브제도를 활용하여 보상(직능급)한다.

(2) 외적 요소

임금 믹스에 영향을 주는 외적 요소는 특정 지역에서의 종업원 수급 능력, 노동시장의 조건, 지리적 위치, 생활비 수준, 정부의 법적 규제 등이다. 노동시장 조건은 특정지역 내에서 종업원의 공급과 수요에 영향을 받는다. 임금구조는 해당 지역 내 동종업계의 임금 수준에 맞추는 것이 바람직하다. 예를 들면, 미국레스토랑협회에서는 2년에 한번씩 18개 급식소를 대상으로 시간당 임금을 조사하여 공지한다. 임금결정자는 이 자료와 그 해의 인플레이션 정도를 반영하여 임금을 결정한다.

5.2 보상관리

보상체계는 금전적인 **보상**과 **비금전적인 보상**으로 분류된다. **금전적인 보상**은 '사용자가 근로의 대가로 근로자에게 지불되는 임금, 봉급, 그 밖의 어떠한 명칭으로든지 지급하는 일체의 금품'을 의미한다. 봉급과 같은 직접 보상과 보험, 주택지원 등의 복리후생과 관계되는 간접보상이 있다. 비금전적인 보상관리는 직무를 통해 얻게 되는 경력과 전문성 증가에 따른 보상과 직장 안정, 사회심리적인 보상이 있다(그림 7-12).

보상
직원의 노동에 대한 대가로 조직에서 제공하는 금전적 보수.

비금전적인 보상
직무 자체나 직무환경의 개선에 관한 것으로 직장 안정이나, 경력 개발 측면의 보상과 사회심리적인 보상.

금전적인 보상
종업원의 일의 대가로 지불되는 임금, 월급과 같은 직접보상과 보험, 주택지원 등의 복리후생과 관계되는 간접보상.

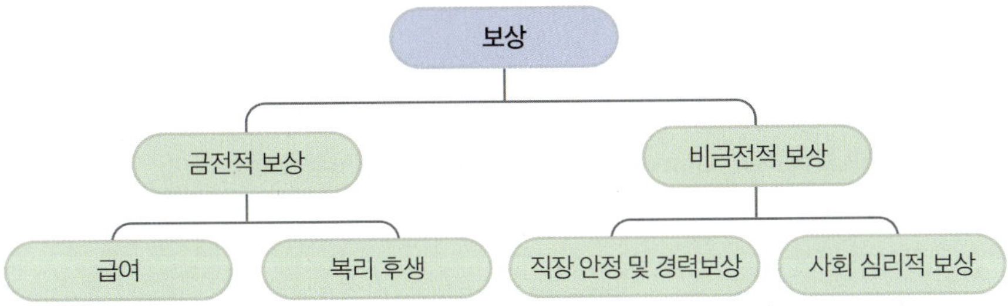

그림 7-12 **보상체계**
자료 : 이학종·양혁승, 2005

(1) 금전적인 보상

① 급여

기본급
임금과 봉급에 준하는 기본 급여.

기준 외 임금
기본급에 덧붙여서 근로조건에 따라서 차이를 두고 지급.

급여(payroll)는 직원이 일정기간 동안 일한 대가로 받는 총금액으로 **기본급**, 상여금, 인센티브, 각종 수당을 포함한다. 월급(salary)은 1년 이상의 장기간 고용 직원에게 월 단위로 지급되며, 기본급, 각종 수당, 상여금, 인센티브를 포함한다. 반면 임금(wage)은 시간 근로자에게 적용되는데 시간당 혹은 일당으로 지급된다. 이 경우에는 통상적으로 각종 수당이나 상여금이 지급되지 않는다.

② 복리후생

복리후생(welfare service, benefit)은 조직 구성원과 그 가족의 생활수준을 향상시킬 목적으로 제공하는 임금 이외의 급여를 총칭한다. 복리후생제도의 종류는 크게 법정 복리후생제도와 법정 외 복리후생제도로 나뉜다. 법정 복리후생제도는 법률에 의해 의무적으로 가입해야 하는 사회보험제도이며 건강보험, 국민연금보험, 산업재해보상보험, 고용보험이 있다. 법정 외 복리후생제도는 기업이 자율적으로 직원에게 제공하는 제도로 교육

알아두기

모든 사업장이 의무적으로 가입해야 할 4대 보험

- 건강보험 (National Health Insurance) : 개인의 질병, 부상으로 발생할 진료비 부담을 줄이기 위하여 국민건강보험공단이 관리, 운영하다가 필요시 보험급여를 제공하는 보험 (도입년도: 1977)
- 국민연금 (National Pension Service) 노후소득 보장을 위해 국가에서 시행하는 공적연금제도이다. 가입자, 사용자, 국가로부터 일정액의 보험료를 받고 이를 재원으로 나이가 들어 소득이 없을 때 국가에서 매월 연금을 지급하는 제도 (도입년도: 1988)
- 산업재해보상보험 (Industrial Accident Compensation Insurance): 산재보험으로 불리며, 근로자가 산업재해피해를 당했을 때 공정하게 보상하여 재해근로자의 재활과 사회복귀를 촉진하고 산재근로자와 그 가족의 생활을 보장하기 위한 제도 (도입년도::1964년)
- 고용보험 (Employment Insurance): 국가가 실직자에게 실업보험금을 지급, 근로자의 능력을 수시로 파악해 작업현장에 재배치하는 제도로 노동자, 사용자, 정부가 부담한다(도입년도: 1995년).

비 지원, 금융 지원과 같은 경제적인 복리제도, 유급 휴가 및 무급 휴가, 보험지원, 주택자금지원 등이 있다.

(2) 비금전적인 보상

비금전적인 보상은 직장을 통해 직장생활을 하면서 부가적으로 얻게 되는 비금전적인 혜택을 의미한다. 브랜드 이미지가 좋은 직장에 소속되어 있는 경우, 경력 관리상의 유리한 입지를 확보할 수 있다. 직장이 안정된 경우 경제력이 확보되면서 심리적인 안정은 물론이고 사회심리적인 안정을 통해 보상감을 느낄 수 있다.

비금전적인 보상
직장생활을 하면서 부가적으로 얻게 되는 비금전적인 혜택.

5.3 직무평가

직무평가(job evaluation)는 직무가 지니는 직무의 중요성, 위험성, 책임성을 평가하여 다른 직무와 비교하여 직무의 상대적인 가치를 결정하는 방법이다. 일반적으로 직무평가는 직무기술서와 직무명세서를 기초로 수행한다. 직무평가의 주요 목적은 합리적인 임금 체계를 수립하는 데 있다.

직무평가
직무가 지니는 직무의 중요성, 위험성, 책임성을 평가하여 다른 직무와 비교하여 직무의 상대적인 가치를 결정하는 방법.

1) 직무평가 절차

직무의 평가 절차는 그림 7-13과 같이 직무에 관한 자료의 수집과 분석에서 비롯한다.

알아두기

임금체계 유형

임금체계의 종류에는 연공급체계, 직능급체계, 직무급체계가 있다. 근래에는 연공급체계보다는 직능급체계 도입이 늘고 있다.

- 연공급 : 일명 호봉급이라고 하며, 근무년수에 따라 임금이 변화하는 체계
- 직능급 : 직무수행 능력에 따라 임금의 차이를 두는 체계
- 직무급 : 직무의 가치, 직무의 중요성, 직무 특성, 난이도 등에 따라 임금에 차이를 두는 것

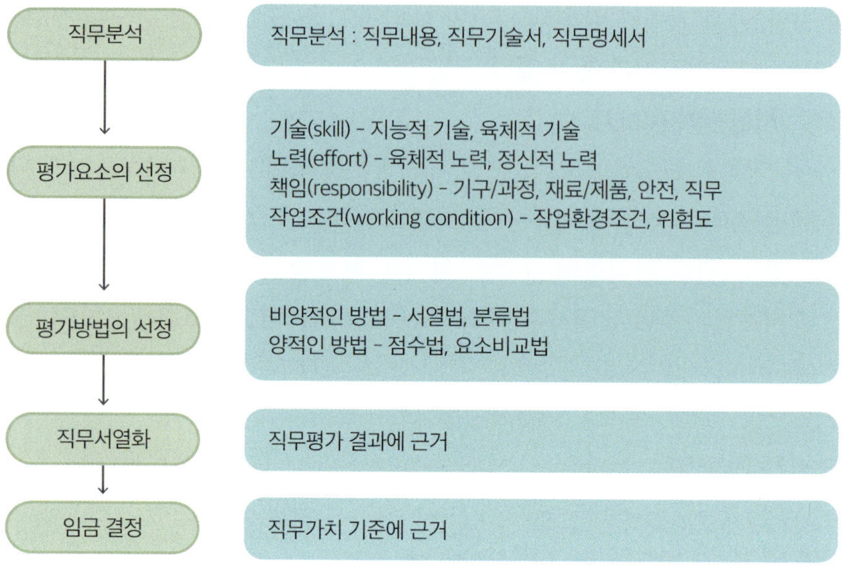

그림 7-13 **직무평가 절차**

그 다음에 평가요소를 선정하고 이에 적합한 평가 방법을 정해 직무를 평가하게 된다. 이를 근거로 직무를 서열화, 점수화하고 그 가치도에 따라 임금을 결정하게 된다.

직무평가 요소는 직무에서 요구하는 기술의 정도, 노력정도, 책임 정도 및 작업 조건 등이 있다. 직무에 요구되는 지능적 기술, 육체적 기술의 정도나 정신적 노력, 육체적 노력정도를 평가한다. 또한 기구/과정, 재료/제품, 안전, 직무와 관련된 책임의 정도를 평가하거나 온도, 습도, 조명, 냉난방과 같은 작업환경과 재해에 대한 위험 정도를 근거로 평가할 수 있다.

2) 직무평가 방법

직무평가 방법은 양적인 방법과 비양적인 방법으로 분류된다. 양적인 방법에는 점수법과 요소비교법이 있고, 비양적인 방법에는 서열법과 분류법이 있다.

서열법
직무의 상대적인 가치를 평가하여 제1순위와 마지막 순위의 직무를 정하여 이를 기준으로 나머지 직무를 서열화.

(1) 서열법

서열법(ranking method)은 가장 오래되고 간편한 방법이다. 직무의 상대적인 가치를 평가하여 제 1순위와 마지막 순위의 직무를 정한 후 이를 기준으로 나머지 직무를 서열화하는 방법이다. 장점은 간단하여 신속하게 직무를 평가할 수 있다는 점이고, 단점은 평가할 직무 수가 많고 복잡할 경우 측정이 어렵다. 또한 등급을 매기기 위한 일정한 기준이 없어 판단자의 기준에 따라 서열이 달라질 수 있다.

(2) 분류법

분류법(classification method)은 사전에 직무의 등급기준표 혹은 등급분류표를 작성하고 그 기준에 따라 직무를 판정하여 해당 등급에 포함시키는 방법이다. 동일한 가치의 직무에 같은 임률과 같은 승진 속도를 적용한다는 목적으로 고안되었다. 여기서 임률(pay rate)이란 일정시간이나 양의 노동에 대하여 근로자에게 지급되는 임금 단가를 의미한다. 이 방법은 간편하고 이해하기 쉽다는 장점을 가지고 있으나, 분류 기준이 모호하고 분류 자체의 정확성이 부족하다는 단점이 있다.

분류법
직무의 등급기준표 혹은 등급분류표를 작성하고 그 기준에 따라 직무를 판정.

(3) 점수법

점수법(point rating method)은 직무를 각 평가요소별로 분류하여 중요성에 따라 점수를 부여함으로써 직무의 가치를 결정하는 방법이다. 점수법은 이해하기 쉽고 상대적 차이를 정할 수 있다는 장점이 있다. 그러나 평가요소의 선정과 점수를 책정하기 어렵다는 점이 단점이다.

점수법
직무를 각 평가요소별로 분류하여 중요성에 따라 점수를 부여함으로써 직무의 가치를 결정.

(4) 요소비교법

요소비교법(factor comparison method)은 조직의 중심이 되는 대표 직무(key job)를 선정하고 평가하고자 하는 직무를 요소별로 분해하여 직무의 중요도를 대표 직무와 상호 비교 평가함으로써 임률을 결정하는 방법이다. 이 방법은 평가기준이 구체적으로 비교가 쉽다는 장점을 가지고 있으나 기준직무의 선정이 어렵고 임률을 평가요소별로 배분하는 것이 어렵다는 단점이 있다.

요소비교법
조직의 중심이 되는 대표 직무(key job)를 선정하고 평가하고자 하는 직무를 요소별로 분해하여 직무의 중요도를 대표직무와 상호비교 평가함으로써 임률을 결정.

쉬어가기

복리후생제도

급식전문업체는 직원의 사기진작과 복리 생활을 지원하기 위해
다양한 복리후생제도를 운영하고 있다.

① 교육지원
자녀 2인 학자금(중/고/대학교) 100% 지원
사외 어학비 지원 및 사내 어학 아카데미 운영
도서 구입비 지원
온라인교육(스마트러닝) 지원

② 생활/편의
아워홈 외식업장 할인
아모리스 웨딩 할인
주택자금 저금리 지원

③ 여가생활
사내동호회 장려 및 비용 지원
콘도, 휴양소 운영
리프레쉬 휴가 지원

④ 경조지원
경조금 (경조구분 및 대상자에 따라 차등 지급)
경조휴가
경조 화환/조화 및 장례용 물품 지원

⑤ 의료혜택
본인 의료비 지원
종합건강검진(본인/배우자) 지원

⑥ 포상
최우수사원 해외연수
장기근속 금메달
장기근속자 해외여행

⑦ 명절 및 기념품
설, 추석, 창립기념일

(출처 : 아워홈 홈페이지)

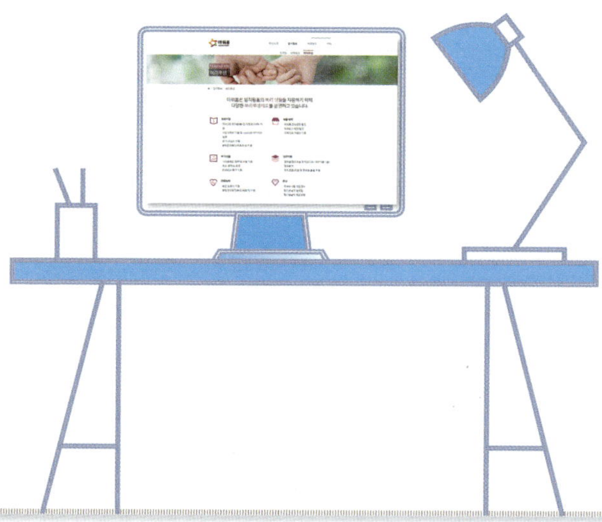

6. 노사관계관리

6.1 노사관계

노사관계는 노동자와 사용자인 기업주 간의 관계이다. 노동자는 근로자의 복지, 조직의 효율성, 생산성 향상 순으로 중요한 가치를 둔다면, 기업 입장은 조직의 효율성, 생산성 향상, 이익 극대화에 우선적인 가치를 두기 때문에 서로 간에 갈등이 야기된다. 그러나 노사관계가 상생의 협력적 관계를 유지한다면 노동자, 사용자간의 이익이 증진되고, 근로의 질 향상도 얻을 수 있다.

이러한 의미에서 노사관계(labor relation) 관리는 노사의 대립적 관계를 사용자측의 태도나 특정 제도(예: 단체교섭, 노사위원회)로 조정·완화시키고, 서로 협력관계를 형성하기 위하여 행해지는 일련의 계획적이고 조직적인 시책이라 할 수 있다. 노사 간의 공동 목표를 효과적으로 달성하기 위하여 상호 협력하고 나아가서 경제사회의 공공안전을 유지하며, 동시에 능률적인 개선을 촉구하는 데 근본적인 의의를 갖고 있다.

본 장에서는 노동조합의 기능, 형태를 살펴보고 단체교섭과 단체협약, 노동쟁의에 관해 살펴본다.

노사관계(labor relation) 관리
노사의 대립적 관계를 사용자측의 태도나 특정 제도(예: 단체교섭, 노사위원회)로 조정·완화시키고, 서로 협력관계를 형성하기 위하여 행해지는 일련의 계획적이고 조직적인 시책.

6.2 노동조합

1) 노동조합의 정의

노동조합은 1720년 영국에서 처음 나타났다. 미국은 1933년 산업부흥법(The National Industrial Recovery Act), 1935년 와그너법(Wagner Act)의 제정되면서 노동조합운동이 법적으로 보호를 받게 되었다. 우리나라는 1953년 3월에 노동조합법이 제정되었다. 우리나라의 노동조합법 제2조에 노동조합은 "근로자가 주체가 되어 자주적으로 단결하여 근로조건의 유지·개선, 기타 근로자의 경제적·사회적 지위의 향상을 도모함을 목적

노동조합
근로자가 주체가 되어 자주적으로 단결하여 근로조건의 유지·개선, 기타 근로자의 경제적·사회적 지위의 향상을 도모함을 목적으로 조직하는 단체 또는 그 연합단체.

으로 조직하는 단체 또는 그 연합단체"로 정의된다. 웹(Webb)은 노동조합을 근로자의 근로조건을 유지, 개선하려는 목적으로 상호보험(mutual insurance), 단체교섭(collective bargaining) 및 입법 활동(legal enactment)을 할 수 있는 근로자의 항구적인 단체로 정의하였다.

2) 노동조합의 기능

노동조합은 경제적 기능, 공제적 기능, 경영참가의 기능을 가진다. 노동자들은 더 많은 권리 획득, 사회적 결속감 및 소속감 획득, 직업의 안정성 및 보상을 확보하기 위하여 노동조합에 가입한다.

(1) 경제적 기능

노동조합의 구성원이 사용자와 단체교섭 과정에서 단결하여 임금 인상 등과 같은 경제적 이득을 추구한다. 국내에서 노사 간의 단체협약과정에서 주요 쟁점사항인 임금 인상, 근로시간 단축, 복리후생제도 확충, 임금체계 개편 등이 여기에 속한다.

(2) 공제적 기능

노동조합원의 생활을 안정화를 도모하는 기능이다. 노동자가 예기치 않았던 재난, 질병 등에 대비하기 위해 월급에서 일정 금액을 공제하여 조합기금을 마련하고 산업재해, 조합원의 경조사 등을 지원해 주어 조합원 상호 유대관계를 강화한다.

(3) 경영참가의 기능

노동조합의 사회적 지위가 높아짐에 따라 교섭내용에 경영참가의 기능이 확대되고 있다. **경영참가**란 근로자 또는 노동조합이 기업 경영자와 공동으로 경영관리 기능을 담당하고 수행하는 기능이다. 즉 노동조합이 조직의 경영권에 참가하여 경영상의 책임과 권한을 분담하려는 것이다. 경영참가의 영역은 조합원의 직장 확보, 생활 향상을 위한 임금교섭 뿐만 아니라 작업시간, 작업개선, 고용, 승진, 해고, 안전에 관한 내용으로 확대되고 있다.

경영참가
근로자 또는 노동조합이 기업 경영자와 공동으로 경영관리 기능을 담당하고 수행하는 기능.

그러나 경영자의 시각에서는 노동자의 경영참가 활동은 경영권를 침해하는 행위이고, 노동자들이 경영에 책임질 수 있는 부분이 매우 제한적이라고 본다. 노동조합은 직장안정이나 생활향상을 위한 목적으로 경영참가 기능을 활용할 뿐, 경영자를 대신하여 업무를 수행하고 책임지려고는 하지 않는다고 비판을 받는다.

3) 노동조합의 가입 제도

노동조합원의 채용과 해고, 가입 자격 등을 제한하기 위해 규정한 노동협정을 숍(shop)제도 라고 한다. 오픈 숍(open shop), 유니온 숍(union shop), 클로즈드 숍(closed shop)의 세 가지 기본유형이 있다.

(1) 오픈 숍 제도

오픈 숍(open shop)은 사용자가 근로자를 채용할 때 조합원이든 비조합원이든 차별을 두지 않고 채용하며, 근로자의 노동조합 가입여부도 근로자의 자유의사에 따라 이루어지는 제도이다. 그래서 노동조합의 안정측면에서 가장 취약한 특성을 보인다. 우리나라는 오픈숍 제도를 적용하고 있다.

오픈 숍
근로자를 채용할 때 조합원이든 비조합원이든 차별을 두지 않고 채용하며, 근로자의 노동조합 가입여부도 근로자의 자유의사에 따라 이루어지는 제도.

(2) 유니온 숍 제도

유니온 숍(union shop)은 클로즈드 숍과 오픈 숍의 중간형태로써 사용자는 비조합원을 채용할 수 있지만, 고용 후에 노동자는 일정기간 내에 노동조합에 가입해야 하는 제도이다. 미국의 대부분 조직에서 이 제도를 채택하고 있으며 태프트-하틀리법에서는 고용 후 30일 이내에 가입하도록 하고 있다.

유니온 숍
사용자는 비조합원을 채용할 수 있지만, 고용 후에 노동자는 일정기간 내에 노동조합에 가입해야 하는 제도.

(3) 클로즈드 숍 제도

클로즈드 숍(closed shop)은 사용자가 노동조합에 가입한 조합원만 고용할 수 있는 제도이다. 즉 조합원의 자격이 고용의 전제조건이 된다. 노동조합이 노동공급을 가장 강력하게 통제할 수 있는 제도이다.

클로즈드 숍
사용자는 노동조합원만을 고용할 수 있는 제도.

4) 노동조합의 형태

노동조합의 형태는 직종별 노동조합, 산업별 노동조합, 일반노동조합, 기업별 노동조합으로 분류할 수 있다.

직능별 노동조합
같은 직종에 속하는 근로자들이 기업과 산업을 초월하여 횡적으로 합친 단결체.

(1) 직능별 노동조합

직능별 노동조합(craft union)이라고도 하며 같은 직종에 속하는 근로자들이 기업과 산업을 초월하여 횡적으로 합친 단결체로서 역사적으로 가장 오래된 노동조합 형태이다. 동일한 직종을 가지는 근로자로 조직되어 단체교섭 사항과 그 내용이 명확하고 연대 의식이 강하기 때문에 조직의 단결력이 강한 조합 형태이다.

쉬어가기

단체교섭, 노동분쟁 발생 시에 알아야 할 법적 규정은 어디에서 찾아야 할까요?

우리나라의 노사관계에 관한 법률은 근로기준법, 노동조합 및 노동관계조정법, 그리고 근로자 참여 및 협력증진에 관한 법이 있다. 그 목적과 다루는 내용은 다음과 같다.

노동관계 관련법	목적	구성내용
(1) 근로기준법 (1953년 5월 10일 법률 제 286조로 제정·공포)	• 인간의 존엄성을 보장받을 수 있도록 근로조건에 관한 기준을 법률로 명시함 • 근로자의 근로조건에 관한 통일적 보호 법전	• 총칙, 근로계약, 임금, 근로시간과 휴식, 여성과 소년, 안전과 보건, 기능습득, 재해보상, 취업규칙, 기숙사, 근로감독관, 벌칙 등
(2) 노동조합 및 노동관계조정법	• 근로자의 단결권, 단체교섭권, 단체행동권을 보장하여 근로조건의 유지, 개선과 근로자의 경제적, 사회적 지위의 향상을 도모하고, 노사관계를 공정하게 조정하여 노동쟁의를 예방, 해결함으로써 산업평화의 유지와 국민경제의 발전에 이바지함	• 노동조합, 단체교섭 및 단체협약, 쟁의행위, 쟁의행위의 조정, 부당노동행위에 관한 사항
(3) 근로자 참여 및 협력증진에 관한 법률	• 근로자와 사용자 쌍방이 참여와 협력을 통하여 노사공동의 이익을 증진함으로써 산업평화를 도모하고 국민경제 발전에 이바지함	• 노사협의회 구성(사용자와 근로자를 대표하는 같은 수의 위원을 3~10명 이내로 구성하여 상호협력을 통해 근로자의 복지와 기업 발전 도모함) • 노사협의회의 운영 및 임무 • 고충처리위원회 구성

(출처 : http://www.nlrc.go.kr/seoul/)

CHAPTER 7

(2) 산업별 노동조합

산업별 노동조합(industrial union)은 직종의 여하를 막론하고 동일산업에 종사하는 근로자가 조직하는 노동조합이다. 철도, 자동차, 금속, 택시, 섬유, 통신 등 산업별로 단위 혹은 연맹을 이뤄 노동조합을 결성하고 있다.

> **산업별 노동조합**
> 동일산업에 종사하는 근로자가 조직하는 노동조합.

(3) 기업별 노동조합

기업별 노동조합(company union)은 근로조건 결정권이 있는 개별기업이나 사업장 단위의 노동자로 결성된 노동조합을 의미한다. 우리나라 노동조합의 주를 이루고 있는 형태이다. 앞의 두 가지 조합 형태는 기업을 초월하여 결성된 조직인데 반해 기업별 노동조합은 동일 기업에 종사하는 노동자들에 의하여 조직되는 노동조합이다. 개별 기업을 존립 기반으로 하기 때문에 노동시장에 대한 지배력이나 조직으로서의 역량이 취약하다.

> **기업별 노동조합**
> 근로조건 결정권이 있는 개별 기업이나 사업장 단위의 노동자로 결성된 노동조합을 의미.

6.3 단체교섭

1) 단체교섭의 정의

노동조합의 주요 활동인 **단체교섭**(collective bargaining)은 노동조합 대표자가 그 노동조합 또는 조합원을 위하여 사용자 혹은 사용자 단체와 임금, 근로시간, 근로조건 등에 관한 사항을 논의하여 공동의 합의에 도달하는 과정을 의미한다.

> **단체교섭**
> 노동조합, 사용자 혹은 사용자 단체와 임금, 근로시간, 근로조건 등에 관한 사항을 논의하여 공동의 합의에 도달하는 과정.

2) 단체협약

단체교섭을 통해 합의된 사항을 **단체협약**(collective agreement)라고 한다. 다시 말해 단체협약은 노동조합과 사용자가 단체교섭을 통하여 근로조건에 관한 사항에 대하여 의견일치를 보고 서면으로 쌍방에서 날인한 것으로, 법률에 저촉되지 않는 한 규칙이나 근로계약보다 우선적인 법적 효력을 지닌다. 다만 그 유효성은 2년을 초과할 수 없다. 반드시 서면으로 작성하여야 하고, 노사 쌍방이 서명·날인하여 합의한 사실을 증거로 남겨야 하며, 협약체결 15일 이내에 행정 관청에 신고하여야 한다.

> **단체협약**
> 단체교섭을 통해 합의된 사항.

3) 노동쟁의

노동쟁의
여러 가지 근로조건에 관하여 노동조합과 사용자간에 불일치하는 주장을 보여 발생하는 분쟁.

노동쟁의(labor dispute)는 여러 가지 근로조건에 관하여 노동조합과 사용자 간에 불일치하는 주장을 보여 발생하는 분쟁을 말한다. 단체교섭이 결렬된 경우에 발생한다. 헌법 제33조 제1항에 근로자는 근로조건 향상을 위하여 자주적 단결권, 단체교섭권, 단체행동권을 가진다고 명시되어 있다. 단체행동권을 법 테두리 안에서 올바르게 행사하여야 권리를 획득할 수 있으므로 노동쟁의의 유형과 절차, 조정에 관하여 정확히 이해해야 한다.

(1) 노동쟁의 유형

이런 노동조합 또는 사용자가 자기들의 주장을 관철하기 위하여 하는 행위를 쟁의행위라고 한다. 노동자측에서 할 수 있는 쟁의행위에는 파업, 태업, 기업 내부 및 외부 집회가 있다. 사용자측에서 할 수 있는 쟁의행위는 직장폐쇄이다. 직장폐쇄는 노동자측에서 쟁의행위를 시작한 경우에 한해 사용자가 단행할 수 있다. 쟁의행위는 정상적인 직무의 운영을 저해하는 행위로서 형사상, 민사상의 책임이 따를 수 있으므로, 정당한 절차에 따라 진행되어야 그 책임을 면할 수 있다.

(2) 노동쟁의의 절차

노동쟁의가 발생되면 노동쟁의를 신청하게 되고 노사 간의 일정기간의

표 7-8 단체교섭 주요 쟁점사안

분류	내용
경제적인 문제	임금(기본급, 수당, 생활 보조금, 특별급여 등), 연금, 공휴일제도 등
직장의 안정성	고용 안정화, 일시해고, 승진, 전직 및 해고 관련 사항
작업조건	수행 시 휴식, 휴식시간, 작업 시간표, 안전, 건강보호 등
근로자 권리	노동자가 사용자에게 요구하는 권리로 노동자에게 강요 금지, 노조원의 자유보장 및 생산 결과에 대한 공정한 배분 등
경영자 권리 보장	경영자측에서 노동자에게 요구하는 사항으로 직장에 대한 노동자의 헌신성 및 생산성 보장, 회사 기밀의 보장권 확보 및 경영권의 보장 등

조정기간을 갖게 된다. 조정기간은 일반은 10일 공익기관은 15일이다. 쟁의기간 중에 사용자는 원칙적으로 근로자를 채용할 수 없다.

(3) 노동쟁의의 조정

노동쟁의가 신고되면 제3자가 분쟁을 해결하기 위해 당사자에게 설득, 조언, 중재안을 제시한다. 이를 조정이라고 한다. 분쟁 발생 시 노동위원회 내 조정위원회에서 제공하는 조정의 유형에는 알선, 조정, 중재가 있고, 긴급을 요하는 사안에 대해서는 긴급조정이 있다.

① 알선

알선(conciliation)은 제 3자가 분쟁 당사자가 주장하는 요지를 파악하고 양보를 권유하여 자주적 화해를 유도하는 방법이다.

② 조정

조정(mediation)은 제3자가 노동쟁의의 당사자 사이에 개입하여 쌍방의 주장을 듣고 분쟁을 해결할 수 있는 조정안을 제시하는 과정이다. 알선보다 적극적이며, 중재와는 달리 분쟁 당사자 간의 임의 수락을 전제로 한다는 점에서 노사의 자주적 해결방법이다. 조정에는 임의조정과 강제조정이 있다. 쌍방이 조정안을 수락하면 노동쟁의는 해결된다. 그러나 조정안이 받아들여진 후에 의견 불일치가 다시 발생된다면 7일 이내에 조정위원회가 재구성되고, 그 기간 동안에 노동쟁의는 중단된다.

③ 중재

중재(arbitration)는 분쟁 당사자 이외에 제3자의 조정자가 중재 결정을 하게 되면 반드시 따라야 할 의무가 생기고, 중재과정은 협약과 같은 효력을 지닌다.

④ 긴급조정

노동쟁의의 결과가 국가적으로 중대한 영향을 미친다고 인식될 때 수행하는 방법으로 30일 동안 쟁의행위를 제한하고 그 동안에 알선, 조정, 중재의 방법으로 노동쟁의를 해결한다.

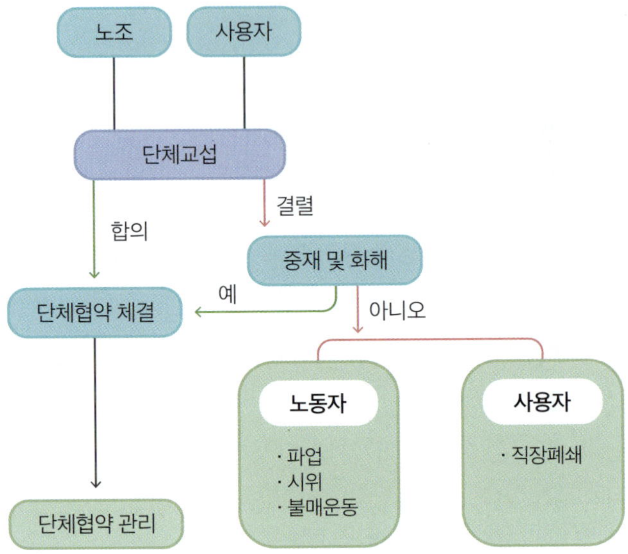

그림 7-14 단체협약과 노동쟁의 발생과정
자료 : 이경희, 1998

노사협의회와 고충처리 바로 알기

노사협의회(labor-management council)는 사업장내의 근로자와 사용주가 「참여와 협력」을 통하여 근로자의 복지증진과 기업의 건전한 발전을 목적으로 근로조건을 협의하는 기구이다. 근로자와 사용자 위원 각 3인에서 10인 이내로 구성되며, 노사협의회에서 협의되는 사항은 주로 근로조건과 경영참가에 관한 내용이다.

고충처리(grievance procedure)는 근로자의 근로조건 또는 단체협약, 취업 규칙 등에 관한 개인적인 불만을 듣고 해결해 주는 제도이다. 기업은 그 과정을 문서형태로 처리하고 고충처리위원회를 두어 근로자의 문제를 자주적으로 해결해야 한다. 고충처리위원회 접수되는 고충의 예에는 근로자의 경우 보수, 감독, 해고, 안전에 관한 사항이고, 사용자 측의 고충에는 개별근로자의 규율, 규정 위반, 단체교섭에 관한 계약위반 등이다.

연습문제

1. 급식업체에서 조리원을 채용할 때 적용 가능한 면접 평가 항목을 설명하시오.
2. 직무를 분석하는 방법을 분류하고, 각각의 장점과 단점을 분석하시오.
3. 직무분석의 주요 목적을 설명하고, 직무분석의 결과 얻어지는 결과물에 관하여 간단히 기술하시오.
4. 직무평가 절차를 설명하고, 평가 방법별 장·단점을 분석하시오.
5. 급식소 관리자가 바람직한 방향으로 직무를 설계하기 위해 고려해야 할 요소들을 설명하시오.
6. 단체급식 기관 유형별 영양사의 임금 체계와 임금 수준을 살펴보고 비교하시오.
7. 단체교섭이 결렬시 노동쟁의 과정을 설명하시오.

참고문헌

1. 고용노동부홈페이지http://www.moel.go.kr/news/notice/noticeView.do?bbs_seq=1412901295626
2. 고용노동부 (2014) : 새로운 미래를 여는 합리적 임금체계 개편 매뉴얼. 고용노동부.
3. 고용노동부 (2016) : 임금체계 개편을 위한 가이드북. 고용노동부.
4. 고용노동부. (2019) : 채용절차의 공정화에 관한 법률 시행령 일부 개정령. 고용노동부 공고 제 2019-192호
5. 고용노동부 홈페이지 http://www.moel.go.kr/search/search.jsp
6. 교육부 (2013) : 학교급식 인적자원관리 법적 사항. 교육부. 서울.
7. 국가법령정보센터 http://www.law.go.kr/main.html
8. 김덕권 (1996) : 급식경영학, 신광출판사, 서울
9. 김동현 (2014) : 앞으로 기업이 근로자를 모집·채용하는 경우 '학력차별'을 할 수 없을 전망이다. 뉴시스. 2014.7.21. 보도자료
10. 김병식 (1997) : 조직행동론, 형설출판사, 서울
11. 김세영 (1990) : 인사관리-한국사례 및 통계보완, 석정, 서울
12. 김영철 (2019) : 프렌차이즈 상생 경영 3: 비정규직 직원교육에 과감하게 투자하자. 월간식당 2:172-173
13. 나윤기 (1995) : 인사관리론, 학문사, 서울
14. 대한영양사회 (2000) : 급식관리지도서, 대한영양사회
15. 메트로서울(2014):역방식·요리·합숙·캠핑-열린채용시대면접방식톡톡-.메트로서울2014.03.13. 보도자료 http://www.metroseoul.co.kr/news/newsview?newscd=2014031200287
16. 신유근 (1988) : 인사관리-현대 인적자원관리, 경문사, 서울
17. 신유근 (1996) : 현대경영학-원론적 접근, 다산출판사, 서울
18. 아워홈 홈페이지. http://recruit.ourhome.co.kr/static/front/html/0203.html
19. 이경희 (1998) : 현대 인적자원관리, 민영사, 서울
20. 이재규, 김성국, 권중생 (1996) : 최신 인적자원관리론, 문영사, 서울
21. 이학종, 양혁승 (2005) : 전략적 인적자원관리, 박영사, 서울
22. 장명국 편저 (1992) : 노동법해설, 석탑출판사, 서울
23. 정재훈 (2005) : 인적자원관리, 학현사, 서울
24. 정종진, 이덕로 (1998) : 인적자원관리, 법문사, 서울
25. 한국기술교육대학교 (2012) 공공기관단체교섭 실무 능력 향상과정 : 단체교섭의 절차와 기법. 한국기술교육대학교 고용노동연수원 강의안 12-096

CHAPTER 7

26. 현대그린푸드 홈페이지 https://recruit.ehyundai.com/index.nhd
27. Blackburn R, Rosen B (1993) : Total quality and human resources management : Lessons learned from baldrige award winning companies, Academy of Management Executive 7(3) : 51
28. Cleveland JN, Murphy KR, Williams RE (1989) : Multiples uses of performance appraisal : Prevalence and correlates. J. of Applied Psychology 74 : 130-135
29. CJ프레시웨이 홈페이지 http://www.cjfreshway.com/recruit/info.jsp
30. Dale B, Cooper, Cary (1992) : Total Quality and Human Resources : An Executive Guide, Blackwell Co., Oxford
31. Davis LE (1979) : Job Design : Historical Overview. In Davis, LE, Taylor JC(Eds.). Design of Jobs, Goodyear Publishing Company, Santa Monica
32. Flippo EB (1984) : Personnel Management, 6th ed., McGraw-Hill Book Co., New York
33. Hackman JR, Oldham G (1980) : Work Design Reading, Addison-Wesley, Mass
34. Herzberg F (1966) : Work and Nature of Man, Van Nostrand Reinhold Co., New York
35. LaGreca G (1988) : Training Foodservice Employees, Van Nostrand Reinhold Co., New York
36. Nickels WG, McHugh JM, McHugh SM (2012) : Understanding business 9th ed. McGraw-Hill Irwin. 권구혁, 박광태, 박주영, 장정주, 최우석, 최진남, 홍광헌 번역. 경영학의 이해,생능출판사, 파주시, 경기도
37. Porter LW (1962) : Job attitudes in management : I. Perceives deficiencies in need fulfillment as a function of job level, Journal of Applied Psychology 46 : 375-384
38. Sherman AW, Bohlander GW, Snell SA (1996) : Managing Human Resources, 10th ed., South-Western College Publishing ITP Co.
39. Smith PC, Kendall LM, Hulin CL (1969) : The Measurement of Satisfaction in Work and Retirement, Rand McNally, Chicago
40. Spears MC (2000) : Foodservice Organizations, 4th ed., Prentice-Hall, Upper Saddle River
41. Stein (1983) : Quality of Work Life in Action : Managing Effectiveness, American Management Association, New York
42. Yoder D, Heneman HG (1979) : ASPA Handbook of Personnel and Industrial Relations, Byreau of National Affairs Inc., Washington
43. http://www.bloter.net/archives/313591;https://www.hankyung.com/society/article/201911069226i

CHAPTER

08

급식 서비스 마케팅

들어가며

외식과 IT기술의 융합, 진격의 '푸드테크 마케팅'

식품·외식산업에 IT기술을 접목한 신개념 산업이 발달, 식품(food)에 기술(technology)을 얹은 '푸드테크' 시장이 열렸다. 각종 배달앱을 시작으로 빅데이터 분석을 통한 맛집 추천, 유명 맛집 음식 배달 서비스까지 범위를 넓히며 외식업 마케팅에 혁신이 일었다. 배달 서비스가 마케팅의 영역으로 들어왔다. 기존 맛집 책자에 나열되어 있던 동네 중국집이나 백반집들이 스마트폰 배달앱 영역으로 들어오고, 나아가 유명 맛집이나 고급 레스토랑도 배달앱과 협업해 배달 서비스를 시작하게 됐다.

'하동관'이나 '을밀대'처럼 수십 년의 전통을 지닌 유서 깊은 맛집들의 배달 서비스는 한동안 이슈가 됐다. 특히 가정 내 식탁에서 하동관 곰탕과 을밀대 평양냉면을 차려놓은 인증샷을 SNS에 올리는 유저들이 늘면서 관심을 끌었다. '20공 내포 많이 주세요.'라는 주문을 하동관이 아닌 집에서 전화로 하게 될 줄이야', '배달 맛집 클래스 보소.' '집에서 평양냉면 먹는 신기한 세상' 등 페이스북이나 인스타그램에 재미 있는 후기들이 올라왔고 배달 서비스 자체가 홍보·마케팅의 수단으로 부상하게 된 것이다.

다양한 홍보 채널로 매출을 높이고 안정된 수익구조를 만드는 것이 목적인 푸드테크는 외식업소의 효과적인 마케팅 수단이 됐다. 푸드테크에서 말하는 IT기술은 체계적인 시스템과 데이터를 기반으로 고객의 니즈를 면밀히 분석하고, 나이, 성별, 거주 지역, 주문 리스트 등 각 요소별 맞춤형 서비스를 가능하게 한다. 단순히 이색적인 시스템을 통해 고객의 이목을 끌거나 편리한 운영 시스템을 구현하는 데서 그치지 않고, 실질적인 매출 상승으로 이어지도록 한다는 것이다. 향후 소비자들은 갈수록 모든 일을 모바일로 하는 시대가 올 것이므로, 푸드테크 기술의 활발한 도입을 통해 외식산업의 패러다임에 큰 변화가 예상된다.

(출처: 월간식당 2017-02-27 기사 재구성)

교육목표

오늘날 급식산업에서는 음식, 즉 제품에 대한 마케팅 활동 뿐 아니라 다양한 서비스에 대한 마케팅 활동도 매우 중요해지고 있다. 이 장에서는 서비스에 대한 일반적인 개념을 정리한 후에 급식서비스 마케팅 활동의 계획과 전략 수립, 마케팅 믹스 관리, 서비스 품질관리 및 고객만족에 관한 내용을 학습한다.

학습목표

- 마케팅의 정의와 개념의 변화에 대해 설명한다.
- 급식서비스 마케팅의 기본적인 특성을 이해한다.
- 시장세분화, 표적시장 선정, 포지셔닝 개념을 이해한다.
- 급식서비스 마케팅 믹스 관리 기법을 학습하고, 각각의 대응 전략에 대해 논의한다.
- 서비스 품질의 특성 및 측정 모델을 학습하고 관리 방법에 대해 설명한다.
- 서비스 품질 관리를 통한 고객만족 전략에 대해 학습한다.
- 고객관계 관리의 개념과 적용사례를 학습한다.

급식산업은 제품의 생산과 서비스가 동시에 제공되는 산업이다(그림 8-1). 따라서 급식과정에서 생산되는 제품에 대한 마케팅 활동 뿐 아니라 서비스에 대한 마케팅 활동도 매우 중요하다. 급식산업에서 제품으로써의 음식의 중요성은 이미 지나칠 정도로 강조되어 왔다. 최근에는 제품과 같이 제공되는 무형의 산물인 서비스가 매출 증진과 기업 이미지 향상에 큰 역할을 하는 것으로 생각된다. 특히 경쟁이 심화된 환경 하에서 제품을 어떤 서비스와 같이 제공하느냐는 중요한 관건으로 인식되고 있다.

급식산업
제품의 생산과 동시에 서비스의 제공이 동반되는 산업.

고객의 생활수준이 향상되면서 급식산업에서 서비스가 차지하는 비중은 점차 증가하고 있다. 급식산업에서 음식 자체에 대한 품질은 기본적인 개념으로 받아들여지고 있기 때문에 전반적인 서비스 품질관리를 통한 고객만족 경영을 추구해야 한다. 이러한 인식에서 전개된 서비스 마케팅은 서비스 품질의 상품가치에 중점을 두어 보다 좋은 서비스로 다양한 고객 욕구에 맞출 수 있도록 노력하는 것이며, 적극적으로 서비스 품질관리를 하는 능동적인 활동이다.

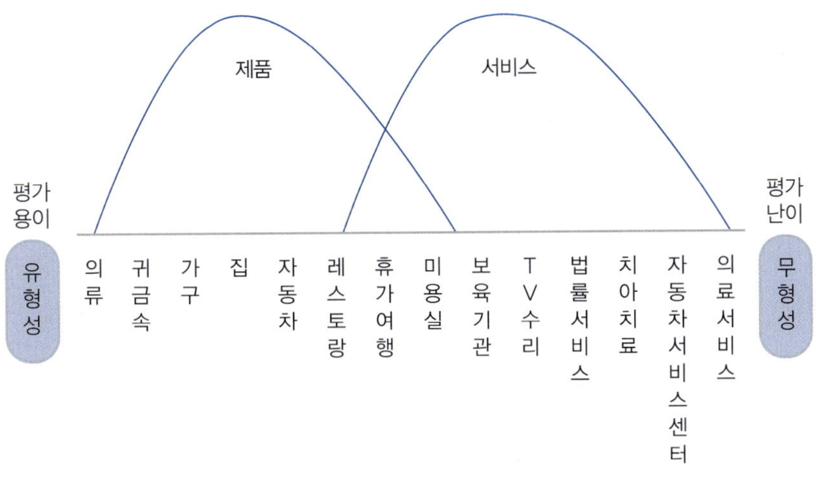

그림 8-1 급식서비스의 특성
자료 : Zeithaml·Bitner, 2000

1. 마케팅의 개요

1.1 마케팅의 정의

코틀러(Kotler)는 '마케팅이란 어떤 개인이나 집단이 다른 사람 또는 집단과 더불어 상품 및 가치를 창조하고 교환하는 활동을 통해 자신들이 필요(needs)로 하고 원하는 것(wants)을 충족하는 과정에서 발생하는 사회적·관리적 과정'으로 정의하고 있다. 2004년 미국 마케팅협회(American Marketing Association : AMA)의 정의에 따르면 '마케팅이란 조직과 그 이해관계자들을 위해 고객들에게 가치를 창조하고 전달하며, 또한 고객과의 관계를 관리하기 위한 조직 내 기능 및 일련의 과정'이라고 하였다. 2013년 미국 마케팅협회에서는 '**마케팅**이란 고객과 파트너 그리고 사회에 가치를 창조·교감하고, 전달하는 일련의 과정이며 활동'으로 정의하고 조직과 관련된 모든 대상자들을 마케팅의 대상으로 보면서 마케팅의 범위를 넓게 확대하였다. 시대가 변함에 따라 마케팅의 정의는 다르지만 마케팅은 궁극적으로 고객만족을 통해 이윤을 창출하는 경영활동을 의미한다.

마케팅
고객, 파트너, 사회에 가치를 창조, 전달하는 일련의 과정이며 활동.

마케팅의 본질

- 목표지향적 : 조직의 목표달성에 공헌할 수 있는 목표지향성이 필요
- 고객지향적 : 고객 수요조사와 경쟁분석을 기초로 하는 시장지향성을 추구
- 사회지향적 : 환경오염 등 사회에 주는 영향을 고려하여 마케팅 활동을 수행
- 전사적 : 조직 내의 모든 부서에서 협조적으로 마케팅이 이루어질 것

1.2 마케팅 개념의 변화

1) 생산지향개념

생산지향개념(production concept)은 수요가 공급보다 커서 제품의 질은 문제가 되지 않았던 시대의 지배적인 사고로서 이 시대에는 생산성만을 중시하였다. 1910년대 미국은 마케팅사상이 생산위주의 경영철학에 영향을 받아, 제품의 생산과 유통을 강조하는 데 초점을 둔 생산지향적 사고가 강조되었다. 우리나라에서도 물자가 부족하고 만들기만 하면 팔리던 1950-60년대에는 이런 사고가 지배적이었다. 따라서 이 시기에는 판매 가능성이나 고객의 니즈는 무시하고 대량생산방식으로 시장 점유율을 높이는 것에 중심을 두었는데 이 때문에 서비스 질의 저하라는 문제점이 지적되었다.

2) 제품지향개념

제품지향개념(product concept)은 고객들이 기존제품과 형태를 선호하고 있어서 경영자의 업무는 우수한 제품을 개발하는 것이라는 사고이다. 제품개념에서는 고객이 최고의 품질을 선호할 것이라고 믿으며, 따라서 기업은 소비자의 욕구와는 상관없이 우수한 제품을 생산하고 지속적으로 제품의 질을 향상시키는데 노력을 기울인다. 그러나 이 개념이 간과하고 있는 것은 고객들이 보다 욕구를 잘 충족시킬 수 있는 다른 제품으로 구매를 바꿀 수 있다는 것이다.

3) 판매지향개념

판매지향개념(selling concept)은 경쟁사보다 많은 제품을 팔기 위해서는 모든 효과적인 판매 및 촉진활동을 한다. 1930년대 미국은 시장이 공급과잉상태에 빠짐으로서, 생산 이후의 판매 또는 촉진활동의 중요성을 인식하게 되었다. 경영자들은 적극적인 촉진활동과 판매 자극수단을 동원하여 강력한 판매조직으로 밀어붙일 때 무엇이든 팔 수 있다는 판매지향 사고를 가지기 시작하였다. 누가, 왜 업장을 방문하는가에 대해서는 관심을 두지 않고 단기적인 판매를 달성하기 위해 고객 확보에만 집중하게 되어, 고객만족에는 소홀하게 되는 경향이 있다.

4) 마케팅지향개념

마케팅지향개념(marketing concept)은 고객의 니즈를 파악하여 만족시키는 데 최선을 다해야 한다는 사고이다. 이 개념에 따라 제품을 생산하기 전에 고객의 기호를 파악하여 이에 맞게 생산을 하여 고객의 니즈를 충족하게 되었다. 미국의 경우 1950년대 경쟁이 치열해지면서 기업은 고객이

쉬어가기

시대에 맞춰 변화화고 진화하는 친환경 마케팅 트렌드

그동안은 환경을 생각하고 배려한 활동에 참여하는 것이 좋다는 인식 아래 친(親)환경 활동이 대세였다면 최근에는 환경오염에 대한 심각성에 경각심을 줄 수 있고 선택이 아닌 필수로 환경을 지켜야 한다는 필(必)환경 시대로 진입했다고 볼 수 있다. 환경오염과 지구 온난화 등이 많은 미디어를 통해 연신 화두로 떠오르며 많은 사람들이 스스로 할 수 있는 범위 내에서 환경을 생각하는 활동 등에 동참하고 있다. 플라스틱 컵 사용을 줄이기 위해 텀블러 들고 다니기, 빨대 사용 줄이기 등이 대표적인 예. 이렇게 일상 속에서 경각심 없이 자연스럽게 행해왔던 것들에 하나씩 변화를 주는 것이 더 나은 환경을 만드는 중요한 첫 발걸음일 수 있다.

㈜스타벅스커피 코리아는 지난 6월 세계 환경의 날을 맞아 종이 재질 스타벅스 카드를 선보였다. 기존 플라스틱을 대체하기 위해 재활용 가능한 종이 재질로 특별히 제작된 카드이다. 스타벅스는 지난해 일회용품 줄이기 대책을 포함한 전사적인 친환경 캠페인 실행 계획을 발표한 뒤 플라스틱과 비닐 포장재를 감축하는 친환경 경영을 하고 있다. 프리미엄 바나나 상품 포장재를 옥수수 전분당에서 추출한 원료를 사용한 생분해성 플라스틱으로 100% 자연분해가 되는 친환경 포장재인 PLA 소재로 변경해 출시하는 등 노력을 기울이고 있다.

(출처: 미래경제 2019-08-03 기사 재구성)

원하는 상품을 만들어야 이익을 얻을 수 있다는 것을 알게 되었으며, 우리나라에서도1980년대부터 마케팅 개념이 도입되기 시작했다.

5) 사회지향개념

사회지향개념(social marketing concept)은 고객의 욕구충족은 물론 사회 전체의 이익을 동시에 고려하는 의사결정을 요구하도록 하는 것이다. 사회적 책임을 강조하고 사회와의 의사소통을 확대하여 환경오염, 자원고갈, 인구문제 등 사회 전체의 장기적 이익과 일치하는지를 중요하게 생각하게 되었다. 급식산업에서도 환경오염의 사회적 책임의식을 갖고 1회 용품의 사용금지와 음식물 쓰레기 감량 등의 노력을 하고 있다. 사회지향적 개념은 오늘날 소비자들에게 폭넓게 인식되고 있으며 기업은 자연환경의 문제를 일으키지 않도록 공해를 줄이는 환경친화적인 그린마케팅에 노력을 기울이고 있다.

2. 서비스 마케팅의 이해

2.1 서비스의 정의

서비스란 제품판매를 위한 수단이나 용역활동으로 돈과 교환할 수 있는 어떤 물건과 함께 동반되어 제공되는 인정된 가치를 말한다. 미국 마케팅협회에서는 '서비스는 판매 목적으로 제공되거나 상품판매와 연계하여 제공되는 모든 활동, 편익, 만족'으로 정의하였고(AMA, 1960), 코틀러(Kotler, 1994)는 '서비스는 한 사람이 무형적이고 소유될 수 없는 것을 다른 사람에게 제공하는 행위 혹은 수행력'으로 규정하였다. 이유재(2013)는 서비스는 고객과 서비스 제공자와의 상호작용을 포함하므로 '고객과의 상호작용을 통해 고객의 문제를 해결해 주는 일련의 활동'으로 정의하였다.

서비스
판매목적으로 제공되거나 상품판매와 연계되는 모든 활동, 편익, 만족.

2.2 서비스의 기본적 특성

서비스는 제품과는 본질적으로 다른 특성을 지니고 있다. 따라서 효율적이고 효과적인 서비스 관리를 위해 서비스의 주요 특성을 이해하는 것이 중요하다. 서비스의 대표적인 특성으로는 무형성, 비분리성, 소멸성, 이질성이 있다(표 8-1).

1) 무형성

서비스의 무형성(intangibility)은 볼 수 없고, 만질 수 없으며, 맛볼 수 없고, 냄새 맡을 수 없고, 소유할 수 없다는 의미이다. 즉 서비스는 구매하기 이전에는 느낄 수 없는 무형의 수행력이므로 소비자가 구매하기 이전에는 서비스를 객관적으로 평가하기 어렵다. 이런 점에서 소비자는 서비스에 관련된 정보를 적극적으로 탐색하게 되고, 기업의 평판, 종업원의 태도, 물리적 환경 및 구전에 의존하여 의사결정을 하게 된다. 분위기와 같은 일부 서비스 요소는 무형의 특성을 지니지만 유형적인 산물에 기반을 두고 있다. 한 예로 급식산업의 경우 서비스의 무형성의 속성 때문에 시각적인

표 8-1 서비스의 특성

특성	정의	전략
무형성	• 볼 수 없고 만질 수 없으며 소유할 수 없는 속성	• 유형적인 단서 제공 • 구전을 통한 촉진 • 기업이미지 구축
비분리성	• 일명 생산·소비의 동시성 • 생산과 소비가 동시에 발생하는 속성	• 정확하고 능숙한 업무 수행 • 철저한 고객관리 • 종업원의 선발과 훈련
소멸성	• 저장 불가능성 • 사용되지 않는 서비스 혹은 남은 서비스는 저장되지 않고 없어지는 속성	• 효과적인 수요·공급관리
이질성	• 서비스의 산출은 제공자, 환경에 따라 달라지는 특성	• 종업원의 교육과 훈련 • 팀미팅을 통한 서비스 상황별 대처양식의 표준화 관리

CHAPTER 8

단서 혹은 유형적인 단서를 제공하려는 목적에서 급식소의 실내 분위기를 쇄신하고 이를 고객에게 전달하려고 한다. 서비스는 무형성의 특성을 지니고 있으므로 이에 대한 관리 전략으로 서비스 시스템 내의 유형적인 단서 제공, 구전을 통한 촉진, 그리고 강력한 기업 이미지 형성이 이루어질 수 있도록 주의를 기울어야 한다.

2) 비분리성

서비스의 비분리성(inseparability)은 서비스는 생산과 동시에 소비가 이루어진다는 것이다. 이 속성은 무형성과 연관성이 있다. 상업성 급식소에서 서비스 직원이 소비자에게 음식을 제공하는 순간에 서비스가 생산되고 동시에 소멸된다. 이와 같은 비분리성 속성 때문에 결정적 순간(moment of truth)이 중요하므로 서비스 직원은 주문을 받고 서비스를 할 때 능숙하고 정확하게 업무를 수행해야 한다. 또한 서비스가 어떻게 제공되느냐는 고객의 만족에 매우 중요한 역할을 한다. 종업원의 수행력 평가 결과는 고객과 개인 간의 친밀감에 의존하므로 고객관리에 역점을 두어야 하고 종업원의 선발과 훈련이 강조되어야 한다.

결정적 순간(moment of truth: MOT)

서비스 마케팅은 최일선 서비스 직원의 서비스태도가 결정적 순간(moment of truth: MOT)에서의 고객의 선택과 느낌을 좌우한다. 결정적 순간이란 고객이 기업의 종업원 또는 특정 자원과 접촉하면서 그 서비스의 품질에 대한 인식에 영향을 받는 순간으로서 평균 15초 정도인 것으로 알려져 있다. 따라서 최일선 서비스 직원이 고객과 만나는 접점(point of contact)에서 결정적 순간을 포착하여 관리하는 것이 매우 중요하다.

3) 소멸성

서비스의 소멸성(perishability)란 서비스는 저장될 수 없으며 사용되지

제품과 서비스는 어떻게 달라요?

제품과 서비스는 다음의 차이점이 있다.

● 상품 성격의 차이

제품의 특성은 유형성, 동질성, 분리성, 저장 가능성, 소유권 이전의 가능성으로 본다면 반면에 서비스의 특성은 무형성, 이질성, 비분리성, 소멸성, 소유권 이전의 불가능성을 나타낸다.

● 생산과정에 고객 참여 여부의 차이

제품은 생산과정에 고객이 직접 참여하지는 않는다. 그러나 서비스는 생산과정에 고객이 직접 참여하게 된다. 예를 들어 패스트푸드점에서 소비자가 흔히 경험하는 셀프서비스는 서비스의 생산과정에 고객 자신이 직접 참여하는 형태이다. 이와 같은 특성 때문에 서비스를 설계할 때 소비자가 이용하기에 편리하도록 시설이나 설비를 제공하고 원활한 서비스의 진행을 위해 고객과 서비스 직원에게 충분한 교육이나 안내 지침을 제공해야 한다.

● 고객이 상품의 일부 여부의 차이

제품의 경우 고객은 상품의 일부분이 될 수 없다. 그러나 서비스는 고객이 상품의 일부가 될 수 있다. 서비스의 제공과정에 고객의 참여 정도가 높아질수록 고객은 서비스 직원과 많은 접촉을 하게 된다. 이 때 고객이 바로 서비스 상품의 한 부분이 된다. 즉 고객이 서비스 기업의 서비스를 평가할 때 종업원의 서비스 수행능력, 종업원의 용모, 태도 뿐 아니라 서비스 시설 안에 있는 다른 고객도 같이 평가하여 전반적으로 평가를 내린다.

● 품질 통제 용이성의 차이

제품은 품질의 설정과 그의 통제가 용이하지만 서비스의 경우 생산과 소비가 동시에 일어나므로 품질의 통제가 불가능하며 일관성 있는 서비스가 어렵다.

● 짧은 순간의 중요성 차이

제품의 경우 상품이 고객에게 전달되는 과정에서 기다리는 짧은 순간이 그다지 중요하지 않다. 그러나 호텔, 병원, 급식소에서는 서비스를 받기 위해 고객이 직원과 대면하는 그 순간이 고객만족을 이끌어내는 데 매우 중요하다.

않은 능력의 서비스는 다른 쪽으로 이동되지 않고 사라진다는 특성이다. 이러한 속성은 생산과 동시에 소비되고 바로 소멸되는 서비스의 비분리성에 기인한다. 서비스의 수요가 있을 때는 서비스가 충분히 생산되고, 반대로 수요가 발생되지 않을 경우 서비스의 능력이 소멸되고 손실이 생기므로 수요공급에 관한 조절이 필요하다. 즉 서비스의 수급조절에 대한 의사결정을 신중히 하여 만족스러운 서비스 제공과 동시에 서비스의 낭비를 줄일 수 있도록 해야 한다. 예를 들면, 급식소에 서비스 직원이 지나치게 많으면 서비스의 지연이 해소되나 노동비는 상승되는 반면에, 서비스 수요에 비하여 직원의 수가 부족할 경우 노동비는 감소되나 서비스가 지연되므로 수급조절이 매우 중요하다.

4) 이질성

서비스의 이질성(heterogeneity)은 서비스의 산출이 다양하다는 의미다. 다양성의 원인은 서비스 조직의 수준, 서비스 종업원의 수행 능력, 서비스 수행 시의 환경에 따른 차이에서 비롯된다. 또한 서비스 형태에 따라서, 상황에 따라서 서비스에 차이가 있으며, 종업원의 수, 종업원의 능숙도, 소비자의 인지도 역시 서비스의 이질성의 원인이 된다. 서비스는 서비스의 수행품질을 표준화하고 관리하는 것이 어려우므로 종업원의 교육과 훈련이 매우 중요하다. 종합적 품질경영에서는 팀 미팅(team meeting)을 통해 서비스 상황에 따른 대처양식을 개발하고 서비스 종업원 간에 긴밀하게 의사소통함으로써 문제를 해결하고 있다.

2.3 서비스 마케팅 삼각형 이론

서비스 마케팅(service marketing)은 인적·물적 자원에 의해서 제공되는 모든 서비스를 대상으로 하는 마케팅 활동이며, 서비스를 통해 고객의 욕구를 충족시키려는 개인과 조직의 활동으로 볼 수 있다. 서비스 마케팅을 성공적으로 수행하기 위하여 서비스 조직은 외부 마케팅, 내부 마케팅, 상호작용적인 마케팅의 3가지 요소를 모두 갖추어야 한다(그림 8-2).

서비스 마케팅
인적·물적 자원에 의해서 제공되는 모든 서비스를 대상으로 하는 마케팅.

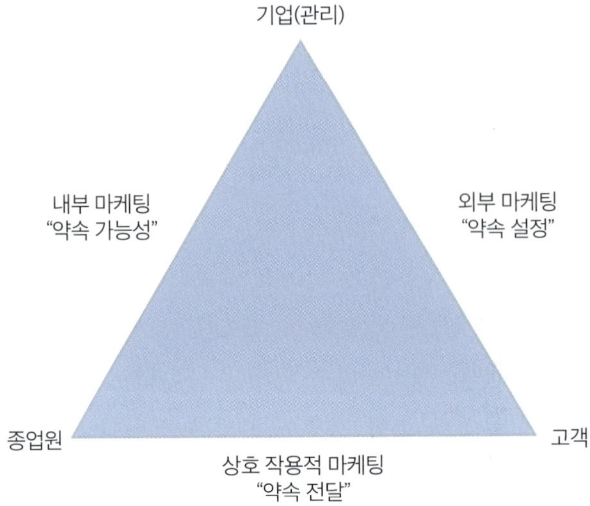

그림 8-2 서비스 마케팅 삼각형
자료 : Zeithaml·Bitner, 2000

1) 외부 마케팅

외부 마케팅
소비자를 대상으로 하는 마케팅.

외부 마케팅(external marketing)은 고객을 대상으로 하는 마케팅이며, 서비스 마케팅 삼각형의 오른쪽에 위치한다. 이는 조직이 고객의 기대치를 설정하고 전달하려는 서비스에 대하여 고객에게 약속하려는 노력을 의미한다. 외부 마케팅의 기능은 서비스가 고객에게 전달되기 이전에 고객과 서비스 내용을 의사소통하는 모든 활동이다. 고객과 의사소통하는 전통적인 요소는 광고, 판매 촉진, 홍보활동, 이외에도 기업이 지닌 물적자원, 인적자원이 외부 마케팅의 요소로 활용될 수 있다.

2) 상호작용적 마케팅

상호작용적 마케팅
고객과 종업원의 상호작용을 대상으로 하는 마케팅.

상호작용적 마케팅(interactive marketing)은 고객과 종업원의 상호작용을 대상으로 하는 마케팅이다. 일명 '실제 마케팅(real-time marketing)'이라고 불리며, 서비스 마케팅 삼각형의 밑면에 위치한다. 서비스가 전달될 때 기업의 종업원과 고객은 직접적으로 상호작용을 한다. 이 시점에서 조직이 고객에게 약속했던 서비스가 전달될 수 있고 전달되지 않을 수도 있다. 만약 약속한 서비스가 전달되지 않는다면 외부 마케팅의 의미가 없어진다. 그러므로 외부 마케팅을 통해 약속했던 서비스 내용이 상호작용적인 마케팅 활동을 통해 정확하게 고객에게 전달될 수 있도록 관리하는 것이 중요하다.

3) 내부 마케팅

내부 마케팅(internal marketing)은 조직 내부의 고객인 종업원을 대상으로 하는 마케팅 활동이다. 서비스 마케팅 삼각형의 왼편에 위치한다. 기업이 소비자에게 약속했던 서비스는 종업원에 의해 수행된다. 그러므로 내부 마케팅의 대상자인 종업원 교육과 동기부여의 활동이 구체적으로 전개되어야 한다. 서비스 직원들이 고객과 약속했던 내용을 전달할 수 없고, 전달하려는 의지가 없다면 기업은 그 약속을 지킬 수 없게 되며, 결국 서비스 마케팅 삼각형은 붕괴된다.

내부 마케팅
조직 내부의 고객인 종업원을 대상으로 하는 마케팅 활동.

위에서 설명한 바와 같이 서비스 마케팅은 외부 마케팅, 내부 마케팅, 상호작용적인 마케팅의 각 요소들로 구성되고 고객과 약속하고, 약속 내용의 이행을 순환하고 반복하는 체계이다. 서비스 마케팅 삼각형 이론이 의미하는 것은 삼각형의 각 요소가 제 위치에 놓여있지 않는다든지 전체적인 마케팅의 노력이 동반되지 않는다면 서비스 마케팅은 불가능하므로 3요소의 균형이 필요하다는 것이다.

2.4 서비스 마케팅의 특성

전통적 마케팅에서는 생산과 소비의 분리를 전제로 하고 이를 매개하기 위해 마케팅이 필요한 것으로 본다. 마케팅 부서에서는 마케팅 조사를 통해 수요 분석, 고객 구매 행동 분석을 수행하고, 마케팅 믹스 활동의 계획 및 실행을 추진한다. 그러나 급식서비스의 경우는 생산과 소비가 동시에 일어나고 판매자와 고객 간의 상호작용이 발생하고 때문에 기존의 전통적 마케팅 방식을 그대로 따르기 어렵다.

서비스 마케팅은 생산과 서비스가 동시에 발생하기 때문에 판매자와 고객 간의 상호작용 및 접점을 관리해야 하므로 마케팅 부서 뿐 아니라 전직

표 8-2 전통적 마케팅과 서비스 마케팅의 비교

	전통적 마케팅	서비스 마케팅
전제	생산과 소비 분리	생산과 소비 동시 발생
기능	생산과 소비 매개	전통적 마케팅 + 상호작용 및 접점관리
담당 조직	마케팅 부서	전 직원의 마케팅 참여

자료 : 이유재, 2013

원이 마케팅 활동에 참여해야 한다. 급식기업의 경우도 전통적인 마케팅 활동인 마케팅 조사, 광고, 인적판매, 판매촉진 등은 마케팅 부서에서 담당하지만 판매자와 고객 간의 상호작용을 관리하는 것은 관리자나 일반직원이 맡게 된다. 이러한 고객과의 상호작용 및 접점에 참여한 직원의 대응 및 관리에 따라 고객들이 인식하는 급식업체에 대한 평가가 달라진다.

따라서 좋은 품질의 서비스를 고객들에게 제공하기 위해서는 전 직원이 적극적인 마케팅 마인드를 가지고 고객과의 상호작용 관리에 참여할 필요가 있다(표 8-2).

3. 급식서비스 마케팅 전략 수립

마케팅 전략
시장기회를 분석하고, 적합한 표적시장을 선정하며 선정된 표적시장 내에서 고객우위와 경쟁우위를 확보하는 과정.

STP 전략
시장 세분화, 표적시장 선정, 포지셔닝 전략.

CHAPTER 8

마케팅 전략은 인적자원, 자금력, 브랜드 인지도 등을 자원으로 하여 전반적인 사업전략의 틀 속에서 시장기회를 분석하고, 적합한 표적시장을 선정하며, 선정된 표적시장 내에서 고객우위와 경쟁우위를 확보하는 과정이다. 급식산업에서 적용할 수 있는 급식서비스 마케팅전략 수립과정은 다음과 같다(그림 8-3). 기업의 내·외부 환경 분석을 통해 정확한 시장 상황을 파악하고 마케팅 목표를 설정한다. 그 다음 단계로 흔히 **STP 전략**이라고 일컬어지는 시장세분화(marketing segmentation), 표적시장(target market)선정, 그리고 포지셔닝(positioning)전략을 수립하게 된다. STP 전

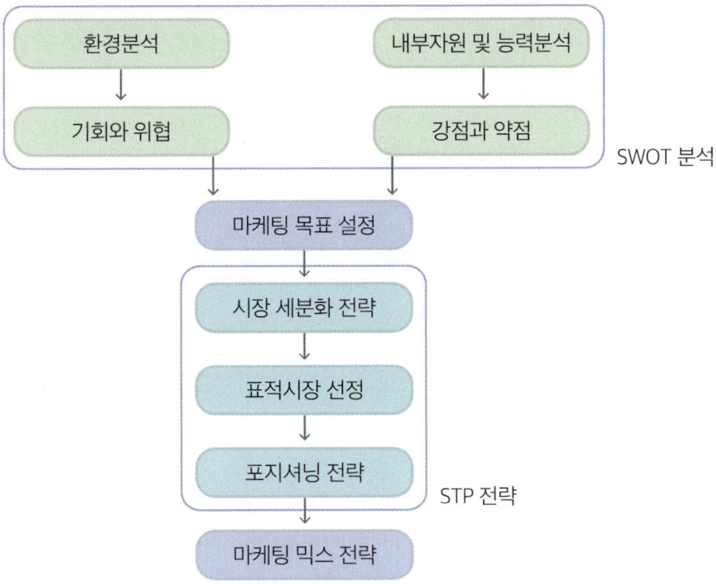

그림 8-3 **급식서비스 마케팅 전략 수립 과정**
자료 : Evas·Berman, 1992

략은 세분화된 고객의 욕구를 만족시키기 위해 도입된 마케팅 전략 개념으로, 몇 개의 기준을 이용하여 시장을 분류한 후, 이러한 세분시장에서 표적시장을 선택하고 제품을 마케팅 믹스를 통해 고객에게 인식시켜 주는 과정이라고 할 수 있다.

3.1 시장기회 분석

시장기회란 적절하게 대응했을 때 매출이나 이익의 현저한 개선을 가져올 수 있는 추세를 의미한다. 이러한 시장기회를 파악하는 것은 기업의 내·외부 환경을 분석하는 데서 출발한다. 내부환경에 대해서는 자사가 경쟁사에 비해 경쟁우위를 가지고 있는 강점(strength)과 경쟁사보다 뒤떨어지는 약점(weakness)을 파악하고, 외부환경에서는 기업의 기회(opportunity)로 작용하는 긍정적인 요소와 위협(threat)으로 작용하는 부정적인 요소를 파악해야 한다(**SWOT 분석**).

스왓(SWOT) 분석
기업의 강점, 약점, 기회, 위협요소를 분석.

시장기회를 포착하기 위해서는 시장의 전반적인 상황, 자사의 성과, 경

고객의 의사결정과정

고객의 의사결정과정은 문제의 인식→정보의 탐색→대안의 평가→구매→구매 후 행동으로 이어지며 구매 후 행동은 다음 정보처리과정에 영향을 준다.

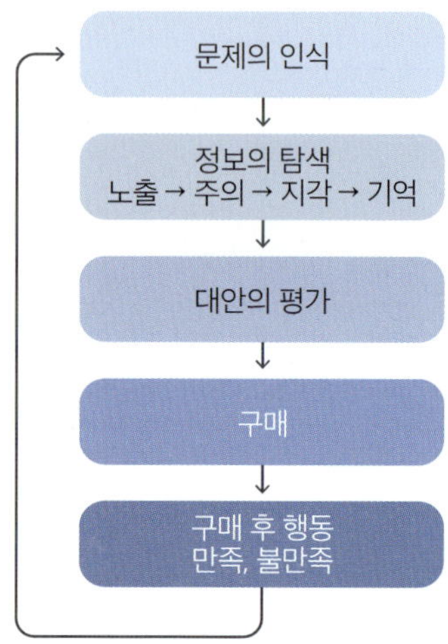

(1) 문제의 인식

자신의 현재의 상태와 바람직한 상태 간에 차이를 느끼게 되면 그 차이를 해소시킬 수 있는 수단에 대한 욕구를 갖게 된다.

(2) 정보의 탐색

고객은 인식한 문제의 가능한 해결책에 대하여 정보를 모은다. 마케팅자극에 노출(exposure)되면 마케팅자극에 주의(attention)하게 되어 자극의 내용을 이해하고 나름대로 의미를 부여하는 지각(perception)과정을 거쳐 이 내용을 기억(memory)함으로써 구매를 결정하게 된다. 탐색정보의 양은 관여도(involvement)에 의해 결정되는데 고객은 관여도가 높을수록 많은 정보를 찾는 경향이 있다. 관여도란 특정 상황에서 특정 대상에 대한 개인의 관련성 지각정도 혹은 부여하는 의미의 정도를 말한다.

(3) 대안의 평가

대안의 평가를 위해서 고객은 평가기준을 설정한다. 평가기준은 개인에 따라 다르거나 때에 따라 달라질 수도 있는데 예를 들어 혼자서 음식을 사먹는 경우와 다른 사람에게 대접해야 할 경우, 다른 사람이 사주는 경우에 따라 달라질 수 있다.

(4) 구매

구매과정은 특정 음식점을 결정한 후 그 곳에서 먹을 수 있는 음식의 종류를 결정할 수도 있고 음식의 종류를 결정한 후 음식점을 결정할 수도 있다.

(5) 구매 후 행동

고객은 구매결정 후 자신이 지각한 기대수준과 제품의 성과가 같거나 큰 경우에는 만족하나 그렇지 않은 경우에는 불만족하게 된다.

쟁자(잠재적 경쟁자와 대체재 포함), 공급업자, 거시환경(인구통계학적, 경제적, 사회적, 기술적, 법률적 환경 등) 등에 대한 정확한 분석이 이루어져야 한다. 또한 마케팅 전략과 계획을 수립하고 이를 수행하기 위해서 가장 기본적으로 선행되어야 할 전제조건은 소비자 행동에 대한 철저한 이해가 있어야 한다. 소비자 행동(consumer behavior)이란 소비자가 자신의 욕구를 충족시키기 위한 제품이나 서비스를 탐색, 평가하는 과정을 거쳐 구매에 대한 의사결정을 내리는 일련의 행동과정 이다. 급식서비스를 이용하는 고객들의 경우도 일반적인 제품과 서비스의 구매와 유사한 의사결정과정을 거치게 된다.

3.2 시장 세분화

시장 세분화(market segmentation)란 전체 시장의 다양한 욕구를 가진 고객을 욕구가 유사한 집단으로 구분하는 것이다. 급식시장을 세분화하는 이유는 모든 고객을 만족시킬 수 있는 마케팅 활동은 불가능하므로 시장 세분화를 통하여 자신에게 가장 유리한 시장을 표적시장으로 선정하고 이곳에 마케팅 노력을 집중적으로 투입하기 위함이다.

시장 세분화
전체 시장의 다양한 욕구를 가진 고객을 욕구가 유사한 집단으로 구분하는 것.

시장을 세분화할 때는 세분된 집단이 수요측면에서 충분히 커야 하고, 독특한 특성이 있어서 다른 집단과 뚜렷이 구별되어야 하며, 특히 마케팅 믹스에 대한 반응에 있어서 다른 집단과 차이가 있어야 한다. 일반적으로 시장세분화에 사용되는 기준은 인구통계학적 기준, 심리학적 기준, 구매동향 기준, 세분시장의 독특한 니즈, 서비스 제공 수준 등이 있다.

시장을 세분화할 때는 세분화 시장 내에 경쟁사가 얼마나 있는지를 알아보고 이들의 시장 점유율을 파악하고 있어야 한다. 많은 경쟁사들의 표적이 되어 그들의 시장점유율이 높은 경우에는 시장진입이 어렵기 때문에 비교적 표적이 덜된 다른 시장(틈새시장)으로 눈을 돌릴 필요가 있다. 실제로 규모가 큰 시장에서 추종기업이 되는 대신에 소규모 시장에서 선도기업이 되는 것이 더 효과적인 마케팅이 될 수 있다. 하지만 시장을 세분화했을 때 세분시장의 규모와 구매력 측정이 가능해야 한다. 시장을 세분화하였는데 구매력이 부족하면 시장으로서의 가치를 상실하게 된다. 경영자는 기업의 자금력, 조직력, 마케팅 능력, 상품과 시장의 동질성 여부, 경쟁사의 전략, 제품수명 주기상의 단계 등의 분석 결과에 따라 시장을 세분화하고 표적시장을 결정하게 된다.

시장 세분화의 기준

- 지리적 세분화(geographic segmentation): 지역, 지형, 기후, 인구밀도 등에 따라 구분
- 인구통계적 세분화(demographic segmentation): 연령, 성별, 소득, 직업, 교육수준, 종교 등에 따라 구분
- 심리묘사적 세분화(psychographic segmentation): 라이프스타일, 개성, 태도 등에 따라 구분
- 행동 세분화(behavioral segmentation): 구매계기, 사용량, 추구편익, 상품 충성도 등에 따라 구분

3.3 표적시장 선정

세분시장은 규모와 성장률, 경쟁우위, 자사와의 적합성 등을 고려하여 평가할 수 있다. 시장 세분화를 통해 시장을 평가한 뒤에는 자신의 강점을 최대한 활용할 수 있는 세분시장을 결정한다. 몇 개의 세분시장을 공략할 것인지 또는 어떤 시장을 공략할 것인지를 결정하는 것이 **표적시장 선정**이다. 표적시장 또는 목표시장을 선택할 때 시장에 접근하는 방법에 따라, 비차별화 마케팅, 차별적화 마케팅, 집중화 마케팅의 세 가지 전략이 가능하다(그림 8-4).

표적시장 선정
세분 시장 중 어떤 시장을 공략할 것인지를 결정하는 것.

비차별화 마케팅
대다수 소비자의 욕구를 충족시킬 수 있는 상품과 마케팅 계획을 수립하여 대응하는 전략.

CHAPTER 8

1) 비차별화 마케팅

비차별화 마케팅(undifferentiated marketing)은 소수의 다양한 욕구

그림 8-4 **표적시장 마케팅 전략**

를 무시하고 다수의 공통적인 욕구를 중시하여 대다수의 소비자에게 요구할 수 있는 상품과 마케팅 계획을 수립하여 대응하는 전략이다. 기업은 좋은 이미지를 소비자에게 인식시켜 주기 위해 대량유통과 대량광고 방식을 채택한다. 비차별화 마케팅은 세분시장을 무시함으로서 광고비, 마케팅 조사비, 제품개발비 등의 비용절감을 가져올 수 있으나 소비자의 욕구가 점차 다양해지고 있기 때문에 그 효과는 제한적이다.

2) 차별화 마케팅

차별화 마케팅(differentiated marketing)은 기업이 몇 개의 세분시장을 표적으로 삼고 각 세분시장마다 별도의 마케팅 활동을 수행하는 전략이다. 차별화 마케팅은 일반적으로 비차별화 마케팅보다 더 높은 매출을 올릴 수 있다는 장점이 있으나 각 세분시장에 대해 적합한 마케팅 계획 및 조사, 판매예측 및 분석, 광고 등을 위한 비용이 증대된다. 따라서 기업들은 차별화 마케팅 전략을 고려할 때 비용증가에 대한 매출액의 증가를 고

차별화 마케팅
각 세분 시장마다 별도의 마케팅 활동을 수행하는 전략.

려해야 한다.

3) 집중화 마케팅

집중화 마케팅
하나 혹은 소수의 세분 시장에 마케팅 노력을 집중하는 전략.

집중화 마케팅(concentrated marketing)은 기업의 자원이 제한적인 경우에 하나 혹은 소수의 세분시장에 마케팅 노력을 집중하는 전략이다. 대규모의 시장에서 낮은 점유율을 갖는 대신에 전문화된 마케팅 활동의 전개를 통해 세분화된 시장에서 높은 점유율을 추구할 수 있다. 특정 세분시장에만 마케팅 전략을 실시함에 따라 그 시장에 속한 소비자의 욕구를 매우 잘 알고 있기 때문에 그 시장 안에서 강력한 위치를 얻을 수 있고, 비용 절감을 가져올 수 있는 장점이 있다. 그러나 그 특정 세분시장에 불황이 닥칠 때 위험에 직면할 수 있는 단점이 있다.

3.4 포지셔닝

포지셔닝
제품을 시장과 목표고객의 마음속에 명백하고 특색 있고 바람직한 장소에 배치하는 것.

포지셔닝(positioning)이란 제품을 시장과 목표고객의 마음속에 명백하고 특색 있는 바람직한 장소에 배치하는 것을 의미한다(그림 8-5). 효과적인 포지셔닝을 위해서는 목표로 하는 고객의 마음속에 하나의 위치를 갖는 단일성, 단순하면서도 일관된 메시지를 제공하는 독특성, 경쟁사와 뚜렷하게 구별시켜 줄 수 있는 차별성, 자사의 노력은 제공하는 포지션에 집중되어야 하는 집중성의 원칙을 가져야 한다.

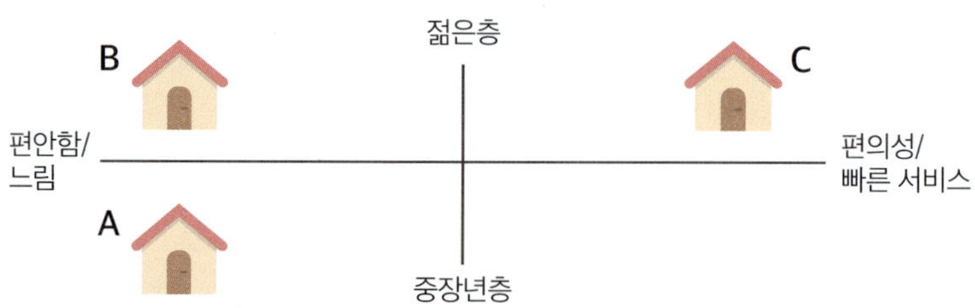

(A: 한정식집, B: 양식당, C: 푸드서비스점)

그림 8-5 **시장 포지셔닝**

급식시장에서 고객들이 고려하는 여러 속성(가격, 속도, 품질, 맛, 위생, 분위기, 편리한 주차 등) 중 우리 급식소는 위생과 가격 면에서 경쟁급식소에 비해 탁월하다고 포지셔닝하고자 한다면 마케팅에 있어서 이 점을 적

쉬어가기

급식업체들, 줄어드는 인구에 '해외 진출'로 승부

인구가 줄어들며 급식 수익이 줄어들자, 관련 업체들이 국내가 아닌 중국·베트남·인도네시아 등 국외에서 수익 창출을 노리고 있다. 업계 추정 국내 급식시장 규모는 2014년 12조 7,000억원, 2015년 13조 1,000억원, 2016년 13조5,000억원, 2017년 15조6,000억원, 2018년 16조원으로 완만하게 성장하고 있다.

삼성웰스토리는 2012년 중국으로 해외진출을 시작했다. 중국 52곳 하루 평균 15만식, 베트남은 하노이·호치민 등을 중심으로 52개 사업장에서 하루 30만식을 제공한다. 삼성웰스토리는 중국과 베트남에 현지법인 3곳을 운영 중이다. 지난해 해외사업 매출 2,025억원에 누적매출액이 6,000억원을 돌파했다. 식자재 품질 관리를 위해 중국에서는 상하이 금산구에 8개 신선식품 농장을 운영 중이고, 베트남 하노이 북부 박닌성 부근에 콜드체인시스템을 갖춘 5,818㎡ 규모의 식자재 전용 물류센터도 지었다. 삼성웰스토리는 양국을 위주로 급식 사업 점유율을 넓혀간다는 방침이다.

아워홈은 2010년부터 중국 베이징 등 10개 도시에 진출해 30개 위탁 단체급식 사업장을 운영하며 10만식을 제공하고 있다. 지난해 해외매출 600억원을 올렸다. 아워홈은 90% 이상 현지 인력을 고용하고 현지식 최적화에 힘쓰면서도, 위생적인 식재료와 설날 '떡국' 등 별미 K푸드 메뉴를 선보인다. 베트남 하이퐁에는 법인을 설립해 식음료를 포함해 비즈니스호텔까지 운영할 계획이다.

CJ프레시웨이도 2012년 베트남 호치민에 단체급식 사업장 위탁 운영을 시작으로 해외 단체급식 시장에 진출했다. 현재 중국 18곳, 베트남 12곳 총 30곳의 단체급식 사업장을 운영 중이다. 지난해 해외 및 기타부문 사업은 1,469억원으로, 같은 해 중국 4곳·베트남 3곳 등 신규 수주에 성공했다. CJ프레시웨이는 해외 단체급식 매출이 최근 3개년 연평균 32%의 성장률을 기록하고 있다. 앞으로도 현지 및 글로벌 기업 대상으로 사업을 지속 확대할 예정이다.

급식업체 관계자는 "2~3%로 침체된 국내 경제와 달리 해외 급식 진출국들은 경제성장률이 연 6%에 이를 정도"라며 "향후 해외 시장의 지속적인 성장이 기대된다."고 말했다.

(출처 : 이뉴스투데이 2019-08-12)

극적으로 부각시켜서 고객들에게 인식시킬 필요가 있다. 외식업계에서는 고객의 마음속에 QSC&V(quality, service, cleanliness and value)와 식품에 대한 안전성 관리를 잘 하는 업체로 자리 잡는 것이 바람직한 포지셔닝인 것으로 받아들여지고 있으며, 대부분의 외식업체가 이러한 점에 중점을 두어 포지셔닝 관리에 최선을 다하고 있다.

4. 급식서비스 마케팅 믹스

마케팅 믹스
기업이 표적시장의 고객들로부터 원하는 반응을 얻기 위하여 사용하는 통제 가능한 마케팅 변수의 배합.

마케팅 믹스(marketing mix)란 기업이 표적시장의 고객들로부터 원하는 반응을 얻기 위하여 사용하는 통제 가능한 마케팅 변수의 배합을 말한다. 전통적인 제품의 마케팅 믹스는 제품(Product), 가격(Price), 유통(Place), 촉진(Promotion)이 있으며 머리글자를 따서 '4P'라 한다.

4.1 전통적인 마케팅 믹스 4P

1) 제품

제품
조직이 목표시장에 제공하는 잠재 고객들의 욕구를 충족시킬 수 있는 모든 수단.

제품(product)이란 조직이 목표시장에 제공하는 잠재고객들의 욕구를 충족시킬 수 있는 모든 수단을 의미한다. 마케팅 관리자는 주요 고객의 특성을 파악하여 고객의 요구를 만족할 수 있는 새로운 제품을 개발하고, 고객이 원하지 않는 제품은 변형시키거나 제거하여야 한다. 제품을 시장에 내놓을 때는 상표관리에 주의하여야 한다. 즉 상표명(brand name)을 잘 정하는 것이 중요하다. 기억하기 좋은 이름이나 특성에 맞는 이름을 선택하거나, 소유주 이름을 넣어 신용을 과시할 수가 있다. 급식시장에서 제품의 핵심적인 속성은 음식의 맛이므로 제품개발 시 맛의 향상에 노력하고 그 외에도 제품의 물리적 특성을 고객이 원하는 바에 맞추고 제품과 함께 동반되는 부속물의 향상을 위해 노력해야 한다.

서비스 품질보증제도는 제품관리 전략의 한 예가 될 수 있다. 서비스를 표준화하여 관리한다면 그 기업은 다른 기업보다 훨씬 더 효율적으로 서비스 마케팅을 할 수 있다. 패스트푸드점에서 감자튀김을 만든 후 10분이 경과한 제품은 절대 판매하지 않는다든지 또는 밀크 티 카페에서는 우린지 4시간이 지난 차는 제공하지 않는다는 기업의 방침을 마케팅에 활용하고 있다. 이러한 마케팅 활동은 서비스 뿐 만아니라 제품의 품질 향상에도 기여할 수 있다.

2) 가격

가격
소비자들이 제품과 서비스를 획득하기 위하여 지불하여야 할 화폐액.

가격(price)은 소비자들이 제품과 서비스를 획득하기 위하여 지불하여야 할 화폐액을 의미한다. 가격은 제품과 화폐의 교환 비율로 나타낼 수 있으며, 실제로 소비자들이 급식소를 선택할 때 가장 비중 있게 고려하는 요인 중에 하나이다. 또한 가격은 제품 서비스의 이미지를 결정하는 데 영향을 준다.

가격을 결정하는 요인에는 내부요인과 외부요인이 있다. 내부요인은 원가와 다른 마케팅 요소들이며, 외부요인은 시장과 수요의 성격, 경쟁, 인플레이션, 경기, 이자율을 포함한다. 일반적으로 제조원가를 고려하여 회사 내부에서 설정한 가격에 경쟁사 혹은 동종 업계의 가격 수준을 감안하여 고객이 합리적이라고 인식하는 수준에서 가격을 설정하게 된다. 특히 서비스의 경우, 제품보다 가격을 책정하기 어려우므로 서비스 내용을 표준화하고, 서비스 마다 가격을 책정하여 가격을 산출한다면 가격 책정이 용이해진다.

가격관리 활동은 상황에 따라 다양한 전략을 사용하는데 심리적 가격 전략, 할인가격 전략, 차별가격 전략 등이 있다. 가격차별화란 세분화된 시장의 성격에 따라 가격을 설정하는 것으로 개인에 따른 가격차별화, 시간대에 따른 가격차별화 방법을 채택할 수 있다. 묶은 가격(예; 세트 메뉴)은 둘 혹은 그 이상의 제품과 서비스를 패키지의 형태로 특별한 가격으로 소비자에게 제공하는 마케팅 전략이다. 인기 있는 제품과 인기 없는 제품을 묶어 보다 싼 가격으로 제공함으로써 제품과 수요를 더욱 증대시키고 부수적인 서비스의 수요를 창출할 수 있다는 이점을 가진다.

쉬어가기

'가성비'보다 '가심비', 조금 비싸도 내 마음 채워주는 게 좋다

소비자들이 불황에 '가성비'를 따지면서도 외식 시장에서는 유독 '프리미엄'을 지향하는 소비 열풍이 거세다. C&I 소비자연구소에서는 "변해가는 트렌드를 초고가 명품이 아닌 프리미엄 디저트 소비 등을 통해 경험하려는 욕구가 반영된 것 같다"며 "평소에는 가성비를 추구하지만 특별한 날만큼은 스몰 럭셔리를 즐기려는 성향이 반영된 것"이라고 분석했다. 신한카드의 빅데이터 분석에 따르면 경제불황에도 고급 커피 매장의 매출은 연령을 불문하고 증가세다. 2019년 1분기 고가 커피 매장의 매출 증가율은 2015년 같은 기간보다 20대 8%, 30대 19%, 40대 47%, 50대 86%, 60대 149%를 각각 기록했다.

한 커피전문점의 프리미엄 브랜드 매장은 2016년 문을 연 후 지난해만 점포 수가 29개가 늘었다. 이밖에도 다른 커피전문점의 프리미엄 브랜드들도 경쟁적으로 매장 늘리기에 나서는 양상이다. 한 외식 서비스 기업은 외식업계의 불황을 '프리미엄' 특화전략으로 극복하고 있다. 매장 한쪽에 아트 전시를 선보이는 것은 물론 수준 높은 셰프의 전문메뉴 추가 등 지역별 특화전략을 추구한 결과 이 기업의 1분기 고객 수와 매출은 전년 대비 각각 30%, 25% 이상 늘어났다.

소비트렌드분석센터에서는 "불황에 적은 비용으로 마음의 만족을 추구하려는 '가심비' 소비 경향과 함께 외국 문화를 접한 젊은 층들이 트렌드를 빠르게 좇으려 하는 경향이 맞물린 결과"라고 풀이했다.

(출처: 세계일보 2019-07-03 기사 재구성)

3) 유통

유통
고객들이 제품과 서비스를 이용할 수 있도록 하기 위한 다양한 활동으로 제품을 고객에게 전달하는 과정.

유통(place)은 고객들이 제품과 서비스를 이용할 수 있도록 하기 위한 다양한 활동으로 제품을 고객에게 전달하는 과정이다. 유통은 고객들이 원하는 시기에 편리한 장소에서 서비스를 받도록 하기 위해 설계·수립되어야 하고 이용하는 고객이 거래를 편리하게 할 수 있도록 해야 한다. 급식 상품은 생산과 소비가 거의 동시에 일어나고, 생산자와 소비자의 상호작용에 따라 급식 상품의 질이 달라질 수 있기 때문에 급식상품의 표적시장에 대한 접근 가능성은 중요한 의미를 지닌다.

급식산업은 생산과 소비가 동시에 일어나는 특성 때문에 서비스 유통경로는 서비스 제공자와 고객으로 구성되며 서비스 제공자가 직접 고객에게 전달하므로 중간상이 존재하지 않는 경우가 많다. 중간상이 존재하는 경우는 서비스를 사용할 권리를 제공받은 프랜차이즈 형태와 전화나 인터넷 등의 온라인처럼 단순히 서비스를 전달하는 매체로서의 역할을 하는 경우가 있다. 급식서비스는 제조업에 비하여 적은 수의 중간상이 존재하며 그 단계나 영향력이 작아 대부분의 서비스 유통경로는 제품유통경로에 비해 짧고 간결하다.

급식산업의 유통은 기업이 직접 고객과의 접촉점을 관리하는 본사 직영이 있다. 직영의 예로는 주변에서 흔히 볼 수 있는 개인 운영 일반음식점, 커피숍 등이 있고 좀 더 큰 기업 형태로서는 본사가 모든 지점을 직접 운영 관리하는 본사 직영점이 있다. 또 다른 유통의 형태는 **프랜차이징**(franchising)으로 프랜차이즈 회사(franchiser)가 프랜차이즈 가맹점(franchisee)에게 프랜차이즈 회사의 이름, 상호, 영업방법, 표준화된 상품 및 서비스, 마케팅 노하우 등을 제공해 주고 이에 대한 일정한 로열티를 받는 것이다. 프랜차이즈의 경우는 실패의 위험이 상대적으로 낮고, 비교적 소규모 투자로 사업시작이 가능하다. 또한 본사로부터 경영에 필요한 노하우를 제공받을 수 있는 장점이 있으나 지속적인 로열티 지급 및 불공정한 계약, 독립적인 사업경영이 어려운 것이 단점이 될 수 있다.

프랜차이징
프랜차이즈 회사가 가맹점에게 프랜차이즈 회사의 이름, 상호, 영업 방법, 표준화된 상품 및 서비스, 마케팅 노하우 등을 제공해 주고 이에 대한 일정한 로열티를 받는 것.

4) 촉진

촉진(promotion)은 잠재고객을 대상으로 적절한 방법을 통하여 그들의 욕구가 수요로 전환되도록 수행하는 모든 활동이다. 조직은 촉진을 사용하여 상품이 어디에 포지셔닝하는지를 알린다. 즉, 촉진은 회사가 그 제품의 장점을 알리고 목표고객들이 그 제품을 구입하도록 설득하기 위하여 수행하는 여러 가지 활동을 포함한다. 이를 위해 촉진은 소비자가 상품을 인지(perception)하고, 신뢰를 가지게 하며, 구매에 대한 소비자 의사결정에 작용하여 소비자의 구매를 촉진하는 역할을 한다.

촉진
잠재고객을 대상으로 적절한 방법을 통하여 그들의 욕구가 수요로 전환되도록 수행하는 모든 활동.

소비자가 제품을 구입하려는 동기부여가 되면 제품에 대한 정보를 탐색하는데 이때 소비자로 하여금 자기 회사의 제품을 선택하게 하는 데는 촉진수단이 중요한 역할을 한다. 때로는 촉진수단이 제품을 구입하게 하는 동기부여가 된다. 촉진수단의 유형에는 광고, 인적 판매, 판매 촉진, 홍보

쉬어가기

사이렌 오더, 빅데이터 활용 커피메뉴 간편 주문

스타벅스커피 코리아의 '사이렌 오더'는 방문 전에 주문과 결제를 할 수 있어 혼잡한 시간대에 대기시간을 줄일 수 있는 서비스다. 주문 메뉴가 준비되는 진행과정을 실시간으로 확인하고 음료가 완료되면 등록한 이름을 바리스타가 호명해 주는 진동벨 기능까지 갖췄다. 스타벅스커피 코리아는 전 세계 스타벅스 최초로 사이렌 오더를 자체 개발했다. 앞서 스타벅스커피 코리아는 2009년 업계 최초로 선불식 충전 카드인 '스타벅스 카드' 출시 후 2011년에 모바일 사이트 결제서비스를 시작했다. 2012년에는 애플리케이션 서비스로 확대해, 지갑에 카드를 지니고 다니지 않아도 주문한 음료를 더욱 편리하게 주문·결제할 수 있게 됐다. 2013년에는 종이 스티커 대신 e-스티커로 적립하는 'e-프리퀀시 서비스'를 선보였다. 또 2014년 전 세계 60여 개 국가 중 최초로 디지털 시스템을 통해 고객 이름을 호명하는 '콜 마이 네임' 서비스를 선보였다.

사이렌 오더 역시 출시 이후 지속적으로 사용 편의성과 기능을 강화하며 빅데이터를 활용한 추천 기능 도입과 음성 주문 서비스 등을 탑재하며 누적 주문건수 1억건을 돌파했다. 스타벅스커피 코리아는 사이렌 오더를 통한 모바일 결제나 신용 카드 사용률이 지속해서 늘어남에 따라 올해 4월부터 현금 없는 매장을 시범 운영하고 있다. 2019년 4월 현재 전체 매장 중 60%까지 이 같은 매장을 확대했다. 2018년 6월 선보인 'My DT Pass'는 차량 정보를 등록하면 매장 진입 시 자동 인식을 통해 별도 결제 과정 없이 자동 결제돼 바로 출차가 가능한 것이 특징이다. 차량 정보 등록 이후 사이렌 오더로 주문 시 대기 시간을 더욱 획기적으로 단축해 이용 고객 수가 꾸준히 증가하고 있다.

(출처: 매일경제 2019-12-12)

등이 있다. 이와 같은 촉진수단은 제품의 특성, 시장의 특성, 제품 수명 주기 단계에 따라 개별화하여 사용해야 한다.

4.2 확장된 마케팅 믹스 7P

급식서비스의 경우 생산과 소비가 동시에 일어나고 서비스를 생산하는 과정에 고객이 관여하게 됨에 따라 원가측정 및 운영, 관리에 어려움이 있다. 따라서 요즘 서비스 마케터들은 고객과 의사소통하고 고객의 만족을 높이기 위해 전통적 마케팅 믹스 4P에 사람(People), 물리적 증거(Physical evidence), 과정(Process)의 3P를 추가적으로 포함하는 7P를 마케팅 요소로 활용하고 있다(표 8-3). 이러한 7P의 요소들을 어떻게 조합시켜서 마케팅 목표를 달성할 것인가가 마케팅 믹스의 핵심이다(그림 8-6).

쉬어가기

'편리미엄' '바이 미 포 미(Buy me-For me)', '그린오션', '멀티 스트리밍' 외식 트렌드

농림축산식품부와 한국농수산식품유통공사가 26일 2020년 외식업계의 트렌드를 이끌어갈 키워드로 선정한 것들이다. 농식품부 등은 빅데이터 분석, 전문가 설문조사, 문헌조사 등을 통해 4개 키워드를 골랐다.

'편리미엄 외식'은 혼밥·혼술 등 1인 외식의 증가와 배달앱 등 비대면 서비스의 발달로 편리함과 프리미엄을 동시에 추구하는 현대사회의 소비 성향을 말한다. 간편식이 고급화하고 프리미엄 음식배달 서비스가 확산되는 등 편의성과 함께 소비자의 만족을 높여줄 고급 재료·서비스 등이 더욱 확대될 것으로 전망된다.

'바이 미 포 미'는 나를 위한 소비를 뜻한다. 자신의 취향이나 감성적인 욕구를 충족시켜줄 수 있는 상품이나 서비스를 소비하는 성향이다. 이런 성향의 소비자들은 자신이 가치를 두는 제품이 다소 비싸더라도 과감하게 투자하는 소비 행태를 보이는데, 내년에는 이런 현상이 보다 두드러질 것으로 예상된다. 나를 위한 소비 경향은 주관적 만족과 취향을 중요시하는 밀레니얼 세대를 중심으로 확산될 것으로 전망된다.

'그린오션'은 경쟁이 치열한 시장을 의미하는 레드오션과 새로운 시장을 뜻하는 블루오션을 넘어 친환경 가치를 통해 새로운 부가가치를 창출하는 시장을 뜻한다. 외식업계에서 일회용 플라스틱 근절과 같은 친환경 운동이 일어나고 채식 레스토랑, 식물성 고기 등 친환경 외식시장이 각광받게 되는 것이 대표적인 사례다.

'멀티 스트리밍 소비'는 유튜브와 페이스북, 인스타그램 등 사회관계망 서비스(SNS)를 통해 외식·소비 감성을 자극하는 콘텐츠와 마케팅이 늘어나고 있는 현상을 말한다. 내년에는 이러한 소비에 맞는 마케팅 활동이 더욱 활발해질 것으로 예상된다.

(출처 : 경향비즈 2019-11-26 재구성)

표 8-3 급식서비스 마케팅 믹스 관리

제품 (Product)	가격 (Price)	유통 (Place)	촉진 (Promotion)	사람 (People)	물리적 증거 (Physical evidence)	과정 (Process)
• 상품의 물리적 특성 • 품질수준 • 브랜드명	• 가격수준 • 할인 - 시간 - 대상 • 지불조건 • 품질/가격 • 차별화	• 유통경로 • 위치 • 접근성 • 운송 • 저장 • 경로관리	• 광고 - 표적시장 - 광고매체 • 판매직원 - 수 - 선발 - 교육 - 인센티브 • 판매촉진 • 홍보 • 대중관계	• 종업원 - 모집 - 훈련 - 동기부여 - 보상 - 팀워크 • 소비자 - 교육, 훈련 • 의사소통 - 문화, 가치 • 고객접촉 • 종업원태도	• 시설디자인 - 미적 감각 - 기능성 - 분위기 - 주변환경 • 기구 • 종업원의 복장 • 편의용품 • 유형적 단서 - 보고서 - 명함	• 활동흐름 - 표준화 - 주문화 • 정책 • 절차 • 종업원의 재량 • 고객의 관여도 • 기계화/자동화

자료 : Zeithaml·Bitner, 2000

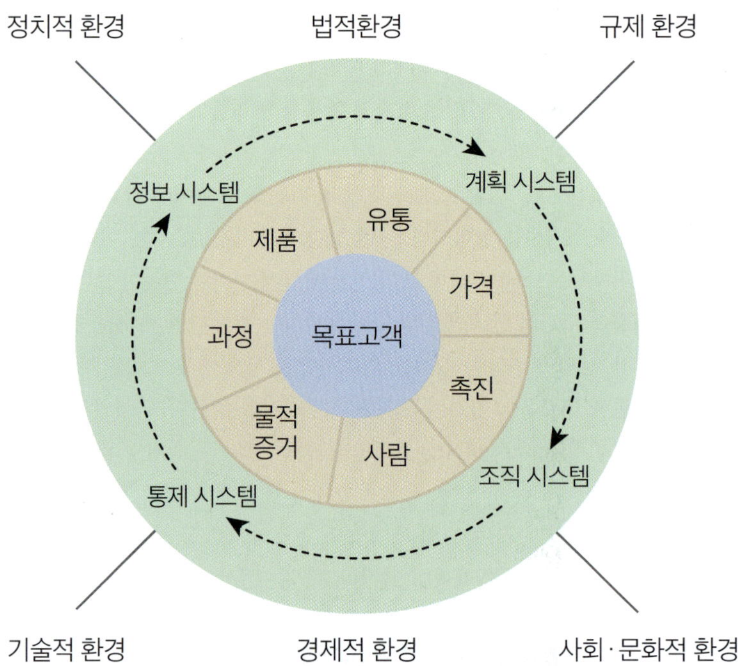

그림 8-6 마케팅 믹스와 마케팅환경
자료 : William·Ferrell, 1993

1) 사람

인적 요소(people)란 서비스 전달과정에서 참여하는 모든 사람을 의미한다. 인적 요소는 구매자의 인식과 재구매에 중요한 영향을 주는 요소로 회사의 직원과 급식서비스 환경 내외에 있는 소비자를 모두 포함한다. 서비스 직원의 관리는 직원의 선발에서부터 훈련, 동기부여에 이르기까지 조직의 서비스 문화를 개발, 유지, 창출할 수 있도록 설계되어야 한다. 주요 고객의 불평을 관리하는 체계 수립, 고객의 불평을 최소화하고 고객에 민첩하게 반응을 보이는 조직 문화의 양성이 필요하다.

인적 요소
서비스 전달과정에 참여하는 모든 사람.

2) 물리적 증거

물리적 증거(physical evidence)란 서비스의 전달이 일어나는 서비스 접점에서 서비스의 수행과 의사소통을 촉진하는 유형적인 요소를 의미한다. 물리적 증거는 급식 시설의 외형, 안내 표지판, 주차장 등의 외부환경과 급식 시설의 내부 장식, 가구, 시설물 등의 내부 환경이 있다. 또한 직원의 복장, 안내 책자, 영수증, 웹사이트 등도 기타 유형적 요소에 포함된다. 이러한 물리적 증거는 고객의 기대와 평가에 영향을 줄 뿐만 아니라 고객의 구매 의사결정에 영향을 미친다. 요즘 외식업체들의 고객들은 레스토랑의 선택에 있어 맛과 가격 뿐 아니라, 분위기를 중요한 요소로 인지하므로 매장의 음악, 향기, 인테리어 등 연출의 중요성이 강조되고 있다.

물리적 증거
서비스의 전달이 일어나는 서비스 접점에서 서비스의 수행과 의사소통을 촉진하는 유형적인 요소.

3) 과정

과정(process)이란 서비스를 전달하는 운영상의 절차, 활동의 흐름을 의미한다. 서비스 과정이 복잡한 경우에는 과정을 표준화시키는 운영방법을 채택하면 서비스의 과정관리를 용이하게 할 수 있다. 서비스 과정관리의 또 다른 방법은 서비스의 전달과정을 고객의 주문에 따라 고객화하는 방법이다. 이 두 가지 상반된 개념에서 어떤 것이 더 우등하고 열등하다고 말할 수는 없다. 다만 고객의 니즈와 회사의 특성에 맞는 일관성 있는 정책에 따라 선택적으로 활용하면 된다.

과정
서비스를 전달하는 운영상의 절차, 활동의 흐름.

급식서비스 향상을 위한 직원 관리

● 권능부여(empowerment)

관리자는 급식소에 종사하는 직원을 내부의 고객으로 인식하고 대우해야 결국 양질의 서비스를 창출할 수 있다. 급식소의 관리자가 부하직원이 서비스할 때 종합적 고객가치를 가져다 줄 수 있는 의사결정을 내릴 수 있도록 권한을 부여하는 것이 바람직하다. 물론 종업원의 입장에서 보면, 권능부여가 오히려 책임부담으로 작용할 수 있겠지만, 이에 익숙한 직원의 경우에는 자신의 업무를 더 성공적으로 수행하게 된다.

● 교차훈련(cross training)

교차훈련은 교육훈련의 한 방법이다. 종업원을 교육할 때 자신의 직무성격과는 다른 업무를 경험하게 하여 다른 부서 직원 간의 장벽을 없애고 고객에게 더 좋은 서비스를 제공하는 조직문화를 형성하는 방법이다. 교차훈련을 통해 종업원은 조직이 어떻게 운영되는지를 이해하는 각 부서에서 어떤 일이 일어나는지를 이해하게 되는 계기가 되므로 조직에 더욱 충실해진다.

● 번아웃(burnout)의 관리

번아웃은 정신적 쇠약으로 해석되며, 직원이 지나친 과업수행으로 극도로 피로한 상태에 빠지는 것을 의미한다.

만약 조직에서 우수한 종업원으로 평판 받던 종업원이 결근, 지각, 불성실한 행동이 잦아진다든지 생산성이 낮아진다면 무언가 잘못되어 가고 있는 징조이다. 대부분의 관리자들은 우수한 종업원에게 부재인력의 업무를 일시적으로 협조해줄 것을 요청하거나 혹은 추가적인 업무로 부담을 주는 경우가 많다. 이 경우 비용 차원에서는 일시적으로 절감 효과를 거둘 수 있지만 장기적으로 볼 때는 우수한 직원이 과중한 업무부담에 의해 스트레스를 받아 일을 제대로 수행하지 못하거나 직장을 떠나게 되어 결국 비용의 상승을 초래한다. 그러므로 관리자는 급식소 종사원들의 직무만족을 정기적으로 측정하여 이 현상을 파악해야 한다.

5. 서비스 품질관리

5.1 서비스 품질의 이해

품질은 개인에 따라 다른 주관적인 개념으로 볼 수 있다. 고객들은 서로 다른 욕구와 필요를 가지고 있으므로 그들의 선호를 가장 잘 만족시켜주는 상품이 가장 높은 품질을 가진 것으로 볼 수 있다. **급식 서비스 품질**이란 음식의 양과 질, 색의 균형, 온도 등 개인에게 제공되는 유형적인 서비스에 국한된 것이 아니라 식당의 환경, 종업원의 서비스 태도 등의 무형적인 서비스도 포함되는 개념이다. 따라서 급식에서는 제품 즉, 음식의 관리뿐 아니라 그 외의 서비스인 종사원의 친절성, 위생, 분위기, 편리성 등을 철저히 관리해야만 좋은 서비스 품질의 평가를 받을 수 있다.

급식 서비스 품질
급식 고객에게 제공되는 유형적인 서비스와 무형적인 서비스가 포함되는 개념.

5.2 서비스 품질 측정 모델

서비스 품질은 제품 품질과 달리 객관적인 척도로 측정하기 어렵기 때문에 고객의 인식을 측정하여 서비스 품질을 측정한다. 이러한 인식 평가를 위해 자이타믈 등(1990)은 서브퀄(SERVQUAL) 모델을 개발하였다. 서브퀄에서 서비스를 평가하는 품질차원은 유형성, 신뢰성, 응답성, 확신성, 공감성의 5개 차원이고(표 8-4), 22개의 서비스 품질 평가 항목으로 구성

표 8-4 서비스 품질 차원 및 정의

차원	정의
유형성	물적 시설, 장비, 사람, 의사소통 도구의 외형
신뢰성	약속된 서비스를 정확하게 수행하는 능력
응답성	고객을 돕고 즉각적인 서비스를 제공하려는 의지
확신성	진실과 신뢰를 전달하는 종업원의 지식, 정중성 및 능력
공감성	회사가 소비자에게 제공하는 관심 및 차별화된 주의

자료 : Zeithaml et al., 1990

SERVQUAL 평가 항목

서브퀄은 전체 22개 항목(7점 척도 측정)을 기대치(E)와 인식 수준(P)에 대해 평가하며, 그 차이값으로 측정할 수 있다.

(Gap score = Perception-Expectation)

기대(Expectation) 평가 항목

유형성 (1-4)	1. 우수한 기업은 최신의 장비를 갖추고 있을 것이다. 2. 우수한 기업의 시설은 시각적으로 매력적일 것이다. 3. 우수한 기업의 직원은 외양이 깔끔할 것이다. 4. 우수한 기업의 서비스 관련 자료들은 시각적으로 매력적일 것이다.
신뢰성 (5-9)	5. 우수한 기업은 약속을 하면 꼭 이행할 것이다. 6. 우수한 기업은 고객에게 문제가 생기면 해결하기 위한 성의를 보일 것이다. 7. 우수한 기업은 처음부터 제대로 서비스를 제공할 것이다. 8. 우수한 기업은 약속한 시간에 서비스를 제공할 것이다. 9. 우수한 기업은 업무기록을 정확하게 할 것이다.
응답성 (10-13)	10. 우수한 기업의 직원은 서비스가 제공되는 시간을 정확하게 말해줄 것이다. 11. 우수한 기업의 직원은 신속한 서비스를 제공할 것이다. 12. 우수한 기업의 직원은 항상 기꺼이 고객을 도와줄 것이다. 13. 우수한 기업의 직원은 고객요청에 바빠서 대응하지 못하는 일이 없을 것이다.
확신성 (14-17)	14. 우수한 기업의 직원 행동은 고객에게 확신을 줄 것이다. 15. 우수한 기업의 고객은 거래과정에서 안전하다고 느낄 것이다. 16. 우수한 기업의 직원은 고객에게 일관되게 예의바를 것이다. 17. 우수한 기업의 직원은 고객의 질문에 대답할 수 있은 지식을 갖고 있을 것이다.
공감성 (18-22)	18. 우수한 기업은 고객 개개인에게 관심을 기울일 것이다. 19. 우수한 기업은 고객이 편한 시간에 서비스를 제공할 것이다. 20. 우수한 기업의 직원들을 고객에게 인간적인 관심을 기울일 것이다. 21. 우수한 기업은 고객의 이익을 최우선적으로 고려할 것이다. 22. 우수한 기업의 직원들은 고객의 특정 요구를 이해할 것이다.

(7점 척도 평가: 1점-전혀 동의하지 않는다.~ 7점-매우 동의한다.)

(출처 : Parasuraman et al., 1991)

CHAPTER 8

되어 있다. 서브퀄은 22개 항목에 대해 고객의 기대치(예: 우수한 급식소는 ~ 할 것이다)와 실제 제공받은 서비스 인식 수준(예: A급식소는 ~하다)을 평가하고 두 요소 간의 점수 차이를 평가하는 방법이다.

대학급식소, 패밀리레스토랑, 국내 항공사 등에서 서브퀄(SERVQUAL) 모델을 적용하여 서비스 품질 향상을 도모하고 있다. 서브퀄 모델을 이용하여 급식서비스를 조사할 때 얻을 수 있는 효과는 다음과 같다.

- 고객의 기대와 지각을 시계열적으로 비교할 수 있으며, 변화 추세를 파악할 수 있다.
- 자사의 서브퀄(SERVQUAL) 점수를 경쟁사의 점수와 비교 분석함으로써 자사의 강점과 약점을 파악하여 경쟁력을 강화할 수 있다.
- 조직 내부직원들이 고객이 평가한 서비스 품질을 확인하고 문제점을 개선하는 관리 활동 도구로 활용할 수 있다.
- 서비스 품질에 대한 고객의 기대치와 실제 성과 평가 항목 간의 차이의 원인을 정확하게 진단하고 그 원인을 제거함으로써 서비스 품질을 개선할 수 있다.

5.3 서비스 품질관리

1) 갭(Gap) 분석 모형

서비스 품질의 문제점과 원인을 분석하는 데 사용할 수 있는 '갭(Gap) 분석 모형'을 그림 8-7에 제시하였다. 서비스 품질 갭 모형은 서비스 품질을 개선하기 위해 고객의 기대와 인식 차이인 갭의 원인들을 밝혀내고 그 갭을 줄일 수 있는 전략을 개발하는 데 유용하게 사용할 수 있다. 고객의 서비스 품질 인식은 고객이 기대하는 서비스 수준과 고객이 인식한 서비스 성과 차이이다(Gap 5). 이 차이는 4가지의 갭으로부터 발생한다.

기업이 고객 기대를 정확히 알지 못할 때(Gap 1), 서비스 기준이 고객 기대와 다를 때(Gap 2), 서비스 성과가 기준과 다를 때(Gap 3), 서비스 성과가 약속과 다를 때(Gap 4)이며, 각 갭의 자세한 정의는 표 8-5에 제시하였다. 서비스 품질을 개선하기 위해서는 4가지 갭의 원인을 찾아내고 그 갭

표 8-5 갭(Gap)의 종류와 정의

종류	정의
갭 1	• 고객의 기대에 대한 인식 부족 • 서비스에 대한 고객의 기대 수준 - 관리자가 인식하는 고객의 서비스 기대 수준
갭 2	• 서비스 표준의 설정 미흡 • 관리자가 인지하는 고객의 기대 수준 - 기업에서 설정한 서비스 표준
갭 3	• 서비스 표준의 이행 미흡 • 기업에서 설정한 서비스 표준 - 고객에게 전달되는 서비스 수준
갭 4	• 고객과의 약속 이행 미흡 • 실제 고객에게 전달된 서비스 수준 - 기업의 외적 의사소통에서 제시한 서비스 수준
갭 5	• 고객의 기대에 못 미치는 서비스 제공 • 고객이 기대하는 서비스의 수준 - 고객이 인지한 서비스 수준

자료: Zeithaml·Bitner, 2000

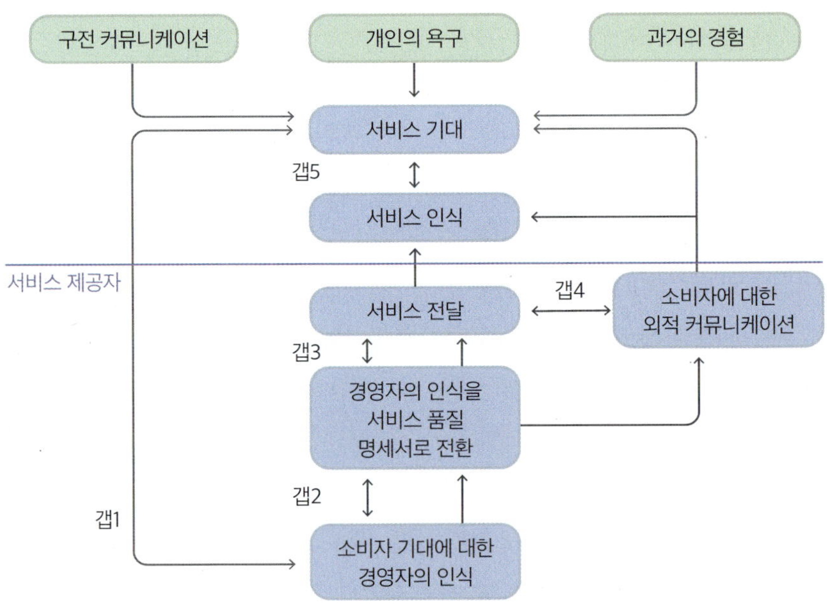

그림 8-7 서비스 품질의 개념적 모델
자료 : Zeithaml et al., 1990

CHAPTER 8

그림 8-8 서비스 품질의 확장 모형
자료 : Zeithaml et al., 1990

을 줄일 수 있는 전략을 개발해야 한다. 그림 8-8에 제시된 바와 같이 Gap 1에서 Gap 4까지의 발생 원인을 서비스 관리자가 제대로 인식하고 통제할 수 있을 때 Gap 5를 줄일 수 있으며, 이로써 서비스의 품질을 향상시킬 수 있다.

2) 서비스 품질 개선 방법

서비스 품질을 개선하는 문제는 장기적인 노력을 필요로 하는 어려운 문제이다. 급식산업에서 서비스 품질을 개선하는 일은 서비스 품질을 구성하는 요소를 파악하는 데서 시작되며, 이에 대한 고객들의 평가를 통해 서비스 품질 개선을 효과적으로 시행할 수 있다. 또한 서비스에 대한 고객의 기대는 서비스 품질 평가에 중대한 영향을 미칠 수 있으므로 기업은 현실적 수준의 고객과의 약속을 통하여 기업의 좋은 이미지를 형성할 수 있도록 한다.

서비스 품질에서 유형적 단서의 관리는 서비스가 제공되는 과정이나 제공된 이후의 서비스 품질의 평가를 좌우하는 중요한 역할을 한다. 서비스는 재화와 달리 눈으로 볼 수 없는 하나의 행위 또는 과정이기 때문에 소비자들은 서비스 품질과 관련된 유형적 단서에 주의를 기울이게 된다. 따라서 급식산업의 유형적 요소에 포함되는 업장의 물리적 환경, 서비스의 무형에 사용된 장비 및 설비 등의 체계적인 관리가 필요하다.

높은 서비스 품질을 지속적으로 유지하기 위해서는 서비스 품질이 기업문화 속에 구현되어야 하며 자동화 시스템 도입을 통한 서비스의 실수를 줄이기 위한 노력이 필요하다. 서비스에 대한 고객의 기대는 항상 변화하기 마련이다. 급식업체는 고객이 무엇을 기대하고 원하는지에 항상 관심을 가지고 변화하는 고객의 기대에 대응해야 한다.

6. 고객만족전략

6.1 서비스 품질 관리를 통한 고객만족

서비스 품질 관리는 기존 고객을 유지하기 위한 최고의 전략이며 신규 고객을 창출하여 기업의 이익에 기여한다. 고객 유지는 비용절감, 고객 충성도 향상, 구전효과 등을 통한 기존의 수익의 유지에 기여하며, 신규 고객 창출은 시장점유율 증가, 기업 이미지 상승, 서비스 프리미엄 등을 통한 추가 수익의 증가를 가져올 수 있다. 서비스 품질을 평가하는 주체는 고객이므로 서비스 품질을 효과적으로 관리하기 위해서는 고객의 니즈나 기대를 철저히 반영해야 한다. 서비스 품질은 고객이 어떻게 인식하느냐의 주관적 지표이므로 마케터들은 반드시 서비스 품질에 대한 고객만족조사를 실시하여 고객들이 어떤 서비스를 원하고 어떤 서비스에 불만족하고 있는 지를 분석해야 한다.

고객만족(customer satisfaction)이란 고객이 제품 서비스에 대해 사전에 가지고 있었던 기대(expectations)와 실제로 이를 구입한 후 내리는 성과(performance)의 평가 차이로서, 고객이 제품이나 서비스에 들인 비용에 비해 경험 후 느끼는 혜택의 정도를 의미한다. 제품의 성과가 기대 이하라면, 고객은 불만을 갖게 된다. 제품의 성과가 기대한 그대로라면, 고객은 만족한다. 제품의 성과가 기대 이상일 때는 고객은 크게 만족하고 기뻐할 것이다. 따라서 기업의 모든 서비스 마케팅 활동은 실천 가능한 고객의 지속적인 재구매를 유도하기 위해서는 실제 제공이 가능한 적절한 서비스 정보를 제공하고, 고객의 기대에 부응한 제품 및 서비스와 기업 이미지를 제공을 위해 노력해야 한다.

고객만족
고객이 제품이나 서비스에 들인 비용에 비해 경험 후 느끼는 혜택의 정도.

6.2 고객만족 경영 효과

고객만족 경영은 기업이 제공하는 상품 및 서비스, 기업 이미지에 대하여 고객의 만족을 획득하기 위하여 지속적으로 정기적인 만족도 조사를 실시하며, 그 결과를 기초로 불만족한 점을 신속하게 개선하여 보다 높은 만족을 추구하는 경영을 말한다. 현대 기업들이 고객만족 경영을 추진하게 된 이유는 경영환경의 변화로 종래의 기업위주의 사고로는 살아남을 수 없다는 사실과 고객만족 경영만이 급속한 변화에 대응하는 전략임을 인식하게 되었기 때문이다. 고객만족 경영을 성공적으로 실천하는 기업은 경쟁자보다 고객을 만족시킴으로써 매출을 증대시키고 이윤을 더 많이 창출할 수 있다.

고객만족 경영
기업이 제공하는 상품 및 서비스, 기업 이미지에 대하여 지속적으로 정기적인 만족도 조사를 실시하고 불만족한 점을 신속하게 개선하여 보다 높은 만족을 추구하는 경영.

성공적인 고객만족 경영은 고객을 만족시킴으로써 재구매를 유도하고 매출을 증대시킬 수 있다. 실제로 반복구매 고객은 신규 고객보다 매출에 대한 기여도가 높으며, 만족도가 높으면 높을수록 단골고객이 될 확률이

마케팅 조사 기법

- 설문조사 : 일반 소비자들의 제품구매 및 이용 상황에 대한 정보를 조사원과 응답자 간의 질의 응답을 통해 수집하고 분석하는 방법. 설문조사를 통해 응답자의 인구통계학적 변수(연령, 소득, 교육수준, 가족구성, 주거환경 등)와 제품구매관련 자료를 획득하며 이를 통해 시장점유율, 광고인지도, 선호도, 시장세분화의 정보, 마케팅활동의 문제점 등을 얻을 수 있음
- CLT(Central Location Test) : 응답자를 일정한 장소에 모이게 한 후 조사원과 일대일 면접형태로 조사를 진행하는 방법
- 패널조사 : 조사 회사와 계약을 맺고 제품구매 및 사용에 관련된 자료를 지속적으로 제공하는 소비자 집단으로 시장 점유률 변화, 마케팅 변수들의 효과를 파악할 수 있도록 하는 방법
- 고객의 불만 조사 : 불만족 고객을 대상으로 불만족의 원인을 조사하여 규명하고, 서비스의 실패가 일어난 지점을 조사하여 자사의 문제점을 분석하고 개선하는 방법
- 추적전화 : 서비스 거래 후 전화조사를 통한 기업의 수행력에 피드백 제공, 서비스 전달의 변화에 효과성 파악, 개인과 팀의 서비스 수행력 평가, 서비스 실패점 평가
- 미스테리 쇼퍼 : 종업원의 수행력을 측정하여 평가, 인지, 보상, 고객 접점 종업원의 장점과 약점 파악
- 고객패널 : 고개의 기대변화 점검, 새로운 서비스 아이디어를 지시하고 평가하는 포럼
- 상실고객 조사 : 고객 결함의 이유를 규명하고 조사
- 미래기대 조사 : 고객의 미래기대 예측, 신서비스의 개발과 측정
- 데이터베이스 마케팅조사 : 정보기술과 데이터베이스정보를 이용한 고객의 요구조건 규명

높다. 새로운 고객을 찾는 것보다는 기존 고객을 관리하는 비용이 훨씬 적게 들며 효율적인 마케팅을 가능하게 된다. 만족한 고객이 재구매를 한다면 광고비, 홍보비를 절약할 수 있고, 실제로 기존 고객관리 비용은 같은 수의 신규 고객을 확보하는 데 드는 광고 판촉비의 20%만으로도 충분하다. 고객이 만족하면 가격우위 효과를 가질 수 있고, 또한 다른 경쟁사의 시장 진입을 어렵게 만드는 효과가 있다.

6.3 고객관계 관리

고객관계 관리(Customer Relationship Management: CRM)는 고객과 관련된 기업의 내·외부 자료를 분석, 통합하여 고객 특성에 기초한 마케팅 활동을 계획, 지원하며 평가하는 과정을 의미한다. 즉 고객의 상세한 정보를 바탕으로 개개인에게 적합한 차별적인 제품 및 서비스를 제공함으로써 고객과의 개인적 관계를 지속적으로 유지하고 새롭게 변화시키려는 일련의 경영활동이다. CRM의 출발점은 데이테베이스의 구축이라고 할 수 있다. 고객과의 접촉이 발생하는 모든 시점에서 포착된 정보를 데이터베이스에 기록하여 그것을 토대로 개별 고객에게 적합한 마케팅 전략을 계획하고 이를 실행한다.

고객관계 관리
고객의 상세한 정보를 바탕으로 개개인에게 적합한 차별적인 제품 및 서비스를 제공함으로써 고객과의 개인적 관계를 지속적으로 유지하고 새롭게 변화시키려는 일련의 경영활동.

CRM은 고객의 구매를 유발시키는 것으로만 그치지 않고 고객의 마음을 사로잡아 장기적으로 우리 제품 혹은 서비스를 이용하도록 만드는 것이다. 즉, 단순하게 시장점유율만을 추구하는 것이 아니라 고객의 마음속에 깊게 자리 잡는 마음 점유율(mind share)을 확보하려는 도구이다. CRM이 부각되기 시작한 것은 최근 IT기술의 발달로 정보관리측면의 한계가 극복되면서 이를 이용하여 다수 고객을 대상으로 하는 기업이 각 고객 개개인별로 특화된 마케팅 활동을 수행해 나갈 수 있기 때문이다.

급식산업에서는 CRM을 통하여 고객에 대한 이해를 높이고, 고객의 요구를 파악할 수 있다. 또한 막연히 고객만족을 추구하는 것이 아니라 고객이 만족스러운 결과를 얻을 수 있도록 하기 위하여 고객의 구매에 영향을 미치는 요인들을 파악할 수 있다. CRM의 목표는 고객충성도 획득으로 고객과의 계속적인 의사소통을 전제로 하고 계속적인 고객의 재방문을 유도하는 것이다. 또한 고객별 차별화된 마케팅 수단을 수립하여 수익을 극대화할 수 있으며, 경쟁자보다 우리 고객에 대한 많은 정보를 가지고 있어, 그 고객이 자사의 경쟁기업으로 전환하는 것을 방어할 수도 있다. 이외에도 경쟁우위 획득, 고객별 수익 증대, 고객에 대한 신속 대응, 고객대응 비용 최소화, 신규 고객유치 비용감소 등이 중요한 CRM의 목표이다.

쉬어가기

빅데이터 활용해 맞춤형 마케팅

배달앱은 푸드테크 시대를 열었다. 스마트폰의 급속한 보급과 맞물려 배달앱은 시장에서 빠르게 자리를 잡아갔다. 신한금융투자에 따르면 배달앱 3사(배달의 민족, 요기요, 배달통)의 매출은 2015년 1,900억 원에서 2016년 2,200억 원, 지난해 2,700억 원을 기록한 것으로 알려졌다. 내후년에는 4천억 원에 달할 것이란 전망이다.

배달앱을 필두로 한 푸드테크는 4차산업혁명과 산업 융·복합 트렌드(초연결)와 맞물려 여러 분야로 확산되면서 외식산업의 한 축으로 자리 잡을 것으로 보인다. 우선 방대한 빅데이터를 활용할 수 있다. 외식 관련 빅데이터에는 다양한 맛집 정보는 물론 고객의 소비 취향 등을 담은 데이터도 있어 마케팅에 활용해 매출을 올릴 수 있다. 맛집 앱인 '식신'은 주변의 맛집을 손쉽게 검색해 주문해 먹을 수 있게 해 인기다. 또 까다로운 검증을 통과한 전국 최고의 맛집도 골라준다. 사용자 리뷰만 1억8천만 건을 보유 중이다. 식신은 인기 맛집 앱으로 자리잡아 370만 다운로드와 월 2천만 페이지뷰를 기록하고 있다.

외식경영주는 맛집 앱, 신용카드사 등이 제공하는 고객 정보를 활용해 쿠폰 제공, 상품권 선물 등 다양한 맞춤형 마케팅을 전개할 수 있다. 또 빅데이터를 활용한 외식 컨설팅도 가능하다. 다음으로 주목받는 부분이 AI 등을 이용한 주문과 서비스의 혁신이다. 인력난과 최저임금 상승 등으로 패스트푸드와 분식 업종을 중심으로 키오스크, 모바일 선주문 등 무인주문 시스템과 로봇 서비스가 확산될 전망이다. 무인 주문 시스템은 메뉴 가격은 물론 맛과 영양·칼로리 등의 정보까지 제공한다. 스마트폰과 연동해 쿠폰 서비스도 가능하다.

(출처 : 식품외식경제 2018-01-03)

연습문제

1. 외식업체를 선정하고, 그 업체의 시장 세분화, 표적시장 선정, 포지셔닝 전략에 대해 분석해보시오.
2. 지역사회에 있는 성격이 상이한 급식소(예 : 병원급식소/대학교 급식소/패밀리레스토랑 등)를 방문하여 관찰하고, 각 업소의 서비스 마케팅 믹스 관리 정책을 서로 비교하시오.
3. 급식업체를 선정하여 서비스 품질을 평가해 보고, 업체의 서비스 품질 향상을 통한 고객만족 전략을 제시해 보시오.
4. 급식산업에서 고객 만족도를 높이기 위한 방안으로 고객관계 관리의 적용사례를 조사하고 사례의 장단점을 분석하시오.

참고문헌

1. 경향비즈 기사, 2019년 11월 26일
2. 곽동경, 장혜자 (1997) : 대학급식소의 성공적인 운영을 위한 필수관리 요소 평가 : 서브퀄 모델을 활용한 서비스 품질관리 활동 평가, 대한영양사회 학술지 3(2) : 123-140
3. 권금택 (2007) : 현대외식마케팅, 대명, 서울
4. 김남현 (1998) : 신경영학원론, 경문사, 서울
5. 김성일, 박영일 (2006) : 외식마케팅관리, 백산출판사, 서울
6. 김성혁 (1994) : 최신 서비스 산업론, 형설출판사, 서울
7. 김양희 : 위탁급식업계, 프리미엄 급식이 뜬다, 외식경제신문
8. 마이네트편 (1998) : 마케팅 신조류, 경문사, 서울
9. 매일경제 기사, 2019년 12월 12일
10. 미국마케팅협회 홈페이지 (2014) www.ama.org
11. 박충환, 오세조, 김동훈 (2002) : 시장지향적 마케팅관리, 박영사, 서울
12. 세계일보 기사, 2019년 7월 3일
13. 스타벅스 홈페이지 (2014) www. starbucks.co.kr
14. 식품외식경제신문 기사, 2012년 6월 12일
15. 식품외식경제 기사, 2018년 1월 3일
16. 이뉴스투데이 기사, 2019년 8월 12일
17. 신동설 (1994) : 신경영혁신총서 종합적 품질경영: 지속적 개선의 3단계, 석정, 서울
18. 신유근 (1998) : 현대경영학, 다산출판사, 서울
19. 신재정 (1994) : 경영학원론, 법영사, 서울
20. 월간식당 기사 2017년 2월 27일
21. 이유재 (1997) : 고객만족형성과정의 제품과 서비스간 차이에 대한 연구, 소비자학연구 8(1): 101-118
22. 이유재 (2013) : 제5판 서비스마케팅, 학현사, 서울
23. 이학식, 안광호, 하영원 (1997) : 소비자행동, 법문사, 서울
24. 임익순, 소영일 (1997) : 현대경영학원론, 박영사, 서울
25. 정유경 (2002) : 외식·급식산업의 CRM(Customer Relationship Management) 전략, 경희대학교 관광산업연구원 외식산업경영연구소 제3회 외식·급식산업 국제학술대회 자료집, p 115-142
26. 한민희, 장대련 (1996) : 광고경영론, 학현사, 서울
27. Albrecht K (1988) : At America's Service, Dow Jones-Irwin, Homewood 32. Albrecht K, Zemke R (1990) : Service America : Doing Business in the New Economy, Warner Books, New York
28. Arduser L (1995) : Waiter & Waitress Training: How to develop your staff for maximum service

& profit, Atlantic publishing Group, Inc., FL

29. Evas JR, Berman B (1992) : Marketing, 5th ed., Macmillan College Publishing Co
30. Haskett JL, Sasser WE, and Schlesinger LA (1997) : The Service Profit Chain, The Free Press, New York
31. Heskett JL (1987) : Lessons in the service sector. Harvard Business Review 65(2) : 118-126
32. Heskett JL (1991) : How does Service Drive the Service Company? Harvard Business Review 69(6) : 146-158
33. Hiemstra SJ, Kim WG (1995) : Factors affecting expenditures for away from home in commercial establishments by type of eating place and meal occasion.
34. Kotler P (1994) : Marketing Management : Analysis, Planningand Control, 9th ed., NJ:Prentice Hall
35. Kotler P, Bowen J, Makens J (2013) : Marketing for hospitality and tourism. 6th ed., NJ : Prentice Hall
36. Lovelock CH (1991) : Service Marketing, 2nd ed., Prentice-Hall, Englewood Chilffs
37. Lucas RW (1996) : Customer Service-skills and Concepts for Business, Irwin Mirror Press
38. Oh M, Jeong M (1996) : Improving marketers' predictive power of customer satisfaction on expectation-based target market levels. Hospital research Journal 19(4): 65
39. Payne-Palacio J, Theis M (1997) : Introduction to Foodservice, 8th ed., Merrill Prentice Hall, Upper Saddle River
40. Smith HC (1975) : Psychology of Industrial Behavior, Mcgraw-Hill Book Co., New York
41. Spears MC (2000) : Foodservice Organizations, 4th ed., Merrill Prentice Hall, Upper Saddle River
42. Stevens P, Kuston B, Patton M (1995) : : DINESERV : A tool for measuring service quality in restaurant, Cornell Hotel and Restaurant Administration quarterly 36(2) : 56-60
43. Tenner AR, Detoro IJ (1994) : Total Quality Management-three Steps to Continuous Improvement, Addison-Wesley Pub. Co., New York
44. Wilbourn LC, McCleary KW, Phadeesuparit A (1997) : Demographic and psychographic determinants of coupon users at pizza restaurants. Journal of Restaurant & Foodservice Marketing 2(1): 45-61
45. William P, Ferrell OC (1993) : Marketing: Concepts and Strategies, 8th ed,, Houghton Mifflin Co., Boston
46. Zeithaml VA, Berry LL, Parasuraman A (1988) : Communication and control processes in the delivery of service quality, Journal of Marketing 52(4) : 35-48
47. Zeithaml VA, Berry LL, Parasuraman A (1990) : Delivering Quality Service, Free Press Inc., New York
48. Zeithaml VA, Bitner MJ (2000) : Service Marketing, 2nd ed., McGraw-Hill Co., New York

APENDIX

부록

부록 1. 허즈버그의 이요인 이론에 의한 동기부여

부록 2. Smith의 직무만족도 측정도구(JDI)

부록 3. 조직몰입도 측정

부록 4. 리더십 관련 성격 프로파일

부록 5. 나의 직무중심, 종업원 중심 리더십 정도는?

부록 6. 경청기술

부록 7. 협상에서의 의사소통 능력

부록 1. 허즈버그의 이요인 이론에 의한 동기부여

동기부여에 영향을 주는 12가지 직무요인이 있다. 각 요인에 대해 자신에게 이것이 얼마나 중요한가에 따라 점수를 부여해보자.

1	2	3	4	5
전혀 중요하지 않다	중요하지 않다	보통이다	중요하다	매우 중요하다

내용	1	2	3	4	5
1. 내가 즐기는 흥미로운 직무					
2. 상황에 관계없이 모든 사람을 다 똑같이 대하는 상사					
3. 내가 하는 일에 대해 칭찬하고 인정하며 고마움을 표현해 주는 것					
4. 날마다 많은 변화가 없는 규칙적인 직무					
5. 진보를 위한 기회					
6. 급여에 관계없는 멋진 직함					
7. 내 방식대로 일을 할 수 있는 자유를 주는 직무 책임감					
8. 안전한 환경과 카페테리아 식당이 있는 좋은 업무환경					
9. 새로운 것을 배울 수 있는 기회					
10. 규칙, 규정, 절차 및 정책 등을 따르는 것에 대한 강조					
11. 내가 성공할 수 있고, 잘 할 수 있는 직무					
12. 한 회사에서의 경력, 직무 안정성(고용보장)					

동기요인	위생요인
1:______	2:______
3:______	4:______
5:______	6:______
7:______	8:______
9:______	10:______
11:______	12:______
계:______	계:______

각 점수가 30점에 가까울수록 더 중요하고, 6점에 가까울수록 덜 중요한 것이다. 동기요인과 위생요인 점수를 비교해보자.

(출처 : 차동욱 등, 2010)

부록 2. Smith의 직무만족도 측정도구(JDI)

다음의 내용이 여러분의 직무와 관련하여 맞게 표현하고 있으면 ○표, 그렇지 않으면 ×표, 잘 모르겠으면 ?표를 하십시오.

구분	문항
직무자체	1. 새롭고 흥미가 있다. 2. 타인으로부터 인정받고 존경받는 일이다. 3. 장래성이 있고 나의 발전에 도움이 된다. 4. 나의 지식과 기술이 이 일에 잘 이용된다. 5. 업무의 한계가 명확하지 않다.
보수	1. 합리적인 방법으로 금액이 결정된다. 2. 낮은 급여 수준이다. 3. 노력에 비해 공정하다고 생각한다. 4. 현재의 월급에 만족한다. 5. 타 기관의 동일 직무에 근무하는 사람에 비해 많다고 생각한다.
직속상사	1. 나의 건의나 불만을 성의있게 받아준다. 2. 일을 잘하면 칭찬한다. 3. 충분히 지도해 주지 않는다. 4. 예의가 없다. 5. 존경스럽다. 6. 공평하게 평가한다.
승진	1. 승진이 빠른 편이다. 2. 능력(성과)에 따라 승진한다. 3. 승진이 불공평하다. 4. 승진에 반영되는 근무평가가 공정하다. 5. 정기적으로 승진한다. 6. 승진기회가 제한되어 있다.
동료	1. 책임감이 있다. 2. 나를 잘 도와준다. 3. 나와 마음이 잘 맞다. 4. 존경할 만 하다. 5. 호감이 가지 않는다. 6. 어리석다.

〈채점방법〉

긍정적 문항에서 ○표나 부정적 문항에서 ×표는 3점, ?는 1점, 긍정적 문항에서 ×표, 부정적 문항에서 ○표는 0점으로 계산한다. 점수가 높을수록 직무만족도가 높다.

(출처 : Smith 등, 1969)

부록

부록 3. 조직몰입도 측정

조직에 대한 자신의 느낌을 아래 척도를 이용하여 점수를 부여해보자.

7 6 5 4 3 2 1
매우 그렇다 ·············· 보통이다 ·········전혀 그렇지 않다

내용	7	6	5	4	3	2	1
1. 나는 조직의 성공을 위해서 일반적인 기대수준 이상의 많은 노력도 기꺼이 할 수 있다.							
2. 나는 친구들에게 내가 일하는 곳이 일하기에 매우 좋은 조직이라고 얘기한다.							
3. 나는 이 조직에 충성심을 거의 느끼지 못 한다.							
4. 나는 이 조직의 직무가 유지되게 하기 위해 어떤 종류의 직무도 거의 받아들일 수 있다.							
5. 나의 가치와 조직의 가치가 매우 유사하다고 생각한다.							
6. 나는 이 조직의 일원이라고 다른 사람에게 말하는 것을 자랑스럽게 생각한다.							
7. 나는 조직유형이 비슷하다면 다른 조직을 위해서 일할 수도 있다.							
8. 이 조직의 직무 수행 방식은 나에게 매우 고무적이다.							
9. 이 조직을 떠나는 것은 나의 현재 환경에 있어서 변화를 거의 일으키지 않는다.							
10. 입사 당시 고려했었던 다른 조직 대신에 이곳을 선택한 것을 매우 기쁘게 생각한다.							
11. 내가 지금 근무하는 이 조직에 계속 있어도 이득이 많지 않을 것이다.							
12. 나는 구성원과 관련된 주요 사안에 대해 조직의 정책에 동의하기가 어렵다.							
13. 나는 진심으로 이 조직의 운명에 대해 걱정한다.							
14. 나에게 있어 이 조직은 내가 일할 수 있는 가능한 조직들 중 최선이다.							
15. 이 조직에 종사하기로 결정한 것은 내게 있어서는 명백한 실수였다.							

3, 7, 9, 11, 12, 15는 역으로 환산한다(매우 그렇다=1, 전혀 그렇지 않다=7).
점수가 높을수록 조직몰입 정도가 높다.

(출처 : 강정애 등, 2009)

부록 4. 리더십 관련 성격 프로파일

자신을 얼마나 정확하게 설명하는지에 따라 아래 척도를 이용하여 점수를 부여해보자.

7 6 5 4 3 2 1
나와 같다 ··············나랑 조금 같다 ·········나와 같지 않다

내용	7	6	5	4	3	2	1
1. 지도자가 없는 상황에서 책임을 지고 도움을 주기 위해 나선다.							
2. 다른 사람들과 잘 지내는 것에 대해 관심이 있다.							
3. 자제력이 있다. 즉 감정적이거나 화를 내거나 소리를 지르지 않는다.							
4. 신뢰할 만하다. 내가 뭔가를 하겠다고 할 때는 잘 했고 제 시간에 했다.							
5. 성과를 향상시키기 위해서 좀 다르게 일을 하려고 노력한다.							
6. 경쟁하고 이기는 것을 즐긴다. 지는 것은 괴롭다.							
7. 많은 친구를 갖고 싶고 파티에 참석하는 것을 즐긴다.							
8. 중압감을 느껴도 일을 잘한다.							
9. 성공하기 위해 열심히 일한다.							
10. 새로운 장소에 가고 여행하는 것을 즐긴다.							
11. 갈등이 있을 때 사람들과 기꺼이 마주하고자 하는 활달한 성격이다.							
12. 다른 사람들의 관점으로 사물을 보고자 노력한다.							
13. 상황의 긍정적인 면을 보는 낙천적인 사람이다(컵의 물이 반이나 차있네!).							
14. 매우 계획성이 있는 사람이다.							
15. 새로운 식당에 갈 때 전에 먹어보지 않은 음식을 주문한다.							
16. 내가 할 수 있는 한 높은 관리수준의 기업 승진 단계에 오르고 싶다.							
17. 다른 사람들이 나를 좋아하고 나를 정답게 대해주기를 원한다.							
18. 사람들에게 칭찬과 격려를 많이 한다. 사람들을 무시하거나 비판하지 않는다.							
19. 조직의 규칙에 따르는 것에 순응한다.							
20. 일에 있어 새로운 과업을 수행하고 배우기를 자원한다.							
21. 다른 사람들이 내 방법을 따르도록 영향력을 행사하려고 노력한다.							
22. 혼자 일하는 것보다 다른 사람들과 함께 일하기를 즐긴다.							
23. 나 자신을 신경이 예민하고 불안하지 않고 여유 있고 안정적인 사람으로 본다.							
24. 사람들을 위해 일을 해내고 또한 잘하기 때문에 신뢰할만하다고 여겨진다.							
25. 사람들이 일을 다르게 할 것을 제안할 때, 그들을 지원하고 가능하도록 돕는다. "그렇게는 안 될 거야", "아무도 그것을 할 수는 없어"등의 말은 하지 않는다.							

다음 각 항목별로 체크한 점수를 다음 표에서 문항 번호를 찾아서 기재하고 합계한다. 총점이 높을수록 성격을 설명하는 성격차원이 더 강한 것이다. 가장 강한 성격차원이 무엇인지, 가장 약한 성격차원이 무엇인지 확인해보자.

외향성	친화성	적응성	성실성	개방성
1:______	2:______	3:______	4:______	5:______
6:______	7:______	8:______	9:______	10:______
11:______	12:______	13:______	14:______	15:______
16:______	17:______	18:______	19:______	20:______
21:______	22:______	23:______	24:______	25:______
계:______	계:______	계:______	계:______	계:______

(출처 : 차동욱 등, 2010)

부록 5. 나의 직무중심, 종업원 중심 리더십 정도는?

나의 리더십 스타일 알아보기

다음 문항에 대해 한 부서의 관리자로서 다음 중 하나를 선택해보자.

내용	
1. 종업원이 업무와 직접적으로 관련되지 않는 일을 근무시간에 하지 말아야 한다는 것을 알게 할 것이다.	
2. 근무시간에 종업원과 개인적으로 알기 위해서 그들과 대화를 나누면서 시간을 보낼 것이다.	
3. 부서 회의시간에 달성할 명확하게 기술된 업무 안건을 가지고 있을 것이다.	
4. 종업원이 개인적인 문제로 늦게 출근하거나 일찍 퇴근하는 것을 허락할 것이다.	
5. 명확한 목표를 세워서 종업원이 무엇을 해야 하는지 알게 할 것이다.	
6. 갈등해결을 돕기 위해 종업원 갈등문제에 관여할 것이다.	
7. 종업원이 반드시 부서 목표를 달성하게 하기 위해서 그들에게 지시하는데 많은 시간을 사용할 것이다.	
8. 내 허락을 얻지 않아도 업무문제를 해결할 수 있도록 종업원을 격려할 것이다.	
9. 종업원이 업무를 올바로 했는지 확인하기 위해 꼭 업무기준에 따라 업무 하라고 할 것이다.	
10. 의사결정을 할 때 종업원의 조언을 요청할 것이다.	
11. 부서의 생산성을 자주 기록하고, 종업원에게 알려줄 것이다.	
12. 종업원간에 또는 나와 종업원 사이에 신뢰를 구축하기 위해 일을 할 것이다.	
13. 업무기준이나 목표에 미달한 종업원에게 시정조치를 빠르게 취할 것이다.	
14. 종업원이 목표에 부합하고 업무기준에 따라 일을 하는 것에 대해 개인적으로 고마움을 표시할 것이다.	
15. 지속적으로 더 높은 업무기준과 목표를 세우고 종업원이 그것을 달성하도록 고무시킬 것이다.	
16. 종업원들이 근무시간에 개인적인 문제로 나에게 상담할 수 있도록 개방되어 있을 것이다.	
17. 종업원에게 주어진 과업이 완성될 수 있도록 종업원의 근무시간을 계획할 것이다.	
18. 종업원이 서로 경쟁하기보다는 서로 협력하여 일할 수 있도록 격려할 것이다.	
19. 경비절감과 같이 부서의 생산성을 향상시키기 위한 노력에 지속적으로 초점을 맞출 것이다.	
20. 만약 상사나 동료가 나의 종업원의 업무에 동의하는 대신 비판만 한다면 일을 잘하고 있는 종업원을 방어할 것이다.	

모든 홀수 문항에 대해 선택한 문항의 개수를 더해 다음에 표시해보자.

10 9 8 7 6 5 4 3 2 1

높은 직무중심적 리더십 스타일 ... 낮은 직무중심적 리더십 스타일

모든 짝수 문항에 대해 선택한 문항의 개수를 더해 다음에 표시해보자.

10 9 8 7 6 5 4 3 2 1

높은 종업원중심적 리더십 스타일 ... 낮은 종업원중심적 리더십 스타일

자신의 리더십 스타일이 직무중심적인지 종업원중심적인지 확인해보자.

(출처 : 차동욱 등, 2010)

부록 6. 경청기술

아래의 16가지 항목을 읽고 자신의 행동을 가장 적합하게 설명한 것을 찾아, 해당 단어를 적어보자.

A는 거의 언제나, U는 항상, F는 자주, O는 가끔, S는 거의 그렇지 않다

___ 1. 다른 사람의 말을 듣는 것을 좋아한다. 고개를 끄덕이는 등의 행동을 통하여 다른 사람의 발언을 격려한다.
___ 2. 나와 다른 사람보다 비슷한 사람에게 주의를 기울인다.
___ 3. 다른 사람이 발언을 할 때 사용하는 단어와 비언어적 요소를 평가한다.
___ 4. 산만한 분위기를 싫어한다. 시끄러운 장소라면 조용한 곳으로 이동할 것을 제안한다.
___ 5. 내가 어떤 일을 하고 있을 때 사람이 다가와서 업무가 방해받는 경우에는 하는 일을 일단 접고 다른 사람에게 모든 관심을 보인다.
___ 6. 사람들이 발언을 끝낼 때까지 충분한 시간을 준다. 다른 사람이 발언할 때 중간에 방해하거나 무엇을 이야기 할 것인지 미리 예견하거나 서둘러 결론을 내리지 않는다.
___ 7. 상대방이 나와 의견이 다를 경우에는 상대방을 관심 밖에 둔다.
___ 8. 다른 사람이 이야기를 할 때, 내 생각은 집중하기보다는 다른 곳을 맴돈다.
___ 9. 다른 사람의 말을 잘 이해하기 위하여 그들의 비언어적 요소에 관심을 기울인다.
___ 10. 거론되는 주제가 너무 어려울 때는 다른 곳에 관심을 쏟거나 이해하는 척 한다.
___ 11. 다른 사람이 이야기할 때 어떻게 대답할 것인지를 준비한다.
___ 12. 상대방의 발언에서 중요한 부분이 빠지거나 앞뒤가 맞지 않을 때 직접적인 질문을 하여 더 자세한 설명을 요청한다.
___ 13. 상대방의 발언을 이해하지 못 할 때 이를 상대방에게 알린다.
___ 14. 상대방의 말을 들을 때 상대방의 입장에서 상대방의 시각에서 접근한다.
___ 15. 대화 내용을 정리하고 이를 다시 상대방에게 얘기하여 대화내용을 잘 이해하고 있는지 확인한다.

1, 4, 5, 6, 9, 12, 13, 14, 15는 A=5, U=4, F=3, O=2, S=1로,
2, 3, 7, 8, 10, 11은 A=1, U=2, F=3, O=4, S=5로 점수를 부여하여 합산한다.

위의 숫자를 더해 보자. 총점은 15~75 사이에 있어야 한다.

75--70--65--60--55--50--45--40--35--30--25--20--15
좋은 경청기술 　　　　　　　　　　　　　　　　　나쁜 경청기술

점수가 높을수록 좋은 경청기술을 가지고 있는 것이다.

(출처 : 차동욱 등, 2010)

부록 7. 협상에서의 의사소통 능력

아래의 16가지 항목을 읽고 자신의 행동을 가장 적합하게 설명한 것을 찾아, 해당 숫자를 적어보자.

5　　4　　3　　2　　1
나의 행동과 같다 ······· 나와 같지 않다

___ 1. 가능하다면 협상에 임하기 전에, 일정한 양보를 할 의사가 있는지 알아본다.
___ 2. 협상 전에 목표를 뚜렷하게 한다.
___ 3. 협상에 임하여 나의 입장을 설명할 때, 상대방이 어떻게 이익을 얻게 되는지를 강조한다.
___ 4. 내가 지불하고자 하는 가격, 최저 가격, 협상에서 부르는 가격을 정하고 협상에 임한다.
___ 5. 내가 원하는 가격으로 협상되지 않을 경우를 대비하여 또 다른 선택과 양보를 통해 무엇을 얻어낼 것인지를 협상 전에 정한다.
___ 6. 상대방이 물어볼 수 있는 질문, 반대사항 등을 미리 생각하고 이에 대한 답변을 준비한다.
___ 7. 협상을 시작할 때는 우호적인 분위기를 조성하고 상대방의 의중을 파악한다.
___ 8. 상대방으로 하여금 먼저 제안을 하도록 한다.
___ 9. 상대방의 발언을 주의 깊게 듣고 내가 원하는 것보다 상대방이 원하는 바를 얻어낼 수 있음을 강조한다.
___ 10. 상대방의 제안을 급하게 동의하지 않는다.
___ 11. 타협을 하거나 양보를 할 때, 반대급부를 요구한다.
___ 12. 상대방이 협상을 지연하려고 할 때는 지연하면 어떻게 사태가 나빠지는지, 어떤 손해를 보게 되는지를 적극적으로 설명한다.
___ 13. 내가 협상을 지연시키고자 할 때, 상대가 나에게 급하게 결정을 내리도록 압력을 행사하지 못하도록 한다.
___ 14. 협상을 끝냈을 때, 최선의 가격을 얻어냈는지를 우려하는 걱정을 하지 않는다.
___ 15. 협상을 타결하지 못했을 경우, 미래의 비슷한 상황에 대비하여 도움과 충고를 요청한다.
___ 16. 협상 전 과정을 통하여, 일회성 협상보다 장기적 관계를 맺으려 노력한다.

위의 숫자를 더해 보자. 총점은 16~80 사이에 있어야 한다.

효과적 협상 80—70—60—50—40—30—16 비효과적 협상

점수가 높을수록 협상 능력이 높다.

(출처 : 차동욱 등, 2010)

| 찾 | 아 | 보 | 기 |(국문)

찾아보기

ㅇ

ㅊ

ㅋ

ㅌ

ㅍ

ㅎ

| 찾 | 아 | 보 | 기 |(영문)

| 저 | 자 | 약 | 력 |

곽동경

- 연세대학교 식품영양학과(이학사)
- 연세대학교 대학원 식품영양학과(가정학 석사)
- 미국 Ohio State University, 식품영양학과 (Ph.D. in Foodservice Management)
- 연세대학교 생활과학대학장·생활환경대학원장 역임
- 대한영양사협회 회장, 한국식품조리과학회 회장, 한국급식외식위생학회 회장 역임
- 현재 연세대학교 식품영양학과 명예교수

장혜자

- 연세대학교 식품영양학과(이학사)
- 연세대학교 대학원 식품영양학과, 급식경영학 전공(가정학 석사)
- 연세대학교 대학원 식품영양학과, 급식경영학 전공(이학박사)
- 미국 Pennsylvania State University, 방문연구원 역임
- 현재 단국대학교 식품영양학과 교수

류은순

- 연세대학교 식품영양학과(이학사)
- 연세대학교 대학원 식품영양학과, 영양학 전공(가정학 석사)
- 연세대학교 대학원 식품영양학과, 급식경영학 전공(이학박사)
- 연세대학교 총무처 영양사 역임
- 고신대학교 식품영양학과 교수 역임
- 미국 Missouri State University 객원교수 역임
- 현재 부경대학교 식품영양학과 명예교수

최정화

- 동덕여자대학교 식품영양학과(이학사)
- 연세대학교 대학원 식품영양학과, 급식경영학 전공(이학석사)
- 미국 Kansas State University, Dept of Hotel, Restaurant, Institution Management & Dietetics(M.S. in Human Ecology)
- 연세대학교 대학원 식품영양학과, 급식경영학 전공(이학박사)
- 현재 숭의여자대학교 식품영양과 교수

이혜상

- 서울대학교 식품영양학과(이학사)
- 서울대학교 대학원 식품영양학과, 응용영양학 전공(가정학 석사)
- 연세대학교 대학원 식품영양학과, 급식경영학 전공(이학박사)
- 미국 Michigan State University, Visiting Research Associate 역임
- 미국 Kansas State University 객원교수 역임
- 현재 안동대학교 식품영양학과 교수

이나영

- 연세대학교 식품영양학과(이학사)
- 연세대학교 대학원 식품영양학과, 급식경영학 전공(이학석사)
- 연세대학교 대학원 식품영양학과, 급식경영학 전공(이학박사)
- 연세대학교 생활대학대학원 객원교수 역임
- 현재 대전대학교 식품영양학과 교수

홍완수

- 연세대학교 식품영양학과(이학사)
- 연세대학교 대학원 식품영양학과, 식품학 전공(가정학 석사)
- 영국 Sheffield Hallan University, 급식경영학 전공(Ph. D.)
- 동덕여자대학교 식품영양학과 연구교수 역임
- 현재 상명대학교 외식영양학과 교수

개정 급식경영학

발행일 2001년 3월 15일 1판 1쇄
2002년 7월 20일 2판 1쇄
2007년 8월 30일 3판 1쇄
2014년 8월 30일 4판 1쇄
2020년 2월 25일 5판 1쇄
2022년 8월 20일 5판 2쇄
저자 곽동경 · 류은순 · 이혜상 · 홍완수
장혜자 · 최정화 · 이나영
발행인 이 용 하
발행처 신광출판사
주소/서울특별시 성북구 보문로 13마길 3
전화/925-5051~3 FAX/925-5054
홈페이지 : http://www.신광출판사.kr
이 메 일 : shkpub7@naver.com
등록/1972년 12월 1일 No. 1-260

ISBN 978-89-6451-261-6 93590 〈값 26,000원〉